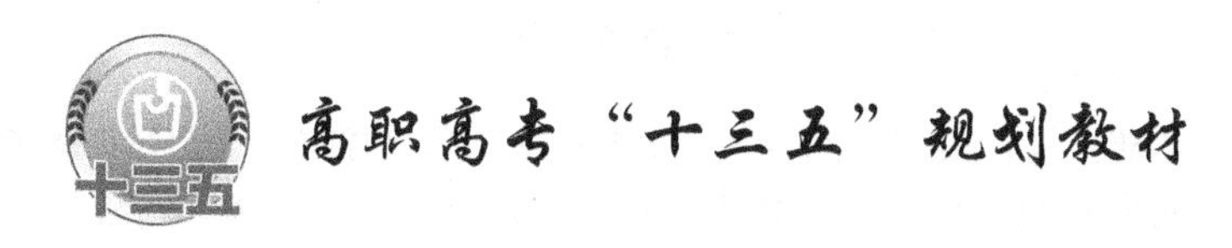

矿山环境与保护

主　编　杨　林　陈国山
副主编　王铁富　邢万芳　余志翠　陈西林

北　京
冶 金 工 业 出 版 社
2024

内 容 简 介

本书主要介绍了矿山环境与保护，全书共分7章，包括矿山空气污染及其防治、矿山水体污染及其防治、矿山固体废弃物污染及其防治、矿山噪声污染及其防治、矿井湿热的危害及其防治、矿山放射性污染及其防治、矿山企业环境保护。并且从环保的角度深入探讨了矿山企业未来的发展前景等。

本书可作为高等职业技术院校矿山生产及相关专业的教材（配有教学课件），也可作为从事环境保护管理及监督的国家公务人员、矿山生产企业的负责人、矿山生产企业技术人员的参考书。

图书在版编目(CIP)数据

矿山环境与保护/杨林，陈国山主编. —北京：冶金工业出版社，2017.1（2024.7重印）

高职高专“十三五”规划教材

ISBN 978-7-5024-7389-1

Ⅰ.①矿… Ⅱ.①杨… ②陈… Ⅲ.①矿区环境保护—高等职业教育—教材 Ⅳ.①X322

中国版本图书馆CIP数据核字(2016)第315372号

矿山环境与保护

出版发行 冶金工业出版社　　**电　话** (010)64027926

地　址 北京市东城区嵩祝院北巷39号　　**邮　编** 100009

网　址 www.mip1953.com　　**电子信箱** service@mip1953.com

责任编辑 俞跃春 杜婷婷 美术编辑 彭子赫 版式设计 葛新霞

责任校对 禹 蕊 责任印制 窦 唯

北京虎彩文化传播有限公司印刷

2017年1月第1版，2024年7月第2次印刷

787mm×1092mm 1/16；11印张；260千字；164页

定价29.00元

投稿电话 (010)64027932 投稿信箱 tougao@cnmip.com.cn

营销中心电话 (010)64044283

冶金工业出版社天猫旗舰店 yjgycbs.tmall.com

前言

本书是根据冶金工业出版社教材出版规划，并按高职高专院校地矿类专业教学计划和矿山环境保护课程教学大纲的要求编写的。

我国在空气污染日趋严重的情况下，越来越重视环境的保护，越来越关注企业的环保措施。为满足高职高专采矿技术专业与选矿技术专业培养应用型人才的需要，要求学生掌握与矿山日常生产关系密切的环境和环保知识，掌握矿山（露天开采、地下开采）生产过程中的空气污染、水污染、固体废弃物污染、湿热污染及放射性污染等环境问题。这些内容直接关系到矿山企业的社会效益和经济效益，掌握和了解治理这些环境问题的方法和设备是非常重要的。

本书是高职高专采矿技术专业与选矿技术专业的专业课教材，内容包括矿山空气污染及其防治、矿山水体污染及其防治、矿山固体废弃物污染及其防治、矿山噪声污染及其防治、矿井湿热的危害及其防治、矿山放射性污染及其防治矿山企业环境保护等。还包括国家发布的一系列与矿山相关的环境保护和循环经济方面的法律法规以及矿山环境保护的监督措施。

本书由杨林、陈国山担任主编，王铁富、邢万芳、余志翠、陈西林担任副主编。参加本书编写的有：吉林电子信息职业技术学院杨林、陈国山、陈西林、王铁富、韩佩津、毕俊召、季德静、包丽明、张秀华，长春黄金研究院邢万芳，潼关黄金矿业公司陈锋利，甘肃有色冶金职业技术学院余志翠。具体分工为：杨林编写第1章和第4章；陈国山、陈锋利编写第7章；邢万芳、包丽明编写第2章；王铁富、陈西林编写第3章；韩佩津、季德静、毕俊召编写第5章；余志翠、张秀华编写第6章。

本书在编写过程中，许多同行和矿山工程技术人员给予了支持和帮助，在此表示衷心的感谢，同时引用了有关文献资料，谨向文献作者和出版单位致以诚挚的谢意！

本书配有教学课件，读者可从冶金工业出版社官网（http：//www. cnmip. com. cn）教学服务栏目中下载。

由于编者水平所限，书中不妥之处，敬请广大读者批评指正。

编者

2016年7月

前言

目　录

1 矿山空气污染及其防治

1.1 露天矿开采大气的污染与危害

1.1.1 露天矿开采大气污染源分类

按分布地点，露天开采污染源有露天矿内部的，也有从露天边界以外涌入的外来污染；按作用时间，露天开采污染源分为暂时的和不间断的。浅孔凿岩和二次爆破是暂时的污染源；钻机和电铲扬尘、岩石风化、矿物自燃以及从矿岩中析出毒气和放射性气体，则属于不间断的污染源。按涌出有毒气体的数量和产尘面的大小，露天开采污染源又分为点污染（电铲、钻机等）、线污染（汽车运输扬尘等）、均匀污染（指从台阶工作面析出的有毒有害气体以及矿坑水中析出的二氧化硫和硫化氢等）。按尘毒析出面的情况，露天开采污染源分为固定污染源和移动污染源。前者如电铲和钻机扬尘，后者如汽车、推土机产生的尘毒。按有毒物质的浓度，露天开采污染源分为不混入空气的毒气涌出（如从矿坑水中析出硫化氢）和混合气体污染（如汽车尾气）。由于上述有毒物质污染源的不同，都影响其传播扩散、污染程度以及消除污染的方法的选择。

1.1.2 露天矿粉尘的产生及危害

1.1.2.1 露天矿粉尘的产生

（1）凿岩时产生粉尘。钻机、凿岩机和电钻在钻眼作业中产尘量最大。凿岩产尘量的大小与矿岩的物理力学性质（硬度、破碎性、湿度）及炮孔方向（水平、向上、向下）和深度有关外，同时也随工作的钻机台数、凿岩速度、炮孔的横断面积增大而增加。

（2）爆破时产生粉尘。由于爆破作用将矿岩粉碎，在冲击波的作用下将矿尘抛掷并悬浮于空气中。爆破产生尘量的大小取决于爆破方法、炸药消耗量、炮眼深度、爆破地点落尘量、工作面矿岩和空气潮湿情况以及矿岩的物理力学性质。

（3）装运时产生粉尘。矿岩在装载、运输和卸载的过程中，由于矿岩相互的碰撞、冲击、摩擦以及矿岩与铲斗、车厢的相互碰撞、摩擦而产生粉尘。装运作业产尘量的大小与矿岩的湿润程度、装岩方式（人工或机械）以及矿岩的物理力学性质等因素有关。

（4）溜矿井装、放矿时产生粉尘。溜矿井是金属矿井下主要产尘区之一，特别是多中段开采时尤为突出。由于溜井多设于进风巷道中，所以其产生的粉尘不但污染溜井作业区，而且随进风风流进入其他工作面。

溜井放矿时由于矿石与矿石、矿石与格筛、矿石与井壁间互相冲撞、摩擦而产生大量粉尘。其产尘量的大小取决于矿车容积（矿石量）、连续作业的矿车数、溜井高度和面积、矿石的湿度及矿岩的物理力学性质。

溜井产尘的特点是在卸矿时，由于矿石加速下落，空气受到压缩，此受压空气带着大量粉尘流经下部中段出矿口向外泄出而污染矿井空气。当矿石经溜井下落时，在矿石的后方又产生负压。此时，在卸矿口将产生瞬间入风流，造成风流短路。当主溜井多中段作业时，很可能造成风流反向。

(5) 井下破碎硐室产生粉尘。破碎硐室是井下产尘量最集中的地方。因为在此要进行大量连续的矿石破碎工作，以满足箕斗提升设备对矿石块度的要求。

(6) 其他作业产生粉尘。如工作面放顶、喷锚作业、挑顶刷帮、干式充填、煤矿自溜运输及溜煤眼的上下口等作业地点均产生较多的粉尘。

1.1.2.2　露天矿粉尘的性质

(1) 粉尘的粒度和分散度。

1) 粒度。粒度指矿尘颗粒的大小。矿尘粒度按照可见程度和沉降情况分为可见尘粒、显微尘粒和超显微尘粒。

2) 分散度。矿尘的分散度是指矿尘中各粒径的尘粒所占总体重量或数量的百分数。前者称为重量分散度；后者称为数量分散度。它反映了被测地点粉尘粒度的组成状况。

研究矿尘的粒度及分散度，有助于我们分析其对人体的危害程度并正确选择除尘方式和设备。

(2) 游离二氧化硅的含量。二氧化硅是地壳最常见的氧化物，是大多数岩石和矿物的组成成分。游离二氧化硅是引起矿工矽肺病及其他综合性尘肺病的主要原因。其在矿岩中含量的高低，是制定矿尘卫生标准及拟定通风方案的依据。

(3) 粉尘的荷电性及比电阻。悬浮于空气中的矿尘粒子、特别是高分散度的矿尘，通常带有电荷。矿尘荷电后，凝聚性增强，促使尘粒凝聚增大而较易于沉降和捕获。同时，带电尘粒也较易沉积于支气管和肺泡中，并影响吞噬细胞作用的速度，增加了对人体的危害性。

(4) 粉尘的比表面积。所谓矿尘的比表面积是指单位质量的矿尘总表面积。由于表面积越大，矿尘的物理化学活性就越高。比表面积增大，显著增加了尘粒在溶液中的溶解度；比表面积越大，尘粒与空气中氧的反应也就越剧烈，由于这种反应的结果，可能发生矿尘自燃和爆炸。比表面积越大，尘粒表面空气中气体分子的吸附能力也越大。由于吸附气体的结果，尘粒上形成一层特有的薄膜层阻碍了粉尘的凝聚，大大提高了粉尘的稳定程度，同时增加了降尘工作的难度。

(5) 粉尘的湿润性。矿尘的湿润性决定于尘粒的成分、大小、荷电状态、温度和气压等条件。粉尘易被水所湿润的称为亲水性粉尘；反之，称为疏水性粉尘。对于疏水性粉尘，不宜采用湿式除尘器净化。

(6) 粉尘的燃烧性和爆炸性。在矿物的开采过程中产生大量粉尘，由于其比表面积加大，使其与空气及水的接触面积增大，因而增加了氧化产热的能力，在一定条件下会发生自燃现象。

1.1.2.3　露天矿粉尘的危害

(1) 有毒矿尘（如铅、锰、砷二汞等）进入人体能使血液中毒。

(2) 长期吸入含游离二氧化硅的矿尘或煤尘、石棉尘，能引起职业性的尘肺病（矽肺病、煤肺、石棉肺等）。

(3) 某些矿尘（如放射性气溶胶、砷、石棉）具有致癌作用，是构成矿工肺癌的主要原因之一。

(4) 矿尘落于人的潮湿皮肤上与五官接触，能引起皮肤、呼吸道、眼睛和消化道等炎症。

(5) 沉降在设备及仪器上能加速设备的磨损，妨碍设备的散热，从而导致设备事故。

(6) 硫化矿尘及煤尘与空气混合时，在一定条件下能引起爆炸，造成人身、设备及资源的巨大损失。

1.1.3 露天矿大气中的有害气体及其危害

露天开采大气中混入的主要有毒有害气体有氮氧化物、一氧化碳、二氧化硫、硫化氢、甲醛等。个别矿山还有放射性气体氡、钍、锕等。吸入上述有毒有害气体会使工人发生急性和慢性中毒，并可导致职业病。

1.1.3.1 露天开采有毒气体的来源

露天开采大气中混入有毒有害气体是由于爆破作业、柴油机械运行、台阶发生火灾时产生的，以及从矿岩中涌出和从露天开采的水中析出的。

露天开采爆破后所产生的有毒气体，其主要成分是一氧化碳和氮氧化合物。如果将爆破后产生的毒气都折合成一氧化碳，则1kg炸药能产生80～120L毒气。柴油机械工作时所产生的废气，其成分比较复杂，它是柴油在高温高压下进行燃烧时产生的混合气体，其中以氧化氮、一氧化碳、醛类和油烟为主。硫化矿物的氧化过程是缓慢的，但高硫矿床氧化时，除产生大量的热以外，还会产生二氧化硫和硫化氢气体。在含硫矿岩中进行爆破，或在硫化矿中发生的矿尘爆炸以及硫化矿的水解，都会产生硫化气体：二氧化硫和硫化氢。露天开采火灾时，往往引燃木材和油质，从而产生大量一氧化碳。另外，从露天开采邻近的工厂烟囱中吹入矿区的烟，其主要成分也是一氧化碳。

1.1.3.2 各种有毒气体对人体的危害

(1) 一氧化碳为无色无味无臭的气体，对空气的相对体积质量为0.97。一氧化碳有剧毒，其与血液中的血红蛋白相结合，妨碍体内的供氧能力，中毒症状为头晕、头痛、恶心、下肢失力、意识障碍、昏迷以至死亡。

(2) 二氧化氮是一种红褐色有强烈窒息性的气体，对空气的相对体积质量为1.57，易溶于水而生成腐蚀性很强的硝酸。所以，它对人体的眼、鼻、呼吸道及肺组织有强烈腐蚀破坏作用，甚至引起肺水肿，严重时丧失意识而死亡。

(3) 硫化氢是一种无色而有臭鸡蛋味的气体，具有强烈的毒性，能使血液中毒。

(4) 二氧化硫是一种无色而有强烈硫磺味的气体，在高浓度下能引起激烈的咳嗽，以致呼吸困难。反复长期地在低浓度二氧化硫环境下工作，则会导致支气管炎、哮喘和肺心病。

(5) 甲醛等醛类是柴油设备尾气中的一种有毒气体。甲醛等能刺激皮肤使其硬化，甲醛的蒸气能刺激眼睛使之流泪，吸入呼吸道能引起咳嗽。丙烯醛也有毒性，它刺激黏膜和中枢神经系统。除汽车尾气中含有醛类气体之外，在使用火钻时也会产生。

（6）露天开采大气中的放射性气溶胶。

有的金属矿床与铀钍矿物共生。含铀金属矿有四大共生类型：赋存有连续的铀矿化体；赋存有非连续的点状或小块状铀矿化体；分散性低的含铀、钍的稀有矿物和稀土矿物；铀—金属共生矿。这些共生的铀钍矿床，如采用露天开采，都会有不同程度的氡气、钍气及锕射气析出到露天开采大气之中，从而造成了矿区的放射性污染。除钍品位极高的矿山外，矿区内空气中的放射性气体主要是氡气（Rn^{222}）及其子体。

氡子体具有金属特性，而且带电。由于热扩散和静电作用使带电的氡子体在非放射性矿尘上沉积、结合和黏着，这就使非放射性的微粒被活化为放射性气溶胶。因为这是天然产生的，故称为天然放射性气溶胶。露天开采天然放射性气溶胶对人体的危害，主要是氡及其子体衰变时产生的 α 射线。这些放射性气溶胶随空气进入肺部，大部分沉积在呼吸道内形成对人体的内照射。这不仅能促进矽肺病的发展，而且有导致矿工肺癌的危险。

1.2 矿山井下开采空气的污染及危害

1.2.1 矿井内空气成分及来源

矿内空气来源于地面空气。地面空气主要由氧（O_2）、氮（N_2）和二氧化碳（CO_2）所组成。此外，还含有微量的水蒸气、微生物和灰尘等，这些物质仅在城市或工业中心等局部地区变化较大，但不影响整个地面的空气组成，所以不包括在地面空气的组成成分之内。

地面空气进入矿井后，在成分上将发生一系列的变化，如氧含量减少，混入各种有害气体和矿尘，空气温度、湿度和压力也发生变化。

可见，地面空气与矿内空气是有区别的。若矿内空气的成分与地面空气相近似时（如进风巷道中的风流）称为新鲜风流；反之称为污浊风流或废风（如回风道中的风流）。矿内空气的主要成分有以下几种。

（1）氧。氧是一种无色、无味、无臭的气体，和空气相比，它的相对体积质量是1.11。它的化学性质很活泼、几乎能与所有的气体化合，易使其他物质氧化，是人与动物呼吸和物质燃烧不可缺少的气体。

因此，井下工作地区必须供给含有足够氧气的新鲜空气。我国矿山安全规程规定：在总进风和采掘工作面进风中，按体积计算，氧气体积不得低于20%。

（2）二氧化碳。二氧化碳是一种无色略带酸臭味的气体，俗称碳酸气，相对体积质量为1.52，容易聚集在巷道底部或下山盲巷没有风流的地方；不助燃，不能供呼吸，易溶于水。

二氧化碳对人的呼吸有刺激作用，当人体内二氧化碳增多时，能刺激人的呼吸神经中枢，而引起频繁的呼吸，使人的需氧量增加。另外，井下空气中二氧化碳浓度过大时，又会使氧含量相对减少，使人中毒或窒息。

为了防止二氧化碳的危害，安全规程规定：在总进风和采掘工作面进风中，按体积计算，二氧化碳不得超过0.5%；在总回风中不得超过0.75%。

（3）氮。氮是一种无色、无味、无臭的气体，相对体积质量为0.97，既不助燃，也不能供人呼吸。在正常情况下，氮对人体无害，但当空气中氮含量增加时，会使氧气含量相对减少，而使人窒息。在通风正常的巷道中氮含量一般变化不大。

综上所述，地表空气的主要成分是氧、二氧化碳及氮。空气进入矿井后，其成分会发生变化。由于在矿井里，矿岩及木材等不断缓慢氧化，消耗大量氧气，并产生二氧化碳，因此，矿井内空气的主要问题是氧减少及二氧化碳增加。在矿内通风不好的地方，尤其是火区及采空区附近以及有二氧化碳放出的独头巷道，氧的含量可能会降到1%～3%。所以在进入这些巷道前应该进行检查，否则贸然进入将会有窒息死亡的危险。已经停止通风的旧巷，未经检查绝不允许进入，以免发生二氧化碳中毒窒息事故。

1.2.2 矿井有毒有害气体及危害

1.2.2.1 爆破及内燃设备产生的主要有毒气体

爆破是矿山生产的主要作业之一。爆破后不能立即进入工作面，因为现代各种工业炸药爆破分解都是建立在可燃物质（如碳、氢、氧等）气化的基础上。当炸药爆炸时，除产生水蒸气和氮外，还产生二氧化碳、一氧化碳、氮氧化物等有毒有害气体，统称为炮烟。它会直接危害矿工的健康和安全。

井下使用柴油动力的无轨设备能使劳动生产率大大提高，但必须解除柴油机排出的废气对矿工的危害。因为柴油是由碳（按重量85%～86%）、氢（13%～14%）和硫（0.05%～0.7%）组成，柴油的燃烧一般不是理想的完全燃烧，会产生很多局部氧化和不燃烧的物质。所以，柴油机排出的废气是各种成分的混合物，其中以氮氧化合物（主要是一氧化氮和二氧化氮）、一氧化碳、醛类和油烟等四类成分含量较高，毒性较大，是柴油机废气中的主要有害成分。一般柴油机废气中的氮氧化物浓度按体积为0.005%～0.025%，一氧化碳浓度为0.016%～0.048%。所以应进一步了解一氧化碳和氮氧化物的特点，才能清楚地知道它们的危害及其预防方法。

A 一氧化碳（CO）

一氧化碳是一种无色、无味、无臭的气体，相对体积质量为0.97。由于一氧化碳与空气重量相近，易于均匀散布在巷道中，若不用仪器测定很难察觉。一氧化碳不易溶解于水，在通常的温度和压力下，化学性质不活泼。

一氧化碳是一种性质极毒的气体，在井下各种中毒事故中所占的比例较大。一氧化碳性质极毒是由于它与人体血液中血色素的结合力比氧大250～300倍，也就是说血液吸收一氧化碳的速度比吸收氧快250～300倍。当人体吸入的空气中含有一氧化碳时，那么血液就要多吸收一氧化碳，少吸入以至不吸入氧气。这样人体内循环的不是氧素血色素（H_BO_2）而是碳素血色素（H_BCO），使人患缺氧症。当血液中一氧化碳达到饱和时就完全失去输送氧的能力，使人死亡。

但是，氧气、一氧化碳与血色素之间的反应是可以相互转化的，如下式

$$H_BO_2 + CO \rightleftharpoons H_BCO + O_2 \tag{1-1}$$

这说明空气中一氧化碳含量过高会妨碍人体吸收氧；反之，有足够的氧气也会排出人体内的一氧化碳。因此一氧化碳中毒时只要吸入新鲜空气就会减轻中毒的程度，所以将一氧化碳中毒者尽快地转移到新鲜风流中进行人工呼吸，仍可得救。空气中不同浓度的一氧

化碳对人体的影响见表1-1。

表1-1　空气中不同浓度的一氧化碳对人体的影响

一氧化碳浓度		人体的反应
mg/L	体积/%	
0.2	0.016	呼吸数小时，人感到耳鸣头痛等，当吸入新鲜空气后，即恢复正常
0.6	0.048	连续呼吸1h就会感到耳鸣、头痛、心跳
10.6	0.128	连续呼吸0.5~1h，四肢无力、呕吐、感觉迟钝、丧失行动能力
5.0	0.4	连续呼吸20~30min，丧失知觉，呼吸停顿，以致死亡
12.5	1.0	1~2min即死亡

由于一氧化碳的毒性很大，安全规程规定：井下作业地点（不采用柴油设备的矿井），空气中一氧化碳浓度不得超过0.0024%，按质量计不得超过0.03mg/L。这个规定的允许浓度比表1-1所列的有轻微症状的中毒浓度还有几倍的安全系数，这主要考虑到人在这样的环境下从事劳动也不致中毒和受到伤害。但爆破后，在扇风机连续运转不断送入新鲜风流的情况下，一氧化碳浓度降到0.02%时就可以进入工作面。使用柴油设备的矿井一氧化碳浓度应小于0.005%。

若经常在一氧化碳浓度超过允许浓度的环境中工作，虽然短时期内不会发生急性病状，但由于血液长期缺氧和中枢神经系统受到伤害，就会引起头痛、眩晕、胃口不好、全身无力、记忆力衰退、情绪消沉及失眠等慢性中毒。

还应注意到，发生井下火灾时，由于井下氧气供应不充分，会产生大量的一氧化碳。

B　氮氧化物（NO、NO_2）

爆破后和柴油机废气中都有大量的一氧化氮（NO）产生一氧化氮是极不稳定的气体，遇到空气中的氧即转化为二氧化氮（NO_2）。

二氧化氮是一种褐红色的气体，相对体积质量为1.57，具有窒息气味，极易溶解于水；二氧化氮遇水后生成硝酸，对人的眼、鼻、呼吸道和肺部都有强烈的腐蚀作用，以致破坏肺组织而引起肺部水肿。

二氧化氮中毒的特点是起初无感觉，往往要经过6~24h后才出现中毒征兆。即使在危险浓度下，起初也只是呼吸道受刺激、咳嗽、但经过6~24h后，就会发生严重的支气管炎、呼吸困难、吐黄痰、发生肺水肿、呕吐等症状，以致很快死亡。空气中不同浓度的二氧化氮对人体的影响见表1-2。

表1-2　空气中不同浓度的二氧化氮对人体的影响

二氧化碳浓度		人体的反应
mg/L	体积/%	
0.08	0.004	经过2~4h不会引起显著的中毒现象
0.12	0.006	短时间呼吸道有刺激作用，咳嗽、胸痛
0.20	0.01	短时间呼吸器官受到强烈刺激作用，剧烈咳嗽，声带痉挛性收缩，呕吐
0.51	0.025	神经系统麻木，短时间内死亡

为了防止二氧化氮的毒害，安全规程规定：井下作业地点（不采用柴油设备的矿井）空气中二氧化氮的浓度不得超过0.00025%，按重量计不得超过0.005mg/L；使用柴油设备的矿井二氧化氮浓度应小于0.0005%。

C 一氧化碳和二氧化氮中毒时的急救

从一氧化碳和二氧化氮的特性可以看出，二者都是毒害很大的气体，又同时产生在爆破后和柴油机排出的废气中，但由于它们对人体中毒的部位不同，在对中毒伤员进行急救时应加以区别对待。一氧化碳中毒，呼吸浅而急促，失去知觉时面颊及身上有红斑；嘴唇呈桃红色；对中毒伤员可施用人工呼吸及苏生输氧，输氧时可掺入5%~7%的二氧化碳以兴奋呼吸中枢促进恢复呼吸机能；口服生萝卜汁有解毒作用。二氧化氮中毒时，突出的特征是指尖、头发变黄，另外还有咳嗽、恶心、呕吐等症状。因为二氧化氮中毒时，往往发生肺水肿，所以切忌采用人工呼吸，以免加剧肺水肿的发展。可用拉舌头刺激神经引起呼吸，或在喉部注入碱性溶液——$NaHCO_3$，以减轻肺水肿现象。当必须用苏生输氧时，也只能输入不含二氧化碳的纯氧，以免刺激肺器官。最好是苏生器供氧的情况下，让中毒伤员自行呼吸。

1.2.2.2 含硫矿床产生的主要有毒气体

在开采含硫矿床的矿井里，眼和鼻会有特殊的感觉，这是因为硫化矿物被水分解产生的硫化氢和含硫矿物的缓慢氧化、自燃和爆破作业等产生的二氧化硫所引起的。

A 硫化氢（H_2S）

H_2S是一种无色的气体，相对体积质量为1.19，具有臭鸡蛋味及微甜味，当空气中含量为0.0001%~0.0002%时，可以明显地感到它的臭味；易溶解于水，能燃烧；性极毒，能使人体血液中毒，并对眼膜和呼吸系统有强烈的刺激作用。空气中不同浓度的硫化氢对人体的影响见表1-3。

表1-3 空气中不同浓度的硫化氢对人体的影响

硫化氢的浓度		人体的反应
mg/L	体积/%	
0.14	0.01	数小时后发生轻度中毒，流唾液和清鼻涕，瞳孔放大，呼吸困难
0.28	0.02	1h后昏迷头痛，呕吐，四肢无力
0.7	0.05	0.5~1h失去知觉，痉挛，脸色发白，不急救便死亡
1.4	0.10	短时间内死亡

安全规程规定，矿内空气中硫化氢的含量不得超过0.00066%。

应该注意到，硫化氢容易出现在一些老硐中。由于它的相对体积质量大，易溶解于水，很容易聚集在老硐的水塘中；若被搅动，就有放出的危险。

B 二氧化硫（SO_2）

SO_2是无色的气体，具有强烈的烧硫磺味，相对体积质量为2.2，易溶解于水，对眼有刺激作用；与呼吸道潮湿的表皮接触能产生硫酸，对呼吸器官有腐蚀作用，使喉咙支气管发炎，呼吸麻痹，严重时引起肺水肿。所以二氧化硫中毒的伤员也不能进行人工呼吸。

空气中不同浓度的二氧化硫对人体的影响见表1－4。

表1－4 空气中不同浓度的二氧化硫对人体的影响

二氧化硫浓度		人体的反应
mg/L	体积/%	
0.014	0.0005	嗅觉器官感到刺激味
0.057	0.002	对眼睛和呼吸器官有强烈的刺激，引起眼睛红肿、流泪、咳嗽、头痛、喉痛等现象
1.43	0.05	引起急性支气管炎、肺水肿，短期内中毒死亡

安全规程规定，矿内空气中二氧化硫浓度不得超过0.0005%。

在矿石含硫量超过15%～20%的矿井里，一氧化碳和二氧化硫含量不断增加，是矿石自燃火灾的主要征兆之一。

C 硫化氢、二氧化硫中毒时的急救

硫化氢中毒，除施行人工呼吸或苏生输氧外，可用浸过氨水溶液的棉花或毛巾放在嘴和鼻旁，因氯是硫化氢的良好解毒物。二氧化硫中毒可能引起肺水肿，故应避免用人工呼吸；当必须用苏生输氧时，也只能输入不含二氧化碳的纯氧。外部器官受硫化氢、二氧化硫刺激时，眼睛可用1%的硼酸水或明矾溶液冲洗，喉咙可用苏打溶液、硼酸水及盐水漱口。

1.2.2.3 矽尘及其危害

在凿岩、爆破、运输及破碎岩石过程中会产生大量矿尘，含游离二氧化矽超过10%的矿尘称为矽尘。随空气进入呼吸道的粉尘，小于5μm的粉尘进入肺细胞后，被吞噬细胞捕捉并排出体外。若进入肺细胞的是矽尘，一部分被排出体外；余下的由于其毒性作用，破坏了吞噬细胞的正常机能，使细胞逐渐变性坏死，肺失去弹性，这就是人们常说的矽肺病。所以0.1～5μm的矽尘是最有害的，称之为呼吸性粉尘。

影响矽肺病发生和发展的因素有粉尘含游离二氧化矽的多少、粉尘粒度、空气含尘量、人接触含尘空气的时间以及人的体质等。诸因素中空气含尘量是主要因素。

为了保证工人的健康，安全规程规定：地下矿山（无论粉尘中游离二氧化矽含量在10%以上或以下），作业场所空气中粉尘的最高允许浓度为2mg/m^3；进风巷道与采掘工作面的风源含尘量不得大于0.5mg/m^3。

实践已经说明，我国许多矿山，认真贯彻执行“安全生产”和“预防为主”的方针，坚持湿式作业及有效通风，在防止矽尘危害方面，取得了显著的成效。实践表明，只要长期坚持“风水为主”的八字综合防尘措施及“预防为主”的方针，就能达到国家规定的卫生标准，矽肺病的发生和发展是可以控制的。

1.2.2.4 甲烷

甲烷又名沼气，是一种无色、无味、无臭的气体，它对空气的相对体积质量为0.554，在标准状态下，每立方米重0.716kg。甲烷无毒，但具有窒息性。当空气中甲烷含量过高时，氧气含量相对降低，使人窒息。当甲烷浓度达到43%时，空气中氧气含量降到12%，使人开始窒息。当甲烷含量达到57%时，氧气含量就降到9%，短时间内人就会窒息死亡。

甲烷具有燃烧性和爆炸性。通常甲烷爆炸的下限为5.0%～6.0%，上限为14.0%～16.0%，某些情况下，也会低到3.2%和高到6.7%，在爆炸界限内，甲烷遇到火源即能引起爆炸。甲烷最易引燃的浓度为8.0%，最强烈的爆炸浓度为9.5%。因为甲烷浓度为9.5%时，它和氧气能充分地完成反应，全部燃烧，使其爆炸能力最强。

当甲烷浓度低于5.0%～6.0%时，由于在混合气体中甲烷的比热容大于其他混合气体中甲烷的比热容，燃烧时所放出的热量能被多余的甲烷吸收，所以也不会爆炸。

1.2.2.5 氡气

氡是一种无色、无味、无臭的放射性气体，氡也能被固体物质吸附，氡具有强烈的扩散性，对人体主要危害表现在其衰变过程中所放出的α、β、γ射线能使物质产生电离与激发作用，引起体内生化反应，使代谢功能发生障碍。病理学研究表明，矿井氡及其子体是产生矿工肺癌的主要原因。冶金矿山安全规程规定：含铀、钍金属矿山，井下空气中氡的浓度不应大于3.7kBq/m³；氡的子体潜能值不应大于6.4μJ/m³。

1.3 矿山空气污染的防治

1.3.1 矿山生产粉尘的防治措施

根据矿尘的污染过程，矿山主要将矿井粉尘的防治措施分为四大类，即：控制尘源，用抽尘装置将粉尘抽入回风系统，再排放至地表或将粉尘抽入净化装置（湿式旋流除尘器等）净化后，循环使用或送入进风巷道，最大限度地减少粉尘向通风空间的排放量；在传播途径上控制粉尘，在尘源处喷雾洒水，湿润并捕集粉尘，降低通风空间、特别是需风地段的矿尘浓度；加强个体防护及综合防尘；采取综合措施进行井下生产的防尘，即尘源密闭、喷雾洒水、通风排尘结合进行。

1.3.1.1 控制尘源

就地消灭粉尘，最大限度地减少污染源向井下通风空间的排放量，是粉尘治理中的根本性措施。

A 控制凿岩时的粉尘

（1）湿式凿岩。湿式凿岩是抑制凿岩时产生粉尘的重要措施。因此安全规程规定：“必须采用湿式作业”。

根据供水方式不同，有中心供水及旁侧供水两种。

采用中心供水湿式凿岩。压力水通过水针冲洗湿润眼底，将粉尘湿润捕获。它具有结构简单、操作方便的优点，其主要缺点是会产生压气混入水中的充气现象，以及排气中产生较多的油雾及水雾。为消除以上现象，旁侧供水是从机头旁侧利用供水外套直接供水给钎杆中心孔，它有效地克服了中心供水的缺点，提高了钻眼速度和湿润粉尘的能力。

(2) 干式凿岩捕尘。对于某些不宜用水的矿床、水源缺乏或难于铺设水管的地方，以及冰冻期较长的露天矿，为降低凿岩的产尘量，可考虑干式凿岩捕尘措施。干式凿岩捕尘可分为两类：孔口捕尘和孔底捕尘。将孔口捕尘罩或捕尘塞套在钎杆上，使孔口密闭，在压力引射器产生的负压作用下，将粉尘从炮孔经抽尘软管送入过滤器，净化后排入空气中。孔底捕尘效果较好，在引射装置的负压作用下，孔底粉尘经钎杆中心孔和凿岩机内的导尘管，将炮孔内的粉尘吸到干式捕尘器内，大颗粒碰撞于挡板后沉降，细微粉尘则为捕尘器内滤袋所阻留，使净化后的气排入大气。

B　控制爆破作业的粉尘

爆破作业产生的粉尘浓度高，尘粒细，自然沉降速度极慢，不利于缩短作业循环时间。因此，必须采取有效的控制尘源措施。矿山通常采用综合性的措施，即通风排尘、喷雾洒水、水封爆破及改进放炮方法等。

喷雾是我国矿山井下降低爆破粉尘及消除炮烟常用的一种方法。其降尘原理是使水通过喷雾器，形成细微水滴，以一定的速度进入含尘空气中，并占据一定的空间。水滴越多，占据的空间越大。风流中的粉尘由于惯性作用，在其流动的路途中，与水滴相碰撞而被水滴所捕获，达到降尘目的。

水封爆破是利用特制的塑料水袋（又称水炮泥）放入炮孔内的不同位置，封堵炮眼，在爆破作用的高温、高压下将水袋炸裂并形成细微水雾，达到降尘的目的。

其他措施，如爆破前对工作面及其四壁用水冲洗，可防止爆破时由于冲击波作用使已沉降的粉尘又重新飞扬，增加空气中粉尘含量。此外，合理确定炮孔装药量及起爆方式以降低爆破产尘量。

C　抑制装矿（岩）时的粉尘

对矿岩堆进行喷雾、洒水是降低装矿时粉尘浓度的简单易行的有效措施。

在井下刮板运输机、皮带运输机的装载点和转载点、矿车卸车点及采场放矿漏斗口均可设置定点喷雾装置，降低产尘点的粉尘浓度。

D　抑制溜矿井的粉尘

溜井粉尘的控制，首先是溜井的布置要避开进风巷道，尽量将溜井放在排风道附近，其次是做好溜井井口密闭，做好喷雾洒水和通风排尘工作。

E　抑制井下破碎硐室的粉尘

破碎硐室产尘强度大，而且多位于井底车场进风带。为了有效地控制粉尘，不使其外逸，通常采用密闭、抽尘和净化的联合措施，个别大型破碎硐室还利用局部风机送新风至人员操作区及控制室。

对碎矿机要进行整体密闭，尽可能减少敞开部分，对于喂料口、出料口以及不可能密闭的其他产尘点，必须采用喷雾洒水及水幕除尘，密闭空间要有足够的抽尘风量和负压，以防粉尘外逸。

由产尘点抽出的含尘空气最好排放至回风道或地表，当条件不允许时，也可采用湿式旋流除尘器、泡沫除尘器或水浴除尘器等风流净化措施，净化后的空气送回到井下巷道。

1.3.1.2　在传播途径上控制粉尘

进入矿井的风流，由于某些原因其初始含尘浓度超过国家卫生标准。应采取净化风流的措施，此外，井下有些作业场所（如溜井、破碎硐室、喷锚支护）尽管采取了降尘措施，但由于产尘量大，向井下空气中排放的粉尘浓度仍然较高，为了消除在传播途径上的粉尘污染，保护井下环境或需要循环利用这部分空气，必须对含尘空气进行净化处理。

风流净化可分为干式和湿式两大类。干式除尘有重力沉降室、网状过滤器及干式电除尘器；湿式除尘有水幕除尘、水膜除尘器、冲击式除尘器、喷淋式除尘器、泡沫除尘器、湿式旋流除尘器及湿式电除尘器。

（1）水幕除尘。用水幕净化巷道的含尘风流，在各矿应用比较普遍。通常在下列情况下使用：当入风风流受到污染，含尘浓度超过规程规定或箕斗井必须兼作入风井时；独头巷道掘进采用压入式通风时；主溜井设于进风巷道旁，其绕道与进风巷道相通时；主溜井含尘风流不能排至地表或回风道需循环使用时；破碎硐室含尘风流需循环使用时；串联通风的工作面或产尘巷道等地点。

（2）重力沉降室。重力沉降室是利用粉尘本身的重力（重量）使粉尘和气体分离的一种除尘设备，重力沉降室具有结构简单、制作方便、造价低、阻力小、管理方便等优点，但它占地面积大，除尘效率低。

（3）水浴除尘器。水浴除尘器是一种最简单的湿式除尘器，水浴除尘器结构简单，造价低廉，可在现场用砖或钢筋混凝土构筑，它的缺点是泥浆清理比较困难。

（4）冲激式除尘机组。冲激式除尘机组由通风机、除尘器、清灰装置和水位自动控制装置组成。冲激式除尘机组结构紧凑、施工安装方便，处理风量变化对除尘效果影响小，它的缺点是与其他除尘器相比，金属消耗量大，阻力高，价格贵。

（5）电除尘器。电除尘器是利用高压电场产生的静电力使尘粒荷电并从气流中分离出来的一种除尘装置。

1.3.1.3 个体防护

坚持个体防护，正确使用和佩戴防尘口罩，是防止井下粉尘对人体危害的重要措施。众所周知，由于井下环境的特殊性和防尘技术上、管理上的缺陷，不可避免地总会有粉尘进入作业空间，甚至高浓度地混入作业场所，对井下职工造成危害。个体防护的主要措施是佩戴防尘口罩。

粉尘处理是一项综合性的工作，单纯依靠技术措施是难以达到稳定、可靠的预期效果，必须从提高认识、加强教育、严格管理等各方面开展工作。

1.3.1.4 井下生产的防尘

A 通风洒水除尘

（1）通风除尘。通风除尘的作用是稀释和排出进入矿内空气中的矿尘。矿内各个产尘地点，在采取了其他防尘降尘措施之后，仍有一定量的矿尘，进入空气之中。因为微细矿尘能长时间悬浮于空气中，如继续有矿尘产生，则空气中矿尘逐渐积累，浓度越来越高，将会严重危害人体健康。所以，必须采取有效通风措施，稀释并及时排出矿尘，不使其积聚。

（2）湿式作业。湿式作业是矿山普遍采用的一项重要防尘技术措施，其设备简单，使用方便，费用小，效果较好，在有条件的地方应尽量采用。按其除尘作用可分为用水湿润沉积的矿尘和用水捕捉悬浮于空气中的矿尘。

用水湿润沉积于矿岩堆、巷道周壁等处的矿尘或凿岩生成后尚未扩散进入空气中的矿尘，是很有效的防尘措施。矿尘被水湿润后，尘粒间互相附着凝集成较大的颗粒，同时，因矿尘湿润后增加了附着性而能黏结在巷道周壁或矿岩表面上，这样在矿岩装运等生产过程中或受到高速风流作用时，矿尘不易飞扬起来。

在矿岩的装载、运输和卸落等生产过程和地点以及其他产尘设备和场所，都应进行喷雾洒水，可显著减少产尘量和防止矿尘飞扬。

洗壁也是经常要进行的防尘措施，主要入风和掘进巷道要定期清洗四壁沉积的矿尘。采掘工作地点，爆破后及凿岩和出矿前，清洗巷道周壁的防尘效果是很显著的。

湿式凿岩，是在凿岩过程中，将压力水通过凿岩机送入并充满孔底，以湿润、冲洗并排出生成的矿尘，是凿岩工作普遍采用的有效防尘措施。湿式凿岩有中心供水和旁侧供水两种供水方式，目前生产较多的是中心供水式凿岩机。由于水对矿尘的湿润作用，可以提高湿式凿岩的捕尘效果。

另外，可以用水捕捉悬浮于空气中的矿尘，是把水雾化成微细水滴并喷射于空气中，使与尘粒碰撞接触，则尘粒被水捕捉而附于水滴上或者被湿润的尘粒互相凝集成大颗粒，从而加快其沉降速度。或者，用装水的塑料袋代替部分炮泥充填于炮眼内，爆破时水袋被炸裂，由于爆破时的高温高压作用，使水大部分汽化，然后重新凝结成极微细的雾粒并与同时产生的矿尘相接触，则尘粒或成为雾滴的凝结核，或被雾滴所湿润而起到降尘的作用。

B　密闭抽尘与净化

密闭的目的是把局部产尘点或设备所产生的矿尘局限在密闭空间之内，防止其飞扬扩散，并为抽尘净化创造有利条件。对集中高强度产尘点是非常重要而有效的防尘措施。

密闭要根据产尘情况及强度、生产操作及设备运转情况、抽尘净化要求等因素综合考虑设置。密闭的严密性是保证防尘效果的重要条件，越严密越能控制矿尘飞扬，同时需要的抽尘风量越少。密闭的形式及抽尘口、观察孔等设置要考虑密闭内气流产生情况并应方便生产操作及检修工作。密闭基本上分为以下三种类型：

(1) 局部密闭。只将设备的产尘局部密闭起来，生产操作和设备在密闭罩外，便于操作。适用于产尘强度不高，罩内诱导风流不大，不需经常检修的地点。如干式凿岩孔口密闭、皮带运输机转运点密闭等。

(2) 整体密闭。将产尘地点或设备的全部分或大部分密闭起来，在密闭外操作，通过观察窗口监视设备运转。适用于产尘面积较大、诱导风流较强、机械振动较大的设备。矿内产尘地点多采用这种形式，如破碎机、翻笼等。

(3) 密闭室。将产尘点或设备全部密闭起来，工人在室外操作但可以进入室内检修。适用于散尘面积大、检修频繁的设备。密闭的容积较大，在内部能产生循环气流而起缓冲压力的作用，但外形尺寸增大，孔洞及缝隙的面积也要增加。

1.3.2　露天矿有毒有害气体的防治

由于露天开采强度大，机械化程度高，而且受地面条件影响，在生产过程中产生粉尘量大，有毒有害气体多，影响范围广。因此，在有露天矿井开采的矿区，防治矿区大气污染的主要对象是露天采场。

1.3.2.1 穿孔设备作业时的防尘措施

钻机产生强度仅次于运输设备，占生产设备总产尘量的第二位。根据实测资料表明：在无防尘措施的条件下，钻机孔口附近空气中的粉尘浓度平均值为448.9mg/m³，最高达到1373mg/m³。

A 穿孔作业时的产尘特点

钻机作业时，既能生成几十毫米以上的岩尘，也能排放出几微米以下的可呼吸性粉尘。

为提高钻机效率和控制微细粉尘的产生量，当钻机穿孔时，必须向钻孔孔底供给足够的风量，以保证将破碎的岩屑及时排放孔外，避免二次破碎。

排粉风量不仅与钻孔直径有关，而且还受钻杆直径、岩屑密度及其粒径等因素影响。

B 钻机除尘措施

按是否用水，可将露天矿钻机的除尘措施分为干式捕尘、湿式除尘和干湿相结合除尘三种方法，选用时要因时因地制宜。

干式捕尘是将袋式除尘器安装在钻机口进行捕尘。为了提高干式捕尘的除尘效果，在袋式除尘器之前安装一个旋风除尘器，组成多级捕尘系统，其捕尘效果更好。袋式除尘器不影响钻机的穿孔速度和钻头的使用寿命，但辅助设备多，维护不方便，且会造成积尘堆的二次扬尘。

干式捕尘，为避免岩渣重新掉入孔内再次粉碎，除采用捕尘罩外，还应制成孔口喷射器与沉降箱、旋风除尘器和袋式过滤器组成三级捕尘系统。

湿式除尘，主要采用风水混合法除尘。这种方法虽然设备简单，操作方便，但在寒冷地区使用时，必须有防冻措施。

牙轮钻机的湿式除尘可分为钻孔内除尘和钻孔外除尘两种方式。钻孔内除尘主要是汽水混合除尘法，该法可分为风水接头式与钻孔内混合式两种。钻孔外除尘主要是通过对含尘气流喷水，并在惯性力作用下使已凝聚的粉尘沉降。

干湿结合除尘，主要是向钻机里注入少量的水而使微细粉尘凝聚，并用旋风式除尘器收集粉尘，或者用洗涤器、文丘里除尘器等湿式除尘装置与干式捕尘器串联使用的一种综合除尘方式，其除尘效果也是相当显著的。

1.3.2.2 矿（岩）装卸过程中的防尘措施

电铲给运矿列车或汽车装卸载时，可二次生成粉尘，在风流作用下，向采场空间飞扬。装卸载过程中的产尘量与矿岩的硬度、自然含湿量、卸载高度及风流速度等一系列因素有关。

装卸作业的防尘措施主要采用洒水，其次是密闭司机室，或采用专门的捕尘装置。

装载硬岩，采用水枪冲洗最合适；挖掘软而易扬起粉尘的岩土时，采用洒水器为佳。

岩体预湿是极有效的防尘措施，在露天矿中，可利用水管中的压力水，或移动式、固定式水泵进行，也可利用振动器、脉冲发生器，而利用重力作用使水湿润岩体却是一种简易的方法。

1.3.2.3 大爆破时防尘

大爆破时不仅能产生大量粉尘，而且污染范围大，在深凹露天矿，尤其在出现逆温的情况下，污染可能是持续的。露天矿大爆破时的防尘，主要是采用湿式除尘措施。当然，合理布置炮孔、采用微差爆破及科学的装药与填充技术，对减少粉尘和有毒有害气体的生成量也有重要意义。

在大爆破前，向预爆破矿体或表面洒水，不仅可以湿润矿岩的表面，还可以使水通过矿岩的裂隙透到矿体的内部。在预爆区打钻孔，利用水泵通过这些钻孔向矿体实行高压注水，湿润的范围大，湿润效果明显。

1.3.2.4 露天矿运输路面防尘措施

汽车路面扬尘造成露天矿空气的严重污染是不言而喻的。其产尘量的大小与路面状况、汽车行驶速度和季节干湿等因素有关。不管是司机室或路面的空气中粉尘浓度，其变化频率和幅度都是很大的，在未采取措施的情况下，引起大幅度变化的重要因素是气象条件和路面状况。

目前为防止汽车路面积尘的二次飞扬，主要采取的措施有：

(1) 路面洒水防尘。通过洒水车、或沿路面铺设的洒水器向路面定期洒水，可使路面空气中的粉尘浓度达到容许值，但其缺点是用水量大，时间短，花钱多，且只能夏季使用。还会使路面质量变坏，引起汽车轮胎过早磨损，增加养路费。

(2) 喷洒氯化钙、氯化钠溶液或其他溶液。如果在水中掺入氯化钙，可使洒水效果和作用时间增加，也可用颗粒状氯化钙、食盐或二者混合处理汽车路面。

1.3.2.5 采掘机械司机室空气净化

在机械化开采的露天矿山，主要生产工艺的工作人员，大多数时间都位于各种机械设备的司机室里或生产过程的控制室里。由于受外界空气中粉尘影响，在无防尘措施的情况下，钻机司机室内空气中粉尘平均浓度为20.8mg/m^3，最高达到79.4mg/m^3；电铲司机室内粉尘平均浓度为20mg/m^3。因此，采取有效措施使各种机械设备的司机室或其他控制室内空气中的粉尘浓度都达到卫生标准，是露天矿防尘的重要措施之一。

采掘机械司机室空气净化的主要内容有：

(1) 保持司机室的严密性，防止外部大气直接进入室内；

(2) 利用风机和净化器净化室内空气并使室内形成微正压，防止外部含尘气体的渗入；

(3) 保持室内和司机工作服的清洁，尽量减少室内产尘量；

(4) 调节室内温度、湿度及风速，创造合适的气候条件。

司机室内的粉尘来自外部大气和室内尘源。室内粉尘来自沉积在司机室墙壁、地板和各种部件上的粉尘和司机工作服上粉尘的二次飞扬。如钻机司机室空气中粉尘的来源，主要因钻机孔口扬尘后经不严密的门窗缝隙窜入；其次为室内工作台及地面积尘的二次扬尘，前者占70%，后者占30%。电铲司机室内粉尘的来源，一是铲装过程所产生的粉尘沿门窗缝隙窜入；二是室内二次扬尘，后者占室内粉尘量的13.5%~54.6%。室内产尘量有很大的随机性，往往根据司机室的布置、人员、工作服清洗状况等而变化。

司机室净化系统由下列部分组成：

（1）通风机组，宜采用双吸离心式风机；

（2）前级净化器，在外部大气粉尘浓度高时，为提高末级净化器的寿命，可用百叶窗式或多管式净化器作前级；

（3）纤维层过滤器，作为净化系统的末级；

（4）空调器，冬季时加热空气，夏季时降温，此外还有入风口百叶窗、调节风量用的阀门、外部进气口与内循环风口等。

1.3.2.6 废石堆防尘措施

矿山废石堆、尾矿池是严重的粉尘污染源，尤其在干燥、刮风季节更严重。台阶的工作平台上落尘也会大量扬起，风流扬尘的危害严重。

在扬尘物料表面喷洒覆盖剂是一种防尘措施。喷洒的覆盖剂和废石间具有黏结力，互相渗透扩散，由于化学键力的作用和物理吸附，废石表面形成薄层硬壳，可防止风吹、雨淋、日晒而引起的扬尘。

1.3.3 矿井有毒有害气体的防治

1.3.3.1 有毒气体中毒时的急救

当井下发生灾害，工作人员遇有毒气体中毒或缺氧时，应立即组织抢救，以便及早脱离危险，而保障其生命安全。

中毒时的急救措施，可按下列方法：

（1）立即将中毒者移至新鲜空气处或地表。

（2）将患者口中一切妨碍呼吸的东西如假牙、黏液、泥土除去，将领及腰带松开。

（3）为患者保暖。

（4）为促使患者体内毒物洗净和排除，应给患者输氧。

1.3.3.2 矿井柴油设备尾气的污染及其防治

近年来，采用柴油机为动力的内燃设备，在矿山及地下工程的采掘、装载及运输中已大量使用。矿山采用的柴油设备有汽车、柴油机车、挖掘机、装运机、凿岩台车、喷浆机、锚杆车及炮孔装药车等。

与风动、电动设备相比，柴油机车驱动功率大、移动速度快、不拖尾巴、不架天线、有独立能源，因而它具有生产能力大、效率高、机动灵活等优点。但是由于柴油机车产生的废气对矿井空气有较严重的污染，从而对工人的健康及安全生产造成威胁。因此，如何解决柴油设备的废气净化、防治污染矿井大气成为柴油设备能否在井下推广使用的关键。

A 柴油设备污染机理

柴油机是以柴油为燃料，在密闭的气缸中将吸入的空气高倍压缩，产生500℃以上的高温。柴油通过喷嘴呈雾状压入气缸（燃烧室）与高速旋转的压缩空气混合，发生爆炸燃烧，推动活塞并通过连杆带动曲轴而做功。

然而，由于某些原因，上述反应不能进行完全，并产生成分极为复杂的废气。造成对矿井大气的污染是较严重的。

B　废气污染的治理

对井下柴油设备产生的废气主要从三方面来解决，即净化废气、加强通风和个体防护。实践证明，通过以上综合措施完全可以使废气中的有害成分降到允许浓度以下。

a　废气的净化

废气净化可分为机内净化和机外净化。前者目的是控制污染源，降低废气生成量，后者目的是进一步处理生成的有害物质。

机内净化是整个净化工作的基础。当前国内外主要从以下几方面着手。

（1）正确选择机型。这是指柴油机燃烧室的形式。当前，对在井下使用的柴油机燃烧室形式有两种看法：一种主张采用涡流式；另一种主张采用直喷式。目前采用直喷式较多，原因是直喷式具有结构简单、热负荷低、平均有效压力低、油耗低、启动容易等优点。然而直喷式产生的污染物浓度大，资料表明，直喷式的排污要高于涡流式1～2倍，这对井下的污染是一个严重问题。此外，直喷式对维护和喷嘴的状况要求较严，稍有损坏，柴油机的排污将更为恶化，而涡流式的最大优点在于排污量较直喷式小，因此，从保护井下大气环境来讲，采用涡流式较好。

（2）推迟喷油延时。其主要目的是减少空气中的氮和氧与燃油的接触时间，从而使氮氧化合物的生成量减少。

（3）选用高标号的柴油，并注意柴油和机油系统的清洁，绝对禁止井下使用汽油机。

（4）严格维修保养，保证柴油机的完好率，特别是滤清器、喷油嘴内的清洁，防止阻塞。

（5）不要超负荷或满负荷运行。测试表明，当柴油机在超负荷或满负荷状态下工作时，其废气浓度及废气量急剧增加。为改善排污状况，井下多采用降低转速和马力的办法，通常将功率降低10%～15%，或不使用高挡。

机外净化，一台完好的柴油机，即使机内净化很好，排放指标再低，其浓度仍然超过允许浓度的几十倍、甚至几百倍。因此，还必须采取机外净化措施。所谓机外净化就是在废气未排放至井下大气前经过净化设备进一步处理生成的有害物质。

常采用的机外净化方法有：

（1）催化法。催化法的原理是废气中的一氧化碳、碳氢化合物、含氧碳氢化合物等借助催化剂的表面催化作用，利用柴油机排气中所剩余的氧气和排气高温氧化生成无毒的二氧化碳和水。

（2）水洗法。根据废气中的二氧化硫、三氧化硫、醛类及少量氮化物可溶解于水的性质，用水洗涤废气，可达到进一步去除以上气体的目的，同时废气中的炭黑还可被水黏附。

根据洗涤方式不同，水洗法可分喷水洗涤法和水箱洗涤法两种。

喷水洗涤法的净化装置包括水泵、水箱喷嘴和管道，水泵由柴油机带动，水箱可容纳足够一个班的用水量。水的喷射方向与废气流动方向相反。

水箱洗涤法是让废气通过管道直接进入水体，净化后的气体从水面出来后由排气管排出。水箱洗涤法具有结构简单、加工容易、效果好等优点，故目前国内外多数柴油机采用这种净化装置。

（3）再燃法。利用再燃净化器把柴油机排出的废气送入燃烧仓进行二次燃烧可净化一氧化碳。再燃净化器由燃烧仓、射流器、反应罐、高效喉管和一些附属装置组成。

（4）废气再循环法。废气再循环法是把柴油机汽缸中燃烧室排出的废气的一部分（约20%）与空气混合后再循环到汽缸中去，由于混合后的气体氧含量降低，故能使二次排出的废气中氮化物浓度大幅度下降，达到净化目的。

（5）综合措施。为了克服以上各种净化方法的自身缺点和充分发挥其突出的优点，有的柴油设备采用了综合净化措施，如催化法和水洗法联合净化、废气再循环法与再燃法的联合应用等，均取得较好的效果。

b　通风管理

在目前的技术条件下，尽管柴油设备的废气经过机内外的净化，但最后排出的废气浓度仍然超过国家的允许浓度。实践证明，井下使用柴油设备的矿山在通风系统及供风量上，都有一定的特殊要求，否则，将影响柴油机在井下的推广使用。

（1）使用柴油设备的各作业地点或运行区段，应有独立的新风，要防止污风串联。

（2）各作业地点应有贯穿风流，当不能实现贯穿风流时，应配备局部扇风机，其排出的污风要引到回风系统。

（3）通风方式以抽出式或以抽出为主的混合式为宜，避免在进风道安设风门及通风构筑物，以利于柴油设备的运行及通风管理。

（4）柴油设备的分布不宜过于集中，也不要过分分散；每个区域的柴油机应相对稳定，以便于风量分配及管理。

（5）柴油设备重载运行方向与风流流向相反为好，以利于风流加快稀释及改善司机工作条件。

1.4　矿井通风

1.4.1　矿井自然通风

1.4.1.1　*矿井自然风流的形成*

一个矿井只要有两个以上的出口，而这些出口的空气柱密度不同，就会产生自然通风。空气的密度主要取决于大气压力及空气温度。对于矿井来说，大气压力的变化并不显著，而温度的变化较为明显，所以矿井空气密度的变化受温度的影响较大。一般说，由于岩石温度以及其他因素的影响，在不是平硐开拓的矿井，如图1－1所示，矿井的出风温度有所增高，形成了出风井温度高于进风井的温差现象，实际起到一定的自然通风作用。

平硐开拓的矿井，矿内外的温差将有利于自然通风的形成。在图1－2中，若矿外气温低于矿内，*AB*空气柱密度大于*CD*，风流方向如实线箭头所示；反之，如虚线箭头所示。所以由于地表气温的变化，会使多中段平硐开拓矿井的自然风流方向变化，以致有的矿井昼夜之间都会风流反向。这种不稳定现象给矿井通风管理带来一定的困难，干扰机械通风。

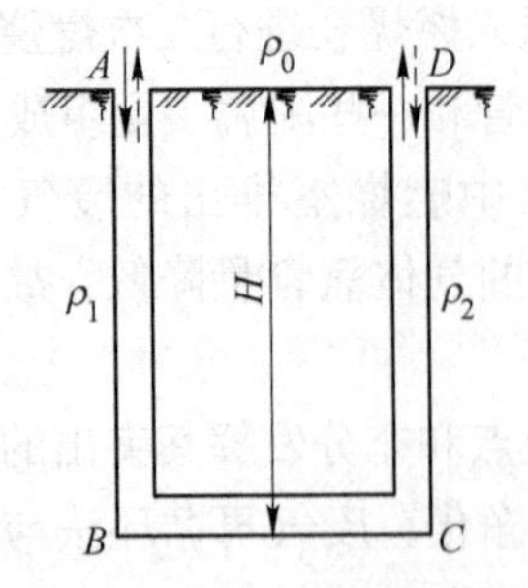

图 1－1　竖井开拓的自然通风

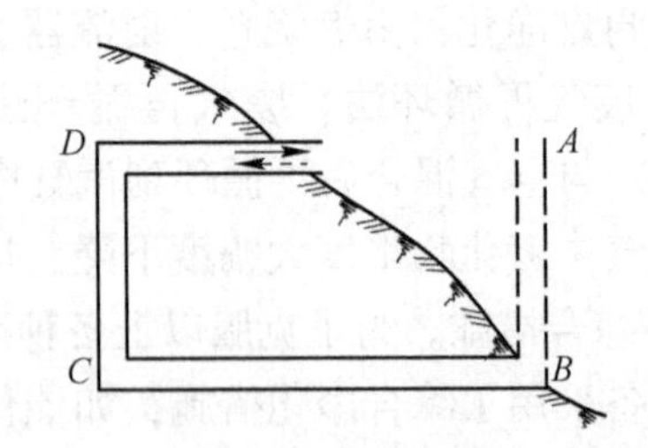

图 1－2　平硐开拓矿井的自然通风

这样看来，形成自然通风的基本原理是由于矿井有两个以上的出口，并且它们的空气柱密度不同。进、出风井空气柱由于密度不同引起的能量之差值，称为自然通风的压差或自然压差。影响自然压差大小的因素，除气温外，还有矿井深度及地表大气压等。矿井深度越大，自然压差越大。所以在一些深矿井里，自然风量比较大。

1.4.1.2　自然压差的特性

(1) 当矿井深度及进出风的温度差没有改变时，自然压差是常数，所以自然压差一定时，其风量大小取决于矿井风阻。

(2) 当矿井风阻一定时，进、出风井空气柱的温差改变，必然改变该矿井的自然压差，改变矿井的风量。在矿井风阻一定时，自然压差越大，自然风量越大。

(3) 自然风流的方向主要受空气密度的支配，而空气密度又受到地温、气候等影响。所以一般在冬季进风气温降低，自然通风往往与机械通风方向一致；在夏季则相反，往往干扰机械通风。

(4) 在一些岩石裂缝及溶洞发育的矿井，由于自然压差的作用，冬季由矿井向地表漏风，夏季由地表向矿井漏风，致使矿井空气中的氡及其子体浓度，冬季降低，夏季升高。

(5) 在机械通风的矿井里，当扇风机停止运转时，出风部分的气温不会因主扇停止运转而马上降低，自然风流也不会马上反向。

自然通风的优点主要在于不消耗电能，但它不稳定，给通风管理工作带来一定的困难。因此，应根据矿井的具体情况，有利则用，有害则防。

1.4.1.3　矿井风流的自然分配

一个矿井有很多的井巷，它们之间的连接方式不同，风流在当中流动时，会出现许多分支及汇合现象，因而组成各种不同的通风网路。网路的状态在一定程度上影响着矿井的风量分配。

A　串联通风网路

图 1－3 是一个矿井通风系统，风流从进风井 1—2 经石门 2—3、运输平巷 3—4、回风石门 4—5 及回风井 5—6、风硐 6—7，最后由扇风机排出地表，构成串联风流。

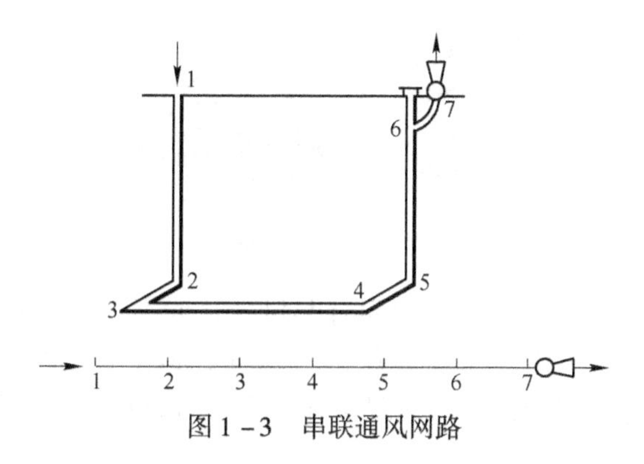

图 1－3 串联通风网路

在没有漏风的情况下，通过每条井巷的风量都相等。从进风点到出风点的压差就等于各条井巷风流压差之和。这种没有分支风流的连接，称为串联通风网路。

任何矿井的通风系统中，都会出现一些串联现象，所以串联是一种最基本的风流连接形式。但是由于它一方面使总风阻增大，另一方面当几个工作面的风流相串联，必然影响后部工作面风流的质量，所以在制定通风系统时，一定要避免工作面间风流的串联。因此，克服工作面之间的串联风流，是矿井通风管理工作的主要内容之一。

B 并联通风网路

图 1－4(a) 是中央式开拓用抽出式通风的矿井通风系统。风流从提升斜井进入，在运输平巷分为左右两支进入工作面，经回风平巷汇合进入通风斜井，由扇风机排出地表。其风流线路如图 1－4(b) 所示。由于风流同在点 A 分流以后，又同在点 B 相汇合，故这种风流网路称为并联通风网路。

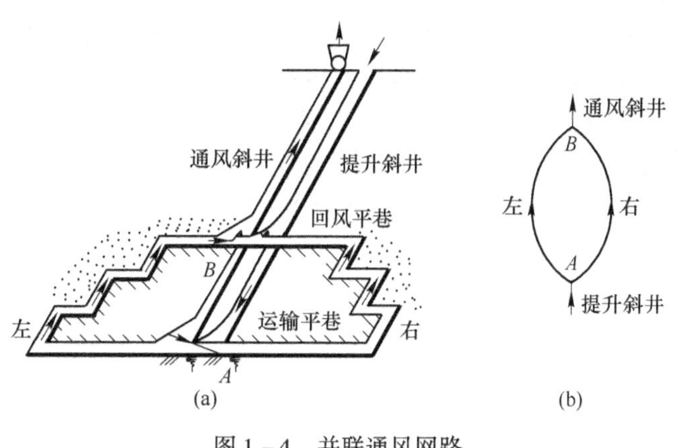

图 1－4 并联通风网路

(a) 通风系统；(b) 风流线路

以上这些都是在没有考虑漏风的前提下提出的，出现漏风后就增加风流分支，使风量的分配及风阻都会受到不同程度的影响。

图 1－5 本来是串联风流。在采空区有漏风时，这些漏风流可以看成是与工作面风流并联的风流。这种漏风有两方面的影响：一是采空区的漏风流为层流，当压差增加后，漏风也增加；另一方面，漏风与主风流之间的并联关系虽然使总风阻减小，但漏风使工作面所得到的风量减少。因此，这种漏风是没有好处的。

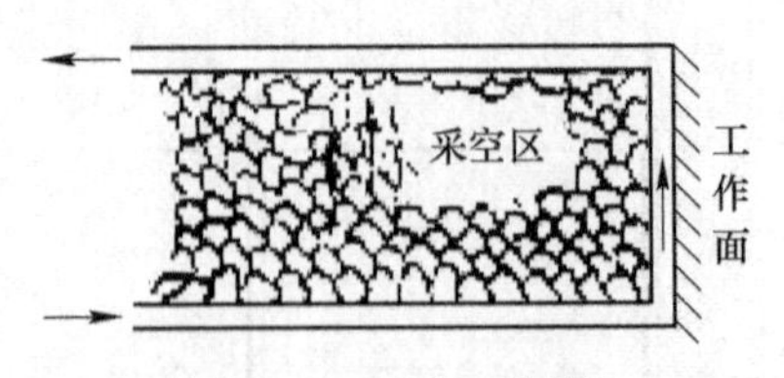

图1-5　采空区漏风

又如图1-4，若进风井与出风井之间有漏风，这时漏风流与矿内风流也形成并联。同样的道理，虽然矿井总风阻减小，总风量会增加，但工作面所得到的风量显然会减少。这种漏风也是极为有害的，所以克服矿井漏风，也是矿井通风管理工作的主要内容之一。

但是漏风能降低风阻，使总进风量增加，也应该是可以利用的一面。例如一个抽出式通风的矿井，漏风方向由地表向矿内，则地表向进风部分的漏风，可能会增加工作面的风量；而地表向出风部分的漏风，必然减少工作面得到的风量。又如压入式通风矿井，由于漏风方向由矿内向矿外，则进风部分向地表漏风，必然减少工作面风量；出风部分向地表漏风，可能增加工作面风量。

C　角联通风网路

如图1-6所示的通风系统，当风流从 *A* 进入后，必然从 *F*、*G* 两处排出。*CD* 及 *CE* 巷道的风流方向比较明显，但 *DE* 巷道的风流方向如何？

把这个通风系统作成如图1-7所示的通风示意图。从图中可以看出，*DE* 风流方向有三种可能，即无风流，或流向 *E*，或流向 *D*。这种风流连接形式不能看成并联。它是在一个并联网路中，存在一条或几条巷道，从并联网路的一支风流跨接到另一支风流，这种通风网路称为角联通风网路。跨接的这几条巷道，称为对角巷道。角联通风网路具有一些特点，其中一个主要特点是对角巷道中的风流方向不稳定。

为了研究角联通风网路的基本特点，现用图1-8所示的一个典型的角联通风网路示意图来说明这个问题。当风流从 *A* 流向 *D* 时，除了对角巷道 *BC* 外，其他几条巷道的风流方向都比较明显。试问影响 *BC* 的风流方向的因素有哪些？

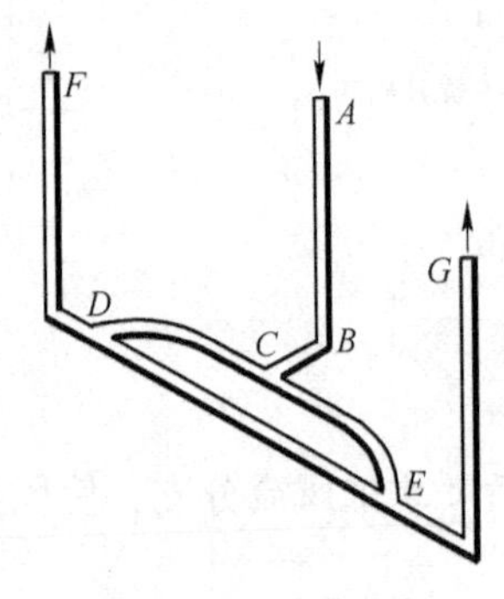

图1-6　通风系统

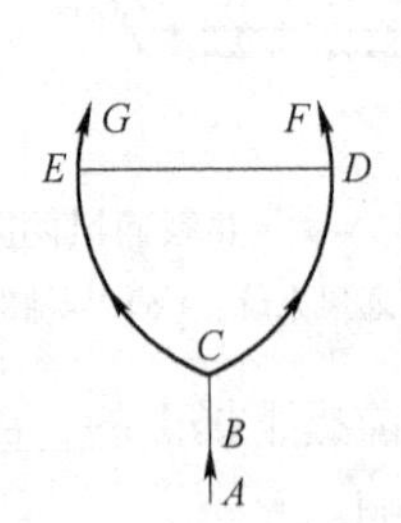

图1-7　通风示意图

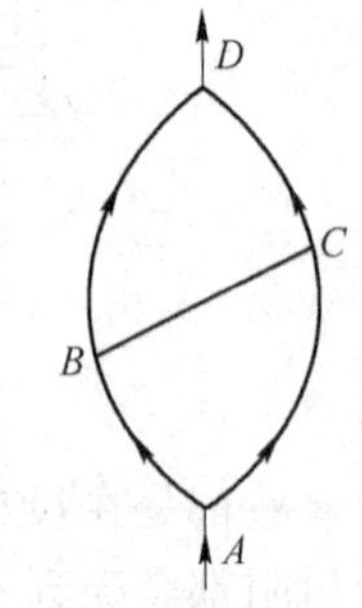

图1-8　角联通风网路示意图

因为两点间的空气能量差是空气流动的根本原因，所以 *BC* 的风流方向完全取决于 *B*、*C* 两点的空气能量差。若 *B* 点空气能量大于 *C* 点，风流方向为 *BC*；反之，当 *B* 点空气能量小于 *C* 点，风流方向为 *CB*；若 *B* 点空气能量等于 *C* 点，则 *BC* 巷道内无风流。

1.4.2　扇风机通风

1.4.2.1　*矿用扇风机*

目前，常使用的扇风机，按其构造可分为离心式及轴流式两种。

离心式扇风机如图1－9所示。当工作轮在螺旋形机壳内旋转时，由于叶片所产生的离心力，在工作轮的中心部分出现低压区，吸入空气；轮缘部分产生高压区，把空气从扩散器压出去。工作轮由电机带动不停地转动时，空气就不断地从吸入口进入，并经工作轮从扩散器压出。

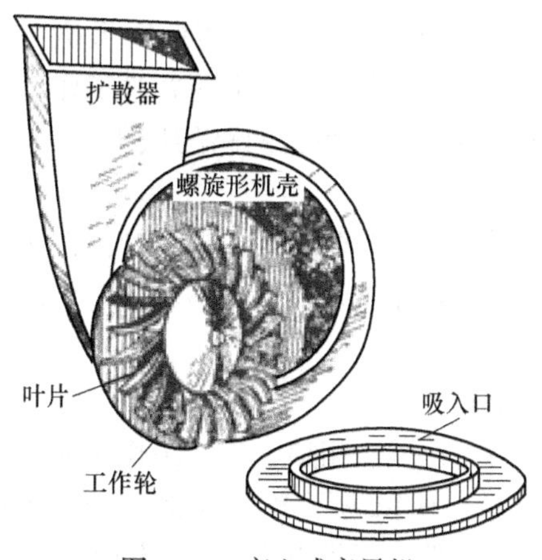

图1－9　离心式扇风机

轴流式扇风机如图1－10所示。当工作轮不停地转动，由于叶片为机翼形并与旋转面有一定夹角，如图1－11所示，在叶片的后方产生低压区吸入空气，叶片的前方产生高压区压出空气，从而不断造成风流。为了提高扇风机的效率，在工作轮的入风侧安装流线体，以减少冲击损失；在出风侧安装整流器，它是一个固定的工作轮，目的在于克服工作轮排出的旋转风流；然后再经扩散器提高静压。为了提高扇风机的风压，可以再增加一组工作轮及整流器，称为二级轴流式扇风机。轴流式扇风机的叶片与旋转面的夹角称为安装角。安装角θ可以调节。安装角增大，风压及风量都随之增大。一般安装角有15°、20°、25°、30°、35°、40°、45°等七种角度。

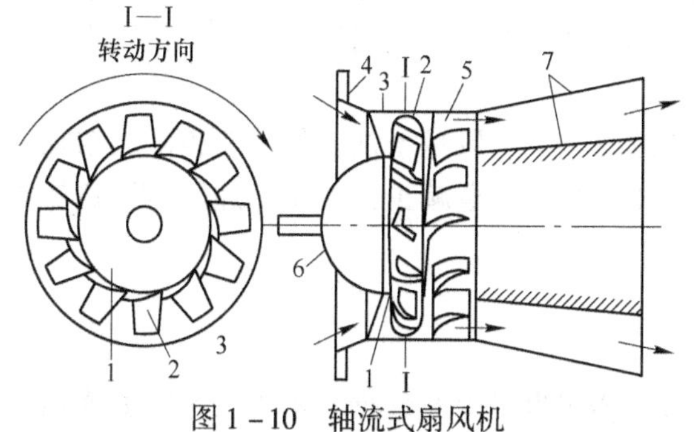

图1－10　轴流式扇风机

1—工作轮；2—叶片；3—外壳；4—集风器；5—整流器；6—流线体；7—扩散器

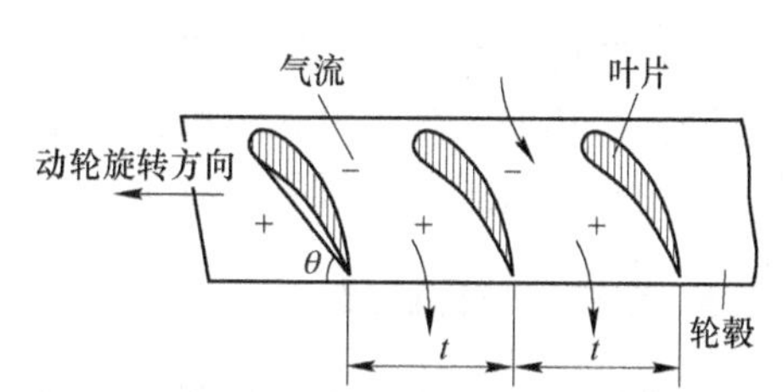

图1－11　轴流式扇风机的叶片安装角

θ—叶片安装角；t—叶片间距

矿井使用的扇风机根据用途可分为：用于全矿通风用的扇风机，称为主要扇风机，简称主扇；用于加强某一区域通风用的扇风机，称为辅助扇风机，简称辅扇；用于独头工作面通风用的扇风机，称为局部扇风机，简称局扇。这些扇风机根据使用要求，具有不同的特性。

1.4.2.2　扇风机的工作

A　扇风机的联合工作

如果一台扇风机满足不了工作的需要，可采用多台扇风机联合工作。联合工作的基本形式有并联及串联两种。

(1) 扇风机并联工作。如图1－12所示，两台扇风机并联在一起工作，扇风机并联后，供风量增大。但是并联工作增加的风量不会增加到单独工作的两倍。而且网路的风阻增大，并联工作增风量越小。

(2) 扇风机串联工作。当两台扇风机串联工作时，在风量相等的情况下，压差相加。当矿井风阻一定时，联合工作风量有所增加。

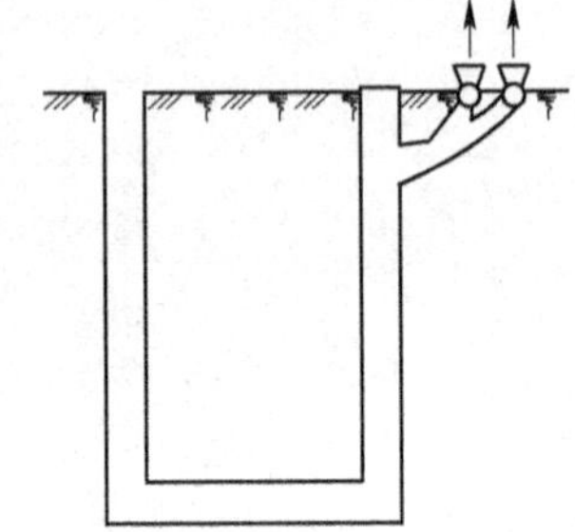

图1－12　扇风机并联工作

B　扇风机联合工作的运用

扇风机并联工作是压差相等，风量相加；串联工作是风量相等，压差相加。联合工作的目的是为了保证足够的风量。所以为了增加风量，一台扇风机满足不了要求时，当网路的风阻小，应采用扇风机并联；网路风阻大，应改用扇风机串联，才能收到良好效果。

C　自然通风及漏风对扇风机工作的影响

矿井自然风流随地表气温而变化，所以气温的变化，会影响到扇风机进风量的大小。当矿井存在自然压差时，若自然风流方向与扇风机风流方向一致，使风量增加。若自然风流方向与扇风机风流方向相反，使风量减少。所以自然通风与机械通风联合作用时，自然通风引起的增风量或减风量，都小于自然通风单独工作的风量。

漏风会减小矿井风阻，从而改变矿井的通风特性。漏风使扇风机工作风量增加可能产生不同的结果。若是矿井进出风之间的漏风，必然减少工作面的风量。有的漏风也可能会增加工作面的风量。扇风机工作风量虽然增加，但离心式风机的功率随之增加，效率随之降低；对轴流式来说，漏风使功率减小，效率随之降低。所以漏风的存在，相比之下对离心式扇风机更为有害。

在自然通风与离心式扇风机风流方向一致时，虽然风量增加，但功率也随之增加，效率下降。自然通风与轴流式扇风机风流方向相反时，风量减少，功率增加。所以自然通风的反作用对轴流式扇风机更为有害。

1.4.3　掘进工作面通风

掘进工作面又称独头工作面，在掘进过程会产生粉尘及炮烟，不进行有效的通风，很难达到安全规程的要求。通风的主要特点是独头，只有一条通路，既要进风，又要出风。因此必须采取专门措施才能达到通风目的，这种措施通常称为局部通风。

1.4.3.1 平巷掘进的通风

A 局部扇风机通风

a 通风方式

在掘进工作面，局部扇风机必须配合专用风筒才能把新鲜空气送入工作面，并排出废空气。根据局扇及风筒的布置形式，可以分为压入式、抽出式及混合式。

把局扇安装在有新鲜风流的巷道中，风筒引入工作面，使新鲜空气沿风筒压入工作面。这种方式称为压入式通风，如图1-13所示。

扇风机安装在有新鲜风流的巷道中，利用风筒把工作面的废空气抽出。这种方式称为抽出式通风，如图1-14所示。

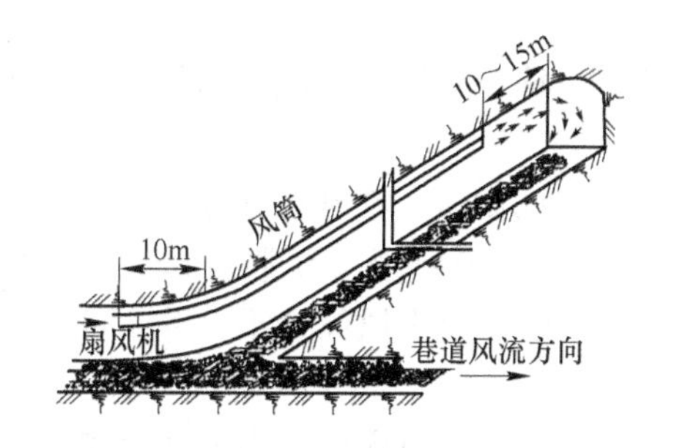

图1-13 压入式通风

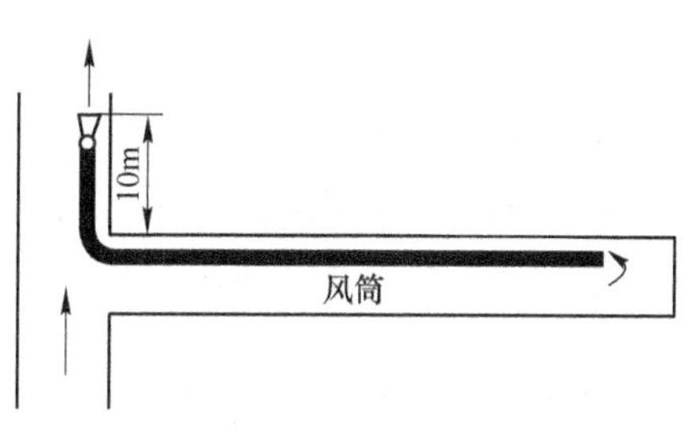

图1-14 抽出式通风

这两种通风方式有不同的特点，压入式通风从风筒口射出的风流作用距离较远，可达12m左右，风筒末端距爆破工作面可保持一定距离，可避免爆破时打坏风筒。由于风流强力射出，容易把工作面的炮烟排尽。但是使用压入式通风，在爆破后，有毒气体是与新鲜风流混合后从巷道中排出，排出时间较长。随着掘进巷道增长，爆破循环加快，巷道中炮烟不易排出，故一般使用于掘进巷道长度在200m以内效果较好。

在采用抽出式通风时，若风筒入风口能伸入到爆破后的纯炮烟区域中，纯炮烟的排出较快。由于炮烟及矿尘在风筒内流动，则掘进巷道内为新鲜风流，可改善作业条件，尤其当工作面使用柴油设备时，效果更佳。但风筒入风口的吸风距离很小，2m左右，要求入风口距离工作面很近，这在爆破时是难以实现的。风筒吸风口附近的风速随着距吸风口距离增长而风速下降，在工作面附近就会出现炮烟停滞区域。风筒吸风口距工作面距离越长，炮烟停滞区域越大，排出炮烟越困难。

在巷道掘进时，一般很少使用单一的抽出式通风。随着巷道掘进长度增加，当使用压入式通风不能把巷道中的炮烟排尽时，应使用混合式通风。

混合式通风布置如图1-15所示。它充分利用了压入式及抽出式的优点，只要使用得当，通风效果较好。为了防止循环风流产生，在选择扇风机时，应使抽出式扇风机的风量比压入式的风量大20%~25%，否则废风不能有效排出。

所以在巷道掘进时，先使用压入式通风，随着爆破工作面向前移动，风筒也随之增长，使风筒出风口距工作面保持10~15m。掘进距离达到200m以后，改用混合式通风。若使用柔性风筒，按图1-16布置。在混合式通风中，压入式的风筒最初只有50m长，并保持出风口距工作面10~15m的距离。随着工作面向前移动，增加压入式风筒，当风筒加至200m左右时，搬动一次压入式扇风机，并把压入式的风筒改为50m长，同时增加抽出式风筒，使两者的风筒在巷道中相重合20～30m。随着工作面向前移动，继续增加压入式风筒。所以只需每掘进150m才移动一次扇风机。

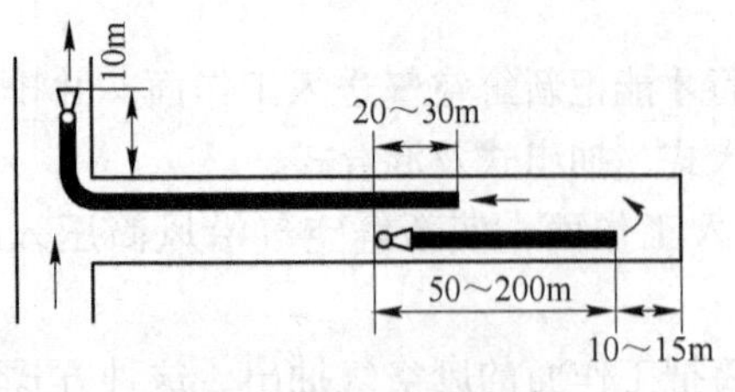

图1-15　混合式通风

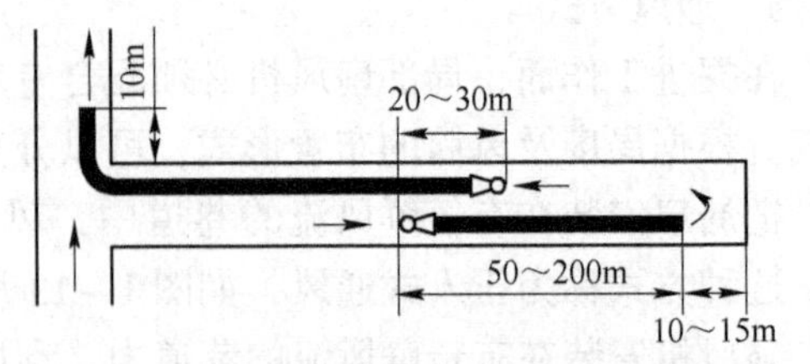

图1-16　使用柔性风筒的混合式通风

b　安装局扇必须注意的问题

(1) 克服工作面的串联风流。在布置通风方式时，应避免工作面间串联风流，各工作面的废风应直接排往风道。

(2) 克服漏风。漏风是影响局扇通风的一个很重要的因素，在现场往往被忽视，从而导致通风效果很差。在掘进过程中，由于炮崩、矿车碰撞等原因，经常引起风筒破损漏风，遇到这种情况必须及时补漏。所以，在井下应将破漏的胶皮风筒擦干，涂上胶水及时就地补漏。

(3) 克服循环风流。除按图1-13～图1-16的要求布置局扇外，当通风距离较长需要局扇串联工作时，若两台扇风机串联在一处，往往因压差增加而增加漏风；但两台局扇相距太远也不恰当，处理不好会使工作面排出的废风重新进入工作面反转循环。如果是柔性风筒，还会吸扁风筒。一般说，两台局扇的距离最好为风筒全长的1/3。局扇的工作风量必须小于安装局扇巷道风量的70%，循环风流才不会产生。

(4) 压入式出风口的风筒要平直，以克服工作面的废风涡流循环。

(5) 局扇应连续开动，以使工作面的炮烟、矿尘及其他有害气体浓度符合卫生标准。

B　总风压通风

在条件允许时，可以利用矿井的总压差把新鲜空气引入工作面，布置方式按图1-17安装风筒及图1-18安装风幛。利用风幛把掘进巷道沿走向分隔开，一侧进入新鲜风流，经工作面使用后由另一侧排出。

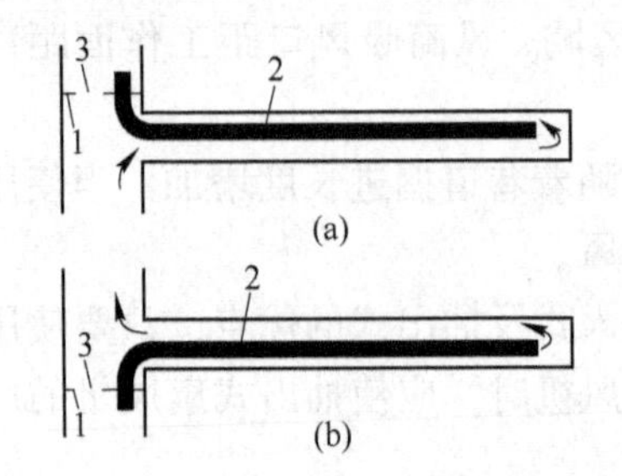

图1-17　安装风筒利用总压差通风

(a) 压力较小的工作面；(b) 压力较大的工作面

1—挡风墙；2—风筒；3—调节风窗

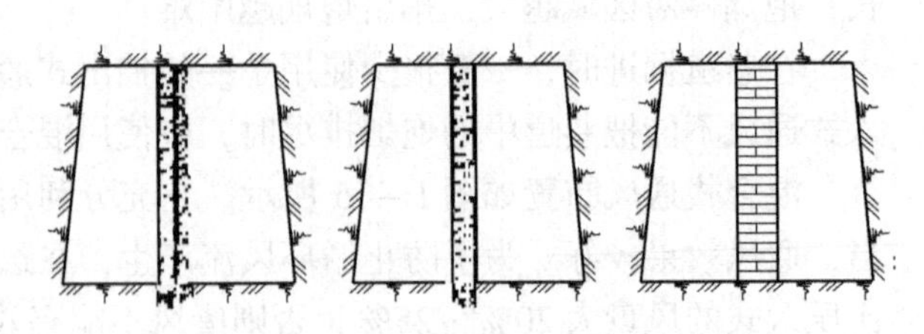

图1-18　安装风幛利用总压差通风

但是利用总压差通风会直接增加主扇负荷而相应地减少矿井的总进风量，一般只利用于几十米长的通风距离。

1.4.3.2　天井掘进的通风

掘进天井时，由于爆破后炮烟温度高，密度小，容易聚集在工作面；天井断面窄小，又分为梯子间及管道间，还架设安全棚等，可见天井通风不仅敷设风筒困难，而且风筒的风流也难以直接射向工作面，故天井比平巷通风困难得多。天井掘进中一般采用压入式通风、引射器通风或风水混合式通风，如图1-19所示。如果在掘进天井之前，在上下中段用钻孔贯通，利用全矿总压差或在上中段安装局扇抽风，则能有效地改善通风条件。

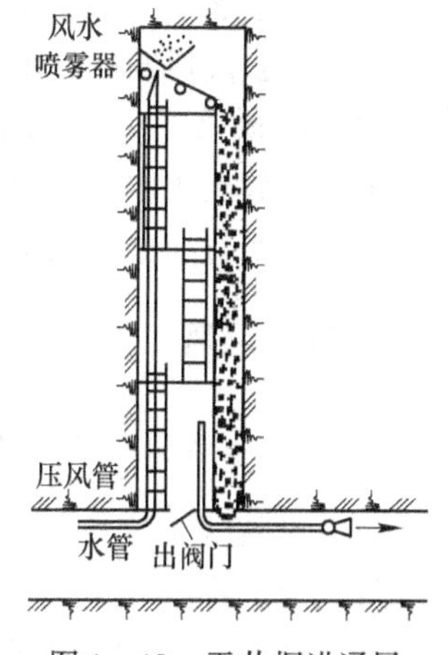

图1-19　天井掘进通风

1.4.3.3　竖井掘进通风

井筒在40m以内掘进时，可以不必安装局部扇风机，依靠空气的自然运动即可排出工作面炮烟。深度增加后，必须采用局扇通风。局扇安装在地表，风筒接到工作面。由于炮烟密度小，有向上流动趋势，采用压入式通风效果较好。

1.4.3.4　风筒的应用

局部扇风机通风中，风机主要是克服风筒风阻，而风筒风阻及漏风直接影响通风效果，所以风筒的悬挂及接头的优劣直接影响局部通风效果。目前常用的风筒有金属风筒及柔性风筒两种。

（1）金属风筒，用厚1.2~3mm的白铁皮制成，一般作成3m一节，用法兰盘联结，内夹橡皮垫圈。它的好处是可以用于负压状态下的通风。但接头处容易漏风，移动搬运不方便。

（2）柔性风筒，以玻璃布作衬布，外表压上塑料称为“塑料人造革风筒”；压上橡胶称为“胶皮风筒”。柔性风筒耐酸耐湿、重量较轻，可以折叠，每节长10m，安装搬运方便，漏风小。当压差增大，金属风筒接头处漏风增大，而柔性风筒则相反，其接头处的金属圈顶得更紧，反使漏风减少。所以柔性风筒在矿井中得到普遍使用。

实践说明，一台局扇，风筒如果使用不当，送风距离只有几十米；一般情况下，送风距离为200m；风筒悬挂及接头稍加注意，送风距离可达400~500m。

在巷道掘进时，掘进距离在200m以内，使用压入式通风，只要按一般接法，并使风筒悬挂平直，即可收到良好效果。当巷道掘进增长后，改用混合式通风时，压入式的这一台扇风机每前进150m就应搬动一次，所以风筒按一般接法即可。在使用柔性风筒时，抽出式的这一台，也要每前进150m搬动一次局扇，增长一次风筒。但作为抽出式的风筒安装后，一直要使用到巷道掘进作业全部结束。随着巷道距离增加，风筒长度也应增加。所以风筒的接头及悬挂，从开始就必须引起足够重视，要尽量防止漏风并减小风阻。其有关措施如下：

（1）改进风筒接头。根据风筒特点，选择合理的接头方式，减少漏风。

（2）减少风筒接头。风筒接头处是漏风及风阻增大的主要地点。将每节10m的风筒用胶浆接成100m长，使用于混合式通风的抽出式部分，能收到良好效果。

（3）防止漏风。在局扇及胶皮风筒的连接处，用外压圈将胶皮风筒紧压在局扇出口铁皮风筒外。胶皮风筒的针眼应全部用胶水粘盖。

（4）降低风阻。风筒的悬挂必须做到：吊挂平直，拉紧吊稳，逢环必吊，缺环必补，拐弯缓慢，放出积水。应垫高局扇，使之与风筒在同一高度。若在风筒出口换上一段铁皮风筒，则能明显地减小风阻。

1.4.4　矿井通风工作

1.4.4.1　主扇通风工作

（1）认真完成交接班工作，交流设备运输情况，认真检查设备及仪表运行状况。做好交接班记录工作。

（2）工作过程中，要坚守岗位，不准离开机房，注意倾听设备运转声音，观察电压表、电流表、风流表的状态，出现问题及时处理。

（3）主扇运行过程中，严禁触及设备的运转部位。

（4）做好经常性维护工作，经常检查设备润滑情况，对旋转部分如轴承、轴瓦经常注油。

（5）开关电器开关及按钮时要穿好高压绝缘靴，戴好绝缘手套，站在绝缘板上操作。

（6）主扇发生事故或需要停车时，值班人员必须立即通知调度和安全科，以统一调度，调整生产，未经同意不准擅自停开主扇风机。

（7）要保持机房和设备的整理干净，每班清扫和保持卫生，文明生产，但严禁使用湿布擦电器设备及按钮。

1.4.4.2　井下通风工作

（1）由于通风工作的特殊性，通风工不许单独井下作业，必须两人或两人以上同时作业。回风巷、天井、独头井巷要加倍注意。并且佩戴好必要的劳动保护。

（2）进入某地点工作前，首先要确认地点的安全性，包括风流畅通情况、顶板稳固情况和岩壁的安全状况等。确认工作环境安全可靠无危险方可开始工作。

（3）风机和风筒等材料和设备的运输要使用平板车，不许用矿车运输。运输过程中要捆绑牢固，装卸、移动风机时要有专人指挥。大家步调一致，避免挤伤手脚，并注意脚下障碍物。

（4）运输设备的过程中要注意设备的宽度和高度，严禁撞坏架线、电线电缆、风水管线及各种电器设备。

（5）安装局扇时，局扇的底座应该平整，局扇应安装在木制或铁制的平台上，电缆和风筒应吊挂在巷道壁上，吊挂距离5～6m，高度不应妨碍行人和车辆的运行，做到电缆接头不漏电，风筒接头不漏风，多余的电缆应该盘好放置在宽敞处的巷道壁上，局扇开关距离风机的距离和高度要适中。

（6）通风风筒的安装必须要平直牢固，百米漏风量在10%以内，吊挂风筒的铁线与架线应采取一定的安全绝缘、隔离措施，以免发生触电现象。

（7）进入局扇工作面前要注意观察工作面炮烟情况，严禁顶烟进入工作面，开启局扇前应对风机的各部进行认真仔细的检查，确认设备状态良好才可开机工作。

（8）多台风机串连工作时，应该首先开动抽风机，然后开启进风机，停止工作时首先关闭进风机，然后关闭抽风机。

（9）通风工要经常检查局扇的运行情况，各种通风设施的工作状况，保证风流畅通，通风设施完好。检修风机时，首先要断开电源，严禁带电检修。通风设备工作时严禁触及设备的运转部分。

1.4.4.3 通风注意事项

（1）作业前佩戴好劳动防护用品，严格遵守有关安全技术规程和安全管理制度。

（2）及时按设计要求安装风机和风筒，并要固定牢固可靠。

（3）安装作业点，遇有装岩机、电耙子、木料等影响安装时，必须与有关单位联系移设，不得自行开动。

（4）禁止一人上天井作业，登高作业要系安全带。

（5）对通风不良的作业面要及时安装局扇。各局扇、吸风口必须加安全网。

（6）拆卸风机风筒时，要相互配合，防止掉下伤人，搬运时须绑扎牢固，防止碰坏设备和触及机车架线。

（7）负责维修局扇风机、风筒，发现有漏风现象及时修理。对于拆卸下的风机风筒应放在不影响人员和设备运行的地点。

（8）安装完后须试车，确认机械、电气正常后方准离开。

（9）经常到现场检查局扇运转情况，发现声音异常等故障应及时停机进行处理。发现风筒不够长，要及时接到位，保证排污效果。

（10）掘进工作面和个别通风不良的采场，必须安装局部通风设备。局扇应有完善的保护装置。

（11）局部通风的风筒口与工作面的距离：压入式通风不得超过 10m；抽出式通风不得超过 5m；混合式通风，压入风筒不得超过 10m，抽出风筒应滞后压入风筒 5m 以上。

（12）进入独头工作面之前，必须开动局部通风设备。独头工作面有人作业时，局扇必须连续运转。

（13）停止作业并已撤除通风设备而又无贯穿风流的采场、独头上山或较长的独头巷道，应设栅栏和标志，防止人员进入。如需要重新进入，必须进行通风和分析空气成分，确认安全后方准进入。

（14）井下产尘点，应采取综合防尘技术措施。作业场所空气中的粉尘浓度，应符合《工业企业设计卫生标准》（GBZ 1—2010）的有关规定。

（15）湿式凿岩的风路和水路，应严密隔离。凿岩机的最低供水量，应满足凿岩除尘的要求。

（16）装卸矿（岩）时和爆破后，必须进行喷雾洒水。凿岩、出碴前，应清洗工作面 10m 内的岩壁。进风道、人行道及运输巷道的岩壁，应每季至少清洗一次。

（17）防尘用水，应采用集中供水方式，水质应符合卫生标准要求，水中固体悬浮物应不大于 150mg/L，pH 值应为 6.5 ~ 8.5。贮水池容量应不小于 1 个班的耗水量。

（18）接尘作业人员必须佩戴防尘口罩。防尘口罩的阻尘率应达到 I 级标准（即对粒径不大于5μm的粉尘，阻尘率大于99%）。

（19）全矿通风系统应每年测定一次（包括主要巷道的通风阻力测定），并经常检查局部通风和防尘设施，发现问题，及时处理。

（20）定期测定井下各产尘点的空气含尘量。凿岩工作面应每月测定两次，其他工作面每月测定一次，并逐月进行统计分析、上报和向职工公布。粉尘中游离二氧化硅的含量，应每年测定一次。

（21）矿井总进风量、总排风量和主要通风道的风量，应每季度测定一次。主扇运转特性及工况，应每年测定两次。作业地点的气象条件（温度、湿度和风速等），每月至少测定一次。

（22）矿山必须配备足够数量的测风仪表、测尘仪器和气体测定分析仪器等，并每年至少要校准一次。

（23）矿井空气中有毒有害气体的浓度，应每月测定一次。井下空气成分的取样分析，应每半年进行一次。

习 题

1-1 矿山粉尘的危害有哪些？

1-2 矿内空气中有毒气体的比较。

几种有害物质的比较

项目 \ 名称	CO	NO_2	SO_2	H_2S	矿尘
（1）对人的直观感觉					
（2）相对体积质量					
（3）能否溶于水					
（4）人体直观感觉的最低浓度					
（5）中毒后人能否进行人工呼吸					

1-3 什么叫矽尘？

1-4 试说明产生自然通风的原因。

1-5 如何判断角联中对角巷道的风流方向？以图1-20为例，所列风阻单位为$N \cdot s^2/m^8$。同对角巷道的风流向哪一方流动？

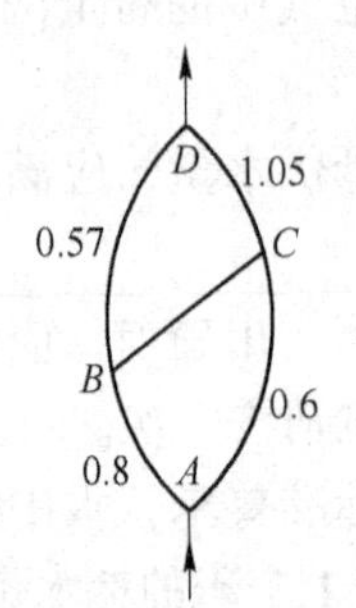

图1-20 角联通风网路

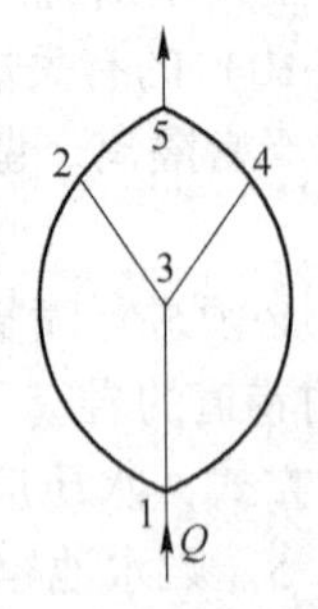

图1-21 通风示意图

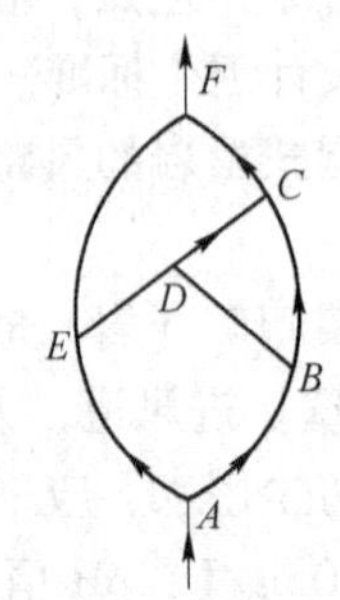

图1-22 通风示意图

1－6　角联通风网路有哪些特性？

1－7　主扇、辅扇、局扇有什么区别？

1－8　漏风对扇风机有什么影响？

1－9　比较局扇通风的压入式及抽出式的优缺点及使用条件。

1－10　如图1－23，有3个掘进工作面。试设计一合理的局部通风系统。

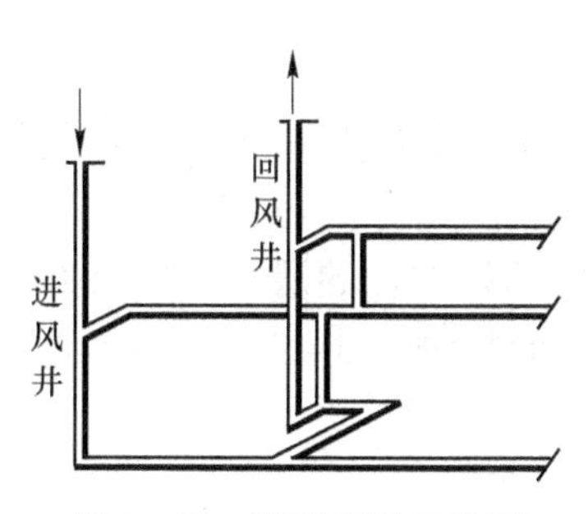

图1－23　某矿掘进工作面

2 矿山水体污染及其防治

2.1 矿山生产企业废水的形成

在矿山生产企业生产过程中消耗大量的清水，排出大量的废水，其中夹带许多物质，如重金属、有毒化学品、酸碱、有机物、油类、悬浮物以及放射性物质等，是造成地面水和地下水污染的主要来源。

2.1.1 地下采矿废水的形成

2.1.1.1 *矿坑水*

矿山建设和生产时期，地下水、地表水以及大气降水通过岩石的空隙，以滴水、淋水、涌水和突然涌水等方式流入露天矿坑和下巷道中，这种水称为矿坑水，也称为矿井水。矿坑水主要由以下水源组成：地下水及老窿水涌入巷道；采矿生产工艺形成的废水；地表降水或冰雪融化通过裂隙、地表土壤及松散岩层或其他与井巷相连的通道流入井下或露天矿场的积水。

矿井涌水量主要取决于矿区地质、水文地质特征、地表水系的分布、岩层土壤性质、采矿方法及气候条件等因素。

矿坑水的性质和成分与矿床的种类、矿区地质构造、水文地质特性等因素密切相关。此外，地下水的性质对矿坑水的性质及成分也有影响，但是，矿坑水在成分和性质上比地下水复杂得多，不要把矿坑水和地下水混为一谈。

(1) 地下水是矿坑水的一个主要来源。地下水的基本特点是悬浮杂质含量较少，比较透明清澈，有机物和细菌含量较少，受地面的污染较小，但溶解盐含量高、硬度和矿化度较大。

地下水水质特征随其距地表深度变化而不同。近地表区多为氧化物介质，水交换活跃，故多呈现淡水、碳酸盐类水。再往深处转为碳酸盐—硫酸盐类水和硫酸盐—碳酸盐类水。中深段（距地表500~600m）的地下水水交换缓慢，且接触的多为还原介质，水具有较大的矿化度。再往深部为水停滞区，深部的地下水是含有很浓的氯化物盐类的水。

(2) 沿井巷流动的地下水和采矿用水所形成的矿坑水，都溶解和掺入了各种可溶物质的分子、离子、气体，以及混入了各种固体微粒、油类、脂肪及微生物等，使水的成分发生显著变化，此外，地下水也可能含有某种有害气体（如氡等），它们从水中逸出，会造成空气环境的污染。

矿坑水中常见的离子种类很多并含有大量微量元素，如钛、砷、镍、铍、镉、铁、铜、钼、银、锡、碲、锰、铋等。可见，矿坑水是含有多种污染物质的废水，其被污染的程度和污染物种类对不同类型的矿山是不同的。

矿坑水污染可分为矿物污染、有机物污染及细菌污染，在某些矿山中还存在放射性物质污染和热污染等。矿物污染有沙泥颗粒、矿物杂质、粉尘、溶解盐、酸和碱等。有机污染物有煤炭颗粒、油脂、生物代谢产物、木材及其他物质氧化分解产物。矿坑水不溶性杂质主要为大于100μm的粗颗粒，以及粒径在100~0.1μm和0.1~0.001μm的固体悬浮物和胶体悬浮物，矿井水的细菌污染主要是霉菌、肠菌等微生物污染。

矿坑水的总硬度多在30以上，故矿坑水多为最硬水，未经软化是不能用作工业用水的。通常，矿坑水的pH值在7~8之间，属弱碱性，但是含硫的金属矿山的矿坑水中，SO_4^{2-} 较多，大多是酸性水。

2.1.1.2 废石堆渗流水

废石场淋滤水、废石（尾矿）是矿山开采及选矿生产过程中形成的数量巨大的产物，尤其是在露天矿，废石排放量更大。这些含有一定矿石成分的废石在大量堆积的情况下，其所含有的硫化矿物就会不断与水或水蒸气接触，不断氧化分解，甚至还形成浓度较高的硫酸盐，从而不断形成酸性水。同时废石堆表面层的废石物料不断地风化，陆续暴露新的硫化铁矿物，发生的氧化反应较充分时，可产生浓度很高的酸性溶液（即高浓度的硫酸盐）。当降水或降雪融化时，便因大量外泄，造成附近地区的环境污染。

从废石堆泄出的每升废水中所含硫酸铁、硫酸亚铁可高达几千微升，由于酸性大和有毒盐类高度集中，使在废石堆上进行种植十分困难，并使地表水质恶化，河流中大量鱼类死亡，生物群毁灭，造成严重的环境问题。

2.1.2 露天采矿废水的形成

2.1.2.1 采矿场排水

采矿场产生酸性污水的起因与废石场、尾矿池相似，主要是在采场由于地表径流与矿物和废石中含硫物质、重金属元素等发生物理或化学作用产生酸性污水。

另外，在矿山未开采前赋存于地下（或有露头）的矿体，由于自然的淋蚀作用，本身也存在对环境的污染。酸性水主要来源于矿体露头及强烈矿化带的围岩被溶化、淋蚀的地下水。在未开采前是以泉水和老窿水形式流出，开采后是从坑道直接排出。其特点是酸度高、金属离子含量多、流量大。酸性水还严重地污染了矿区周围的农田土壤，并会对当地居民的身体健康造成不良影响。

2.1.2.2 排土场产生废水

露天开采对矿区水文地质条件的影响程度取决于矿山规模、开采深度、地下水位岩石透水特性等。排土场的废石经受风吹、日晒和雨淋，发生物理风化剥蚀和化学风化，其中有毒重金属元素（如铅、镉、汞、铜、钴等）、溶解的盐类及悬浮未溶解的颗粒状污染物通过雨水的淋溶作用，流入地表水体后使水质发生变化，也可能进入地下水系造成地下水的污染。酸性废水是矿山产生的另一重要污染源。酸性废水是尾矿库、废石堆或暴露的硫化物矿石氧化形成的水体。酸性废水不但溶解大量可溶性的 Fe、Mn、Ca、Mg、Al、SO_4^{2-}，而且溶解重金属 Pb、Cu、Ni、Co、As、Cd 等。酸性废水使供水变色、浑浊，污染地表水、地下水，导致水生态环境严重恶化。

2.2　矿山产生废水的危害

2.2.1　矿山废水中的主要污染物及其危害

概括起来，水体中的污染物可分为四大类，即无机无毒物、无机有毒物、有机无毒物和有机有毒物。无机无毒物主要是酸、碱及一般无机盐和氮、磷等植物营养物质。无机有毒物主要是指各类重金属（汞、铬、铅、镉）和氰化物、氟化物等。有机无毒物主要是指在水体中比较容易分解的有机化合物，如碳水化合物、脂肪、蛋白质等。有机有毒物主要是苯酚、多环芳烃和各种人工合成的具有积累性的稳定的化合物，如多氯联苯农药等。有机无毒物的污染特征是消耗水中溶解氧，有机有毒物的污染特征是具有生物毒性。除上述四类污染物质外，还有常见的恶臭、细菌、热污染等污染物质和污染因素。

一种物质排入水体后是否会造成水体污染取决于该物质的性质及其在废水中的浓度、含这种物质的废水排放总量以及受污染水体的特性和它吸收污染物质的容量。下面简述矿山废水中主要污染物质及其危害。

2.2.1.1　有机污染物

有机污染物是指生活污水和废水中所含的碳水化合物、蛋白质、脂肪、木质素等有机化合物。矿山废水池和尾矿池中植物的腐烂，可使废水中有机成分含量很高。矿山选厂、炼焦炉以及分析化验室排放的废水中含有酚、甲酚、萘酚等有机物，它们对水生物极为有害。

2.2.1.2　油类污染物

油类污染物是矿山废水中较为普遍的污染物。水面油膜的存在，尤其当油膜厚度在 10^{-4}cm 以上时，它会阻碍水面的复氧过程，阻碍水分蒸发和大气与水体间的物质交换，改变水面的发射率和进入水面表层的日光辐射，这种情况对局部区域气候可能造成影响，而主要是影响鱼类和其他水生物的生长繁殖。

2.2.1.3　酸、碱污染

酸、碱污染是矿山水污染中较普遍的现象。一般水体内的酸有 70% 来自矿山排水，尤其是煤矿排水中含酸最多。

在矿山酸性废水中，一般都含有金属和非金属离子，其质和量与矿物成分、含量、矿床埋藏条件、涌水量、采矿方法、气候变化等因素有关。表 2－1 列出了我国几个矿山井下和废石场废水中的 pH 值和有害物质含量。

表2-1 我国几个矿山废水中的pH值及有害物质含量

有害元素＼矿山	湘潭锰矿	东乡铜矿	丁家铜矿	凹山铁矿	大冶铁矿	潭山硫铁矿
pH值	3～3.8	1.8～4.2	2～3	1.7	4～5	2～3
总酸度/$mmol \cdot L^{-1}$	4000～5000		506			
SO_4^{2-}/$mg \cdot L^{-1}$				7789		4120
Cu^{2+}/$mg \cdot L^{-1}$		4.2～27.2	20～80		170～400	
Fe^{3+}/$mg \cdot L^{-1}$		18～4711		465		
Fe^{2+}/$mg \cdot L^{-1}$		7.8～5033		9.1		
总铁/$mg \cdot L^{-1}$	10～25		10～800			926
Mn^{2+}/$mg \cdot L^{-1}$	600～800					
Al^{3+}/$mg \cdot L^{-1}$	50～190					
Mg^{2+}/$mg \cdot L^{-1}$	200～300					
Ag/$mg \cdot L^{-1}$						1.6

酸性废水排入水体后，使水体pH值发生变化，消灭或抑制细菌及微生物的生长，妨碍水体自净，还可腐蚀船舶和水工构筑物。若天然水体长期受酸、碱污染，可使水质逐渐酸化或碱化，从而产生生态影响。

酸、碱污染不仅改变水体的pH值，而且还大大增加水中一般无机盐的含量和水的硬度。酸、碱与水体中的矿物相互作用产生某些盐类，水中无机盐的存在能增加水的渗透压，对淡水生物和植物生长有不良的影响。

2.2.1.4 氰化物

矿山产生含氰化物废水的主要工艺有：浮选铅锌矿石时每处理1t矿排出4.5～6.5m^3水，其中含氰化物20～50g，平均浓度约为4～8mg/L；在用氰化法提金时，所排放的废水也含有氰化物；电镀水中氰化物的含量为1～6mg/L。此外，高炉和焦炉冶炼生产中，煤中的碳与氨或甲烷与氨化物化合生成氰化物，一般在其洗涤水中氰化物的含量高达31mg/L。氰化物是剧毒污染物，但在水体中较易降解，其降解途径如下：

（1）氰化物与水中二氧化碳作用生成氰化氢，挥发而出，这个降解过程可除去氰化物总量的90%，如下式所示：

$$CN^- + CO_2 + H_2O = HCN\uparrow + HCO_3^-$$

（2）水中游离氧使氰化物氧化生成NH_4^+和CO_3^-离子，逸出水体，这个过程只占净化总量的10%，如下式所示：

$$2CN^- + O_2 = 2CNO^-$$

$$CNO^- + 2H_2O = NH_4^+ + CO_3^-$$

氰化物剧毒，一般人只要误服0.1g左右的氰化钠或氰化钾就会死亡，敏感的人甚至服用0.06g就会致死。当水中CN^-含量达0.3~0.5mg/L时便可使鱼类死亡。

2.2.1.5 重金属污染

在废水污染中，重金属是指原子序数在21~83范围内的金属，矿山废水中主要有汞、铬、镉、铅、锌、镍、铜、钴、锰、钛、钒、钼和铋等，特别是前几种危害更大。如汞进入人体后被转化为甲基汞，在脑组织内积累，破坏神经功能，无法用药物治疗，严重时能造成全身瘫痪甚至死亡。镉中毒时引起全身疼痛腰关节受损、骨节变形，有时还会引起心血管病。

重金属毒物具有以下特点：

（1）不能被微生物降解，只能在各种形态间相互转化、分散，如无机汞能在微生物作用下，转化为毒性更大的甲基汞。

（2）重金属的毒性以离子态存在时最剧烈，金属离子在水中容易被带负电荷的胶体吸附，吸附金属离子的胶体可随水流迁移，但大多数会迅速沉降，因此重金属一般都富集在排污口下游一定范围内的底泥中。

（3）能被生物富集于体内，既危害生物，又通过食物链危害人体。如淡水鱼能将汞富集1000倍、镉300倍、铬200倍等。

（4）重金属进入人体后，能够和生理高分子物质，如蛋白质和酶等发生作用而使这些生理高分子物质失去活性，也可能在人体的某些器官积累，造成慢性中毒，其危害有时需几十年才显现出来。

被重金属污染的矿山排水随灌渠水进入农田时，除流失一部分外，另一部分被植物吸收，剩余的大部分在泥土中积聚，当达到一定数量时，农作物就会出现病害。土壤中含铜达20mg/kg时，小麦会枯死，达到200mg/kg时，水稻会枯死。此外，被重金属污染的水还会使土壤盐碱化。

2.2.1.6 氟化物

天然水体中氟的含量变化为每升不足一毫克至十几毫克，地下水特别是深层地下热水中，氟的含量可达每升十几毫克。饮用水中氟的含量过高或过低均不利于人体健康。萤石矿的废水中含有氟化物，因为这种废水通常都是硬水，其中氟形成氟化钙或氟化镁沉淀下来，故不表现出很大的毒性，而软水中的氟毒性却很大。

2.2.1.7 可溶性盐类

当水与矿物、岩石接触时，会有多种盐类溶解于水中，如氯化物、硝酸盐和磷酸盐等。低浓度的硝酸盐和磷酸盐是藻类营养物，可以促进藻类大量生长，从而使水失去氧；硝酸盐类、磷酸盐类浓度高的水，对鱼类有毒害作用。淡水中含氟的盐类不超过100mg/L，超过此值就会成为盐水（大于1000mg/L）。碳酸氢盐、硫酸盐、氯化钙和氯化镁等会使水变为硬水。

除此之外，矿山废水中污染物还有放射性污染、热污染、水的浊度污染以及固体悬浮物和颜色变化等污染形式。

2.2.2　矿坑水对矿山生产的危害

矿坑水除了增大建设投资和生产成本外，还给矿山安全生产造成危害，主要有以下几方面。

（1）在建井时期，当涌水量过大时，增加投资，妨碍施工进度，影响建井质量，需要采取治理措施。

（2）具有侵蚀性的矿坑水能腐蚀露天矿坑和井巷中的各种金属设备（如轨道、支架和各种采掘机械），污染作业环境。

（3）矿坑水降低坑道的顶板、底板和边帮的稳固性，增加支护和维护的难度。

（4）在露天矿山，地下水往往破坏边坡的稳定，造成边坡坍塌和滑坡事故，影响正常生产，甚至被迫停产。

（5）当地质情况不清，突然遇到大量涌水时，会造成井下采场、巷道淹没事故，造成大量人员伤亡和设备毁坏。据统计分析，井下透水事故是我国地下矿山危害较严重的事故之一。如 2001 年 7 月 17 日广西南丹县大厂矿区拉甲坡矿特大透水事故死亡 81 人。

2.3　矿山产生废水的治理方法

2.3.1　矿山废水的排放标准

2.3.1.1　水质标准

环境标准是为维护环境质量、控制污染而制定的各种技术指标和准则的总称。它是伴随环境立法而发展起来的，是环境保护法律体系的组成部分，是具有法规性的技术指标和准则。根据《中华人民共和国环境保护标准管理办法》的规定，我国环境标准分为两级、三类。两级就是国家级和省、自治区、直辖市级；三类就是环境质量标准、污染物排放标准、环境保护基础和方法标准，最后一类只有国家一级。

目前，我国水环境质量标准，主要是依据《地表水环境质量标准》（GB 3838—2002）。该标准根据地表水域环境功能和保护目标，按功能高低依次划分为五类：

（1）Ⅰ类水主要适用于源头水、国家自然保护区；

（2）Ⅱ类水主要适用于集中式生活饮用水地表水源地一级保护区、珍稀水生生物栖息地、鱼虾类产卵场、仔稚幼鱼的索饵场等；

（3）Ⅲ类水主要适用于集中式生活饮用水地表水源地二级保护区、鱼虾类越冬场、洄游通道、水产养殖区等渔业水域及游泳区；

（4）Ⅳ类水主要适用于一般工业用水区及人体非直接接触的娱乐用水区；

（5）Ⅴ类水主要适用于农业用水区及一般景观要求水域。

2.3.1.2　工业废水的排放标准

废水排放标准是根据环境质量标准，并考虑技术经济的可能性和环境特点，对排入环境的废水浓度所做的限量规定。我国污水排放标准分综合标准和部门、行业标准两种。综合标准主要依据《污水综合排放标准》（GB 8978—1996）的规定。该标准适用于排放污水和废水的一切企事业单位。

工业废水中污染物分为以下两类：

(1) 第一类污染物，指能在环境或动植物体内蓄积，对人体健康产生长远不良影响者。含有这类有害污染物质的污水，不分行业和污水排放方式，也不分受纳水体的功能类别，一律在车间或车间处理设施排出口取样，其最高允许排放浓度必须符合表 2－2 的规定。

表 2－2　第一类污染物最高允许排放浓度

序　号	污染物	最高允许排放浓度/mg · L^{-1}
1	总汞	0.05
2	烷基汞	不得检出
3	总镉	0.1
4	总铬	1.5
5	六价铬	0.5
6	总砷	0.5
7	总铅	1.0
8	总镍	1.0
9	3,4－苯并芘	0.00003

(2) 第二类污染物，指其长远影响小于第一类污染物质的，在排污单位排出口取样，其最高允许排放浓度必须符合表 2－3 的规定。

表 2－3　第二类污染物最高允许排放浓度（1997 年 12 月 31 日之前建设的单位）　（mg · L^{-1}）

序号	污染物	适用范围	一级标准	二级标准	三级标准
1	pH 值	一切排污单位	6～9	6～9	6～9
2	色度（稀释倍数）	染料工业	50	180	—
		其他排污单位	50	80	—
		采矿、选矿、选煤工业	100	300	—
		脉金选矿	100	500	—
3	悬浮物（SS）	边远地区砂金选矿	100	800	—
		城镇二级污水处理厂	20	30	—
		其他排污单位	70	200	400
		甘蔗制糖、苎麻脱胶、湿法纤维板工业	30	100	600

续表 2－3

序号	污染物	适用范围	一级标准	二级标准	三级标准
4	五日生化需氧量（BOD_5）	甜菜制糖、酒精、味精、皮革、化纤浆粕工业	30	150	600
		城镇二级污水处理厂	20	30	—
		其他排污单位	30	60	300
		甜菜制糖、焦化、合成脂肪酸、湿法纤维板、染料、洗毛、有机磷农药工业	100	200	1000
		味精、酒精、医药原料药、生物制药、苎麻脱胶、皮革、化纤浆粕工业	100	300	1000
		石油化工工业（包括石油炼制）	100	150	500
5	化学需氧量（COD）	城镇二级污水处理厂	60	120	—
6	石油类	其他排污单位	100	150	500
7	动植物油	一切排污单位	10	10	30
8	挥发酚	一切排污单位	20	20	100
9	总氰化合物	一切排污单位	0.5	0.5	2.0
		电影洗片（铁氰化合物）	0.5	5.0	5.0
10	硫化物	其他排污单位	0.5	0.5	1.0
11	氨氮	一切排污单位	1.0	1.0	2.0
		医药原料药、染料、石油化工工业	15	50	—
		其他排污单位	15	25	—
12	氟化物	黄磷工业	10	20	20
		低氟地区（水体含氟量 < 0.5mg/L）	10	10	20
13	磷酸盐（以磷计）	其他排污单位	0.5	1.0	—
14	甲醛	一切排污单位	—	—	—
15	苯胺类	一切排污单位	1.0	2.0	5.0
16	硝基苯类	一切排污单位	2.0	3.0	5.0
17	阴离子表面活性剂（LAS）	合成洗涤剂工业	5.0	15	20
		其他排污单位	5.0	10	20
18	总铜	一切排污单位	5.0	1.0	2.0
19	总锌	一切排污单位	2.0	5.0	5.0
20	总锰	合成脂肪酸工业	2.0	5.0	5.0
		其他排污单位	2.0	2.0	5.0
21	彩色显影剂	电影洗片	2.0	3.0	5.0

续表2－3

序号	污染物	适用范围	一级标准	二级标准	三级标准
22	显影剂及氧化物总量	电影洗片	3.0	6.0	6.0
23	元素磷	一切排污单位	0.1	0.3	0.3
24	有机磷农药（以磷计）	一切排污单位	不得检出	0.5	0.5
25	粪大肠菌群数	医院、兽医院及医疗机构含病原体污水	500个/L	1000个/L	5000个/L
		传染病、结核病医院污水	100个/L	500个/L	1000个/L
26	总余氯（采用氯化消毒的医院污水）	医院、兽医院及医疗机构含病原体污水	<0.5	>3（接触时间≥1h）	>2（接触时间≥1h）
		传染病、结核病医院污水	<0.5	>6.5（接触时间≥1.5h）	>5（接触时间≥1.5h）
22	显影剂及氧化物总量	电影洗片	3.0	6.0	6.0

为了保证矿区环境不受污染和危害，矿区排放的废水还必须符合国家《工业企业设计卫生标准》（GBZ 1—2010）的规定。对矿山企业的行业规定有：现有企业悬浮物最高允许排放浓度为150mg/L（一级）和300mg/L（二级），新扩改企业为200mg/L（二级）。

2.3.2　矿山水体的测定

对矿山水体做全面的水量、水质测定，是选择与确定治理方法的依据。没有科学的测定数据，盲目地建造处理设施，必然导致运行失调，造成浪费。因此，矿山废水的水质、水量测定是极其重要的步骤。水质监测内容广泛，涉及的分析技术和仪表非本书所及范围，以下仅概述有关监测的几个主要问题。

2.3.2.1　水质分析内容和项目

水质分析的内容分物理、化学和微生物（包括生物）分析。水质分析的项目有数百种，其中具有基本意义的项目有一百余种，日常进行分析的项目有10种左右。应根据目的和要求、水质状况、分析与测定条件等方面选择具体的分析项目。不同的工业废水，其主要分析项目是不同的，但都应首先考虑水中主要杂质成分的测定项目。

2.3.2.2　矿山废水的采样方法

A　采样点的选择

由于待测水体的水质是不均匀的，而且随时间和地点而不断发生变化。因此，采集水样必须具有代表性。否则，无论分析工作做得如何认真、精确，也是没有意义的。

为了保证采样具有代表性，采样点的选择和布置十分重要。一般应根据矿区水源的具体情况和污水成分及其含量，慎重考虑和布置采样点。例如，应在河流的不同区段（清洁区段、污染区段及净化区段）选择布置采样点，并将采样点分为基本点、污染点、对照点和净化点。基本点应设在河流的清洁区段，即其入口或矿区以外的下游河段；污染点应设在河流污染特定区段，以控制和掌握矿区造成的污染程度；对照点应设在河流的发源地，或是矿区的上游区段，以便和污染点进行对比；净化点应设在矿区的下游区段，以检查水体自净作用。同时，还应考虑河面的宽度和深度。河流水质采样点可根据污染状况、河流的流量、河床宽窄等条件采用单点布设法、断面布设法、三点布设法和多断面布设法等具体布置方法。

除河流布点外，在矿区内还应布置如图 2－1 所示的采样监测点。

矿区内采样点的选择应具有代表性。凡是矿山生产可能影响到的水体，都要布点采样监测。为了使生产用水合乎标准，就应设置生产用水监测点，如图 2－1 中的 *A* 点。为了检查废水排放的污染程度，应设置废水排放控制点，如图 2－1 中的 *B* 点。为了检查与对比水源的污染程度，还应设置水源监测点，如图 2－1 中的 *C* 点。

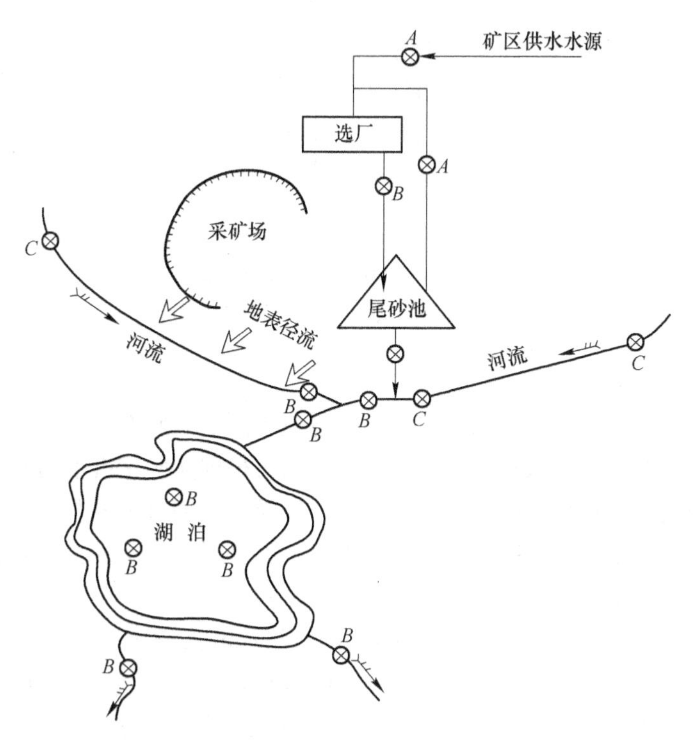

图 2－1 矿区水体监测采样点布设略图

实际工作中，除了布置上述的河流与矿区水质采样监测点外，为了调查地下水源的污染情况，还应对地下水源布点监测。一般情况下，可围绕污染源，取不同的井下水作为分析样即可。

B 采样方法

采样点确定后，使用正确的采样方法，也是水体监测中的一个重要环节。一般可根据水体的性质，采用不同的方法采集水样。

a 表层水样采集方法

对河流、水库以及湖泊等地表水体，凡是可以直接吸水的场合，可直接把采样瓶置于水中，或者以适当的容器吸水。若从桥上采样时，可将系着绳子的采样瓶，投入水中取样。

表层水采样，最好取水面以下 10～15cm 的水。若需采集一定深度的水样，应将采样瓶投放相应深度处采样。常用的简单采样器的构造如图 2－2 所示，它是一个装在金属框架 2 内用绳索吊起的玻璃瓶 1，金属框架底部装有铅块 3，以增加瓶重，瓶口配塞 4，以细绳 5 系牢，在绳索上还要标有高度标记。在流速大的河流中采样，只需将悬吊采样器的绳索用长钢管代替即可。

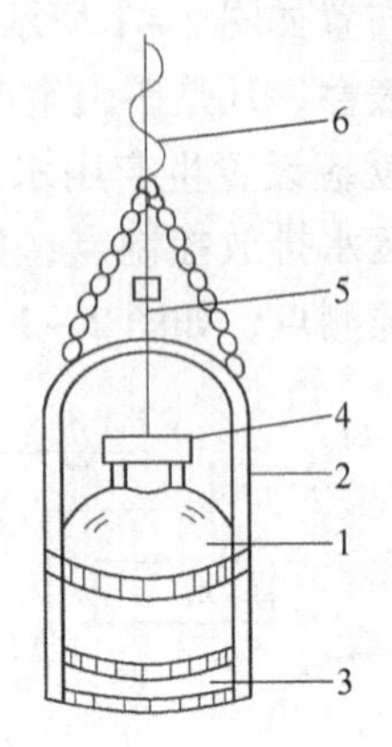

图 2－2　简单采样器

1—采样瓶；2—金属框架；3—铅块；4—瓶塞；
5—瓶塞的细绳索；6—悬吊采样瓶的绳索

b　矿山废水采样

由于采选工艺过程不同，废水的成分和流量也不同。因此在采样前应首先了解生产废水的工艺过程，掌握水质、水量的变化规律。然后再根据实际情况和分析目的，采用不同的采样方法，分别采集平均水样、平均比例水样以及高峰期排放水样等。如果废水的排放流量比较稳定，只需采集一昼夜的平均水样即可，即每隔相同的时间取等同废水混合成分析水样。如果废水的排放流量不稳定时。要采集一昼夜内的平均比例水样，即流量大时多取，流量小时少取，把每次取得的水样，倒入清洁的大瓶中，取样完毕后，将大瓶中的水样充分混合，从中取出 1～2L，作为分析水样。如果废水的产生和排放是间断性的，采样时间和次数就必须与其排放的特点相适应，并应注意所采集水样必须具有代表性。

采集水样的数量，应根据分析项目的不同而定，一般水样总量以 3L 为宜，也可根据分析项目的内容，酌情处理。

采样和分析的时间间隔越短越好。水样的存放时间不得超过表 2－4 所规定的标准。水样在保存期内其成分会发生变化，如溶解氧逸散、悬浮物沉淀、pH 值改变及有机物无机物发生氧化等。所以，采集水样后，应尽快进行化验与分析，最大限度地缩短存放期，防止水样变化而造成的损失。此外，还有部分项目，如温度、pH 值及透明度等指标，应当在现场进行直接测定。部分项目若不能在现场进行直接测定，可采用加入试剂或冷冻保存等方法，如在测定矿山废水中的挥发分、溶解氧等无法在现场测定的指标时，采取加入试剂或冷冻使水样变成固态，待进行分析时，再还原成液态的方法，可大大减少保存期间产生的损失。

表2-4 水样保存时间标准

序 号	水样性质	保存时间/h
1	未污染的水样	72
2	轻度污染的水样	48
3	严重污染的水样	12

2.3.2.3 矿山废水的测定方法

A 废水流量的测定方法

废水流量测定有多种方法，下面简单介绍几种常见的方法。

(1) 估算法。估算法是用水泵运行所持续时间和额定功率估算废水流量的方法。这是工业企业目前最常用的方法，但数据有波动，误差很大，泵体的新旧、维护操作技术的高低均会影响流量值的大小。

(2) 容量测定法。容量测定法适用于小流量和间歇性排放的情况，它是利用容器和秒表计时换算流量的。

(3) 水表计量法。工业上所用的水表有浮子流量计、磁力流量计等。

(4) 推算法。推算法是通过测定沿程两个固定点间一个漂浮物的漂流时间，计算流速来求流量的方法。这种方法适用于非满流排水管。测出水流深度后，可得到断面面积，从直接测定出的表面流速可以估算出断面的平均流速，如果是层流，平均流速约为0.8倍的表面流速。

(5) 流量堰计量法。流量堰测定方法可分为矩形堰测定法、帕歇尔水槽测定法两种。采用这种方法时，在明渠或满流排水段设流量堰。由于流量堰计量法具有测定准确、便于维护等特点，因此在流量测定方法中，最适合于矿山废水处理系统。

B 废水中悬浮物的测定方法

废水中呈固体状的不溶解物质称为悬浮物。悬浮物指标是衡量工业废水污染程度的基本指标之一。经过两个小时静止沉淀后，悬浮物中的一部分沉淀下来，这部分悬浮物称为沉淀物。而仍能够漂浮于水中的悬浮物，其粒径一般多在50μm以下。悬浮物从性质上可分为无机性和有机性两种。无机性悬浮物如泥沙、各种矿粉和金属碎屑等；有机性悬浮物如纤维、木质素和油脂等。

a 悬浮物的沉淀性能

各种矿山废水中所含沉淀物的种类和性质很不一样。处于颗粒状态，并且颗粒表面比较光滑，沉淀时互不相关，这样的沉淀物称为沉渣。选矿、冶金及机械加工等工艺产生废水的沉淀物多为沉渣。沉渣在多数情况下易于脱水，成分单一，便于回收利用。处于绒絮状态的悬浮物质所形成的沉淀物称为污泥，其主要成分为有机物质，如焦化、毛纺等工业废水的沉淀物。一般用沉淀曲线描述悬浮物的沉淀性能，如图2-3给出了数条沉淀物质的沉淀曲线。从这几条曲线中可以看出，废水中的沉淀物质在最初一个阶段沉淀特别快，原因是沉淀物的颗粒大小不一样，颗粒较大、较重的沉淀物下沉较快。沉淀曲线是研究废水中沉淀物的沉淀规律性和设计沉淀池的重要资料。在矿山废水处理和净化工艺中，往往采用投加混凝剂的方式，进行絮凝沉淀。由于投药种类、数量和悬浮物本身性质不同，所测得的沉淀曲线也不一样。

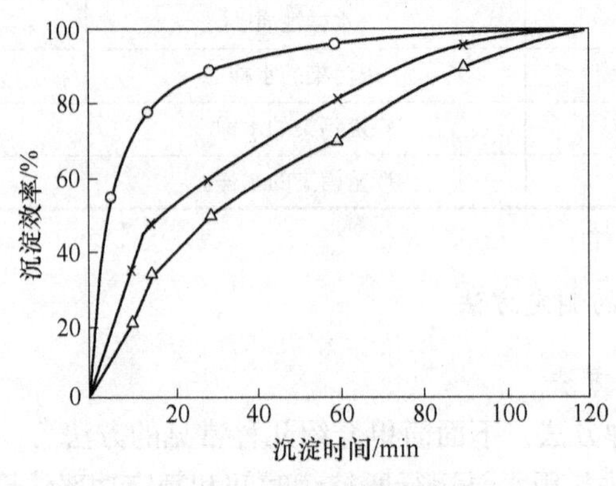

图2-3　悬浮物沉淀曲线

b　沉淀物的含水率

沉淀物含水的多少，以其水的重量与沉淀物总重量之比值来表示，称为含水率。测量沉淀物含水率的方法为：取一部分经充分搅拌的沉淀物，精确称量后放入烘箱中，在105℃下一直烘至恒重为止再称重，按下式计算含水率：

$$P = \frac{a - b}{a - c} \times 100\%$$

式中　P——沉淀物的含水率,%；

a——未烘干时沉淀物和器皿总重量，g；

b——干燥后沉淀物和器皿总重量，g；

c——器皿重量，g。

沉渣的比重较大，含水率较小；而污泥却呈疏松状态，含水率较大。为了便于脱水，常将沉淀下来的沉渣或污泥泵入浓缩池，浓缩后再进行脱水。

c　有机物与无机物含量的测定

污泥中的有机物质和无机物质含量的测定方法是：首先，将污泥放在烘干箱中以105℃的温度烘至恒重，称重后得出污泥的固体物质（包括无机和有机物质）的总重量。随后，将此烘干的污泥在600℃的高温下烧灼，将其中的有机成分烧掉，再进行称量，剩下的无机物重量与固体物质在烧灼前的重量之比值称为污泥灰分，以百分数表示。污泥中有机物含量与无机物含量对研究活性污泥的活性、污泥消化的产气量等都有直接关系。

C　矿山废水pH值的测定方法

对于矿山废水来讲，pH值既是一项污染指标，又是净化中需要控制的指标。矿山废水的pH值差别极大，呈强酸性及强碱性的废水很多。pH值对废水的净化效果有直接影响，这是因为中和反应、化学混凝等过程均受pH值的制约。在各种不同pH值条件下，金属的沉淀程度视金属本身的性质、所形成的不溶性金属盐（如氢氧化物、碳酸盐等）的不同而不同。

图2-4给出了几种金属氢氧化物的理论沉淀性能与pH值的关系曲线。该曲线是矿山废水处理中，除去重金属离子的非常重要的技术依据。Fe^{3+}在较低的pH值情况下，形成氢氧化物沉淀，然而要想除去Cd则必须把pH值调至9以上。更值得注意的是有些金属离

子，如 Cr、Zn 等，在 pH 值不同时会产生沉淀和反溶两种截然不同的反应，所以，矿山废水的净化，往往首先要测定 pH 值，并考虑 pH 值的调节方式。

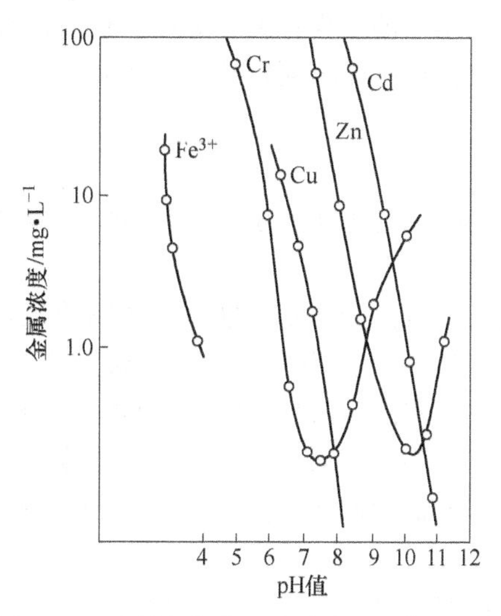

图 2-4 金属氢氧化物沉淀与 pH 值的关系

水的 pH 值，由于其所溶解的 CO_2 数量的变化，而经常改变。因此，采回水样后应立即进行测定分析。测定水 pH 值的方法主要有试纸法、比色法和电位法。

试纸法比较简单，使用时取试纸一条，浸入待测的水样中，半秒钟取出与试纸上的标准色板比较，即得出 pH 值的大小。此法极为方便，但误差大，且不适用于色度高的溶液，只供粗略测定使用。

比色法是把待测溶液与指示剂所生成的颜色和由已知 pH 值的溶液与指示剂组成的标准色阶进行比较，当它们的颜色和标准色阶中某一溶液的颜色一致时，则表示它们的 pH 值相同。比色法也不需要仪器，简单易行，但该法也是一种粗略近似的测定方法。

电位法也称玻璃电极法，主要是利用玻璃电极作指示电极、甘汞电极作参比电极组成一个电池，在 25℃下，溶液中每一个 pH 单位，电位差变化为 59.1mV。也就是说，电位差每改变 59.1mV，溶液中的 pH 值就相应地改变一个 pH 单位。电位与溶液中 pH 值的关系符合能斯特方程式，即

$$E = E^{\ominus} + 0.05911g[H^+] \quad (在25℃ 温度时)$$

或

$$E = E^{\ominus} + 0.0591pH$$

按上述关系，若将电压表上的刻度换算成 pH 值刻度，便可直接读出溶液的 pH 值。温度差异可以通过仪器上的补偿装置加以校正。

玻璃电极基本上不受含盐量的影响，也与溶液的颜色、浊度以及所含的胶体物质、氧化剂和还原剂无关。但是，当 pH 值大于 10 时，因有大量钠离子存在，会产生较大的误差（即钠差）。因此，在测定碱性废水前，一般采用标准缓冲液对酸度计校正后，再进行测定。

D 矿山废水的无机物成分的测定方法

矿山废水中无机污染物主要有砷、硫化物、氯化物、氟化物以及放射性物质等，现简述如下。

a　重金属离子的测定

含重金属离子的废水，在冶金矿山废水中占很大比例。测定废水中重金属的含量，一方面能掌握其污染程度及其富集量的多少；另一方面，也可以确定采取回收工艺的经济合理性。重金属含量的测定方法主要有化学测定法和原子吸收分光光度仪测定法两种，目前多采用后一种方法测定。

b　硫化物的测定

水体中的硫化物，一般指金属与硫作用生成的化合物，但其中也包括硫化氢等非金属硫化物和有机硫化物。

自然水体中的硫化物，一部分是天然水溶蚀含硫矿物质进入地表与地下径流所致；另一部分是水或底泥中厌氧微生物以有机物为养料，将硫酸盐转化成硫离子（S^-）而产生的。含硫金属矿的选矿废水和硫化染料的制造、漂染等工业废水也含有数量不等的硫化物。硫化物是耗氧物质，使水体中溶解氧减少，而影响水生物、植物的生长，对人体具有强烈的刺激神经作用。所以河流、湖泊、生活饮用水及灌溉等环境用水均不能含有硫化物。

硫化物在地面水中按溶解氧计算，不得检出。废水排放的最高许可浓度为1mg/L，硫化物的测定，常采用碘量法和比色法。

（1）碘量法。碘量法测定硫化物的原理是，硫化物与醋酸锌作用生成白色硫化锌沉淀。将此沉淀在酸性介质中与碘液作用，然后用硫代硫酸钠标准溶液滴定过量的碘液。其反应式如下：

$$Zn^{2+} + S^{2-} = ZnS\downarrow \text{（白色）}$$

$$ZnS + I_2 = ZnI_2 + S$$

$$I_2 + 2Na_2S_2O_3 = 2NaI + Na_2S_4O_6$$

（2）比色法。对氨基二甲基苯胺比色法测定的原理是：胺离子与对氨基二甲基苯在高铁离子的酸性溶液中，生成亚甲基蓝，其蓝色深度与水中硫离子含量成正比关系。根据蓝色深浅进行比色定量分析。

c　氯化物的测定

自然界中很多矿物都含有氯化物，天然水中也含有氯化物，其中多以钠、钾、钙、镁等化合物的形式存在于水体之中。生活污水和工业废水中，一般都含有大量的氯化物。

氯化物对人体健康没有多大的影响，但水中的氯化钠超过250mg/L时，将使水质具有明显的盐味。氯化物含量较高的水体，对金属管道及其他构筑物有腐蚀作用。长期灌溉农田，则会形成盐碱地，影响农业生产。因此，氯化物含量也是水质监测的主要指标之一。测定方法一般多采用硝酸银容量法。也可采用氯化银比浊法或氯离子电极法。

硝酸银容量法测定的原理是：硝酸银与氯化物生成氯化银沉淀，用铬酸钾做试剂，当水样中氯化物全部与硝酸银作用后，过剩的硝酸银与铬酸钾作用生成砖红色的铬酸银沉淀，表示滴定至终点。根据硝酸银的消耗量，计算出氯化物的含量，其反应式为：

$$NaCl + AgNO_3 = AgCl\downarrow \text{（白色沉淀）} + NaNO_3$$

$$2AgNO_3 + K_2CrO_4 = 2KNO_3 + Ag_2CrO_4\downarrow \text{（砖红色沉淀）}$$

d　氰化物的测定

水体中氰化物是由于工业废水排放造成的。就矿山而言，主要来源于金属选矿及炼油、焦化、煤气工业等。例如，每吨锌、铅矿石进行浮选时，其排放的废水中氰化物的平均浓度为4～10mg/L，高炉煤气洗涤水中氰化物的含量最高可达31mg/L。

水体中氰化物的测定多采用容量法、比色法以及电极法。当水中氰化物的含量在1mg/L以上时，采用硝酸银容量法比较适宜；水中氰化物的含量在1mg/L以下时，采用比色法为佳。

（1）硝酸银容量法。在碱性溶液（pH值在11以上）中，以试银灵作为指示剂，用硝酸银溶液（标准）进行滴定，形成银硝络合物［$Ag(CN)_2^-$］，当到达终点时，多余的银离子与指示剂生成橙色络合物。根据硝酸银的用量，可求得氰化物的含量，其反应式为：

$$Ag^+ + 2CN^- = [Ag(CN)_2^-]$$

（2）比色法。吡啶盐酸联苯胺比色法的测定原理是：在酸性溶液中，溴水使氰化物变成溴化氰，以硫酸肼除去多余的溴，加入吡啶盐酸联苯胺试剂，生成橘红色的烯醛衍生物。所显颜色的深浅与氰化物含量成正比关系。可用比色法测定氰化物的含量。

E　矿山废水有机物成分的测定方法

水体中有机污染物种类繁多，成分复杂，主要有碳水化合物、脂肪、蛋白质、酚类、醛、硝基化合物等。其测定方法也各不相同，大致可归纳为综合指标法和单项测定法两类方法。综合指标法主要是测定水中溶解氧（DO）、生化需氧量（BOD）、化学需氧量（COD）以及总有机碳（TOC）等。单项测定法主要是测定酚类、有机氨农药、阴离子洗涤剂等。

矿山废水有机污染物的测定，主要采用综合指标法，现简述如下。

a　水中溶解氧（DO）的测定

溶解于水中的游离氧称为溶解氧，单位为mg/L。水中溶解氧主要来源于空气中的氧溶解于水和水生生物光合作用放出的氧。溶解氧是水质好坏的重要指标。清洁的地面水中所含溶解氧量，接近饱和状态。生活污水和工业废水中，含有大量的有机物质和无机还原物质，如碳水化合物、醛类、可氧化的含氮化合物等，在进行生物氧化分解时，这些物质要消耗水中的溶解氧，导致水体中的溶解氧量大量减少，污染严重时，溶解氧量可减少到零。这时厌氧菌将大量繁殖，有机物腐败、使水质恶化，水生动植物因缺氧而无法生存（水体中溶解氧含量低于4mg/L时，鱼类就不能生存）。所以，溶解氧的测定，是衡量水体污染程度的一个重要综合指标。

溶解氧的测定一般采用碘量法和隔膜电极法两种方法。

（1）碘量法。碘量法测定溶解氧的原理是：在水样中加入硫酸锰与氢氧化钠—碘化钾溶液作用，生成氢氧化锰白色沉淀，即

$$MnSO_4 + 2NaOH = Mn(OH)_2\downarrow + Na_2SO_4$$

由于这种沉淀很不稳定，会立即与水样中溶解氧进行氧化还原反应，生成锰酸锰棕色沉淀。其反应式如下：

$$O_2(\text{水样中}) + 2Mn(OH)_2 = 2H_2MnO_3$$

$$2H_2MnO_3 + 2Mn(OH)_2 = 4H_2O + 2MnMnO_3\downarrow$$

然后浓硫酸酸化，使锰酸锰与碘化钾（KI）反应，析出碘（I_2），碘的析出量与溶解氧为定量关系，溶解氧越多，析出的碘就越多，溶液的颜色就越深，其反应式如下：

$$2MnMnO_3 + 4H_2SO_4 + 4HI = 6H_2O + 4MnSO_4 + 2I_2$$

反应析出的碘，以淀粉做指示剂，用硫代硫酸钠标准溶液滴定至终点（蓝色消失为止），其反应式为：

$$2I_2 + 4Na_2S_2O_3 = 6NaI + 2Na_2S_4O_6$$

结果计算：

$$c(\mathrm{DO}) = \frac{c(Na_2S_2O_3) \cdot V_L}{V_S}$$

式中　$c(\mathrm{DO})$ ——水样中溶解氧浓度，mol/L；

$c(Na_2S_2O_3)$ ——硫代硫酸钠的浓度，mol/L；

V_L——硫代硫酸钠溶液的用量，mL；

V_S——取水样体积，mL。

(2) 隔膜电极法。这种方法的原理是：利用只能透过气体而无法透过溶质的薄膜(通常采用约 10^{-2}cm 的聚乙烯或聚氟乙烯材料)，将电池和试样隔开，其透过薄膜的氧在电极上还原，产生微弱的扩散电流，而扩散电流和试样中的氧分子浓度呈线性比例关系。

根据这一原理制成的溶解氧测定仪器很多，如 WOSTN 溶解氧分析仪、STANK 溶解氧分析仪、YS－154 型测氧仪及 TH－2 型溶解氧分析仪等。

b　生化需氧量（BOD）的测定

生化需氧量的测定方法与溶解氧的测定方法相同，所不同的就是先在采集的水样中加入一定量特制的稀释水，并培养 5d（也有人建议培养 20d，甚至 100d，但 5d 就基本上达到平衡）。测定时，要测两次：一次是当时的溶解氧（DO）；另一次是培养一定时间后的溶解氧（DO），两者之差即为生化需氧量（BOD）。特制的稀释水，实际上就是给水中补充微生物养料，即在蒸馏水中加硫酸镁、氯化铁、氯化钙以供微生物繁殖之用。

除了上述方法外，近来有关部门根据库仑分析原理研制成功了生化需氧量（BOD）自动分析仪，如图 2－5 所示。

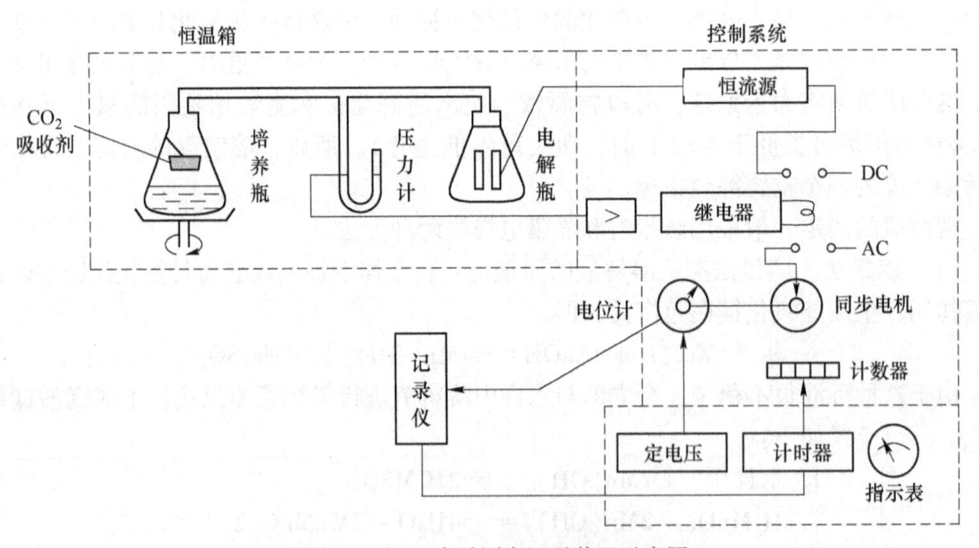

图 2－5　BOD 自动测定记录装置示意图

c　化学需氧量（COD）的测定

化学需氧量是指在一定条件下，水中还原性物质（包括有机的和无机的）被氧化剂氧化，所消耗氧化剂的量。因此，测定化学需氧量可以了解水中被还原性物质污染的轻重程度，是衡量水质好坏的综合指标。COD 测定方法有酸性高锰酸钾法、碱性高锰酸钾法及重铬酸钾法等，其中，酸性和碱性高锰酸钾法适用于污染较轻的地表水样 COD 的测定；重铬酸钾法适用于污染较重的水样 COD 测定。以下简述各种测定方法的基本原理。

（1）酸性高锰酸钾法。酸性高锰酸钾法适用于水样中所含的氯离子少于 300mg/L 的水样。其测定的实质是，在酸性溶液中，加入准确称量的高锰酸钾溶液，氧化水中还原性物质，所剩下的高锰酸钾，再用过量并准确称量的草酸予以滴定还原。而过量的草酸，可用高锰酸钾滴定至终点。根据高锰酸钾的用量来计算水中化学需氧量，其反应式为：

$$MnO_4^- + 8H^+ - 5e \longrightarrow Mn^{2+} + 4H_2O$$

$$2MnO_4^- + 5C_2O_4^{2-} + 16H^+ = 2Mn^{2+} + 8H_2O + 10CO_2 \uparrow$$

（2）碱性高锰酸钾法。当水样中所含的氯离子超过 300mg/L 时，则必须用碱性高锰酸钾进行测定。其测定原理是：在碱性溶液中，加入过量的高锰酸钾，氧化水样中的还原性物质，而其本身变为二氧化锰，其反应式为：

$$MnO_4^- + 2H_2O + 3e = MnO_2 + 4OH^-$$

还原作用完成后，把反应溶液酸化，并加入经准确称量的过量草酸溶液，将剩下的高锰酸钾和反应生成的二氧化锰还原。过量的草酸可再用高锰酸钾滴定，以测得化学需氧量。

（3）重铬酸钾法。当水样中含有比较多而难以氧化的有机物质时，用高锰酸钾法不能完全分解氧化它们，而重铬酸钾在酸性溶液中是强氧化剂，在加热的条件下能更好地氧化水中的有机物质和还原性物质。因此，重铬酸钾法适用于污染比较严重的水质测定，如矿山废水、生活污水等。

重铬酸钾测定的原理是：在酸性溶液中，以硫酸银为催化剂，重铬酸钾作氧化剂，将还原性物质氧化，根据重铬酸钾的用量，计算出相当于氧的含量。过剩的重铬酸钾用试亚铁灵作指示剂，用硫酸亚铁按标准溶液回滴。其反应式如下：

$$K_2Cr_2O_7 + 7H_2SO_4 + 6FeSO_4 = K_2SO_4 + Cr_2(SO_4)_3 + 3Fe_2(SO_4)_3 + 7H_2O$$

d 总有机碳（TOC）和总需氧量（TOD）的测定

在测定水中有机物含量的过程中，主要测定 BOD 和 COD 两个指标。但是，BOD 和 COD 的测定时间较长，而且它们之间的相关性和再现性还存在一定问题。所以，近几年也采用总有机碳（TOC）或总需氧量（TOD）指标来判断水中有机物含量。

总有机碳的测定原理是：采用红外线二氧化碳分析仪，测定水中的 CO_2 含量。由 CO_2 含量与水样中含碳量成正比关系，可测得水体中总碳（TC）的含量。但是，水体中除了有机碳外，还有无机碳存在，如碳酸、重碳酸等。因此，应从 TC 中减去无机碳（IC）含量，才是 TOC 的含量。IC 可采用低温燃烧管（=150℃），管内充填浸渍磷酸的石英片及等量水样，进行无机物低温氧化放出 CO_2 气体（因低温有机物不氧化），测定 CO_2 量，即可换算成无机碳（IC）含量。这种方法测定的特点是速度快、再现性强、结果可靠。所以这个指标，越来越引起人们的重视。

总需氧量（TOD）的测定，是在特殊的燃烧器中，以铂为催化剂，在900℃的温度下，使一定量的水样气化，并与载体（氧气）共同燃烧，把燃烧过的气体脱水后，送入氧化锆或检氧装置中，测定剩余氧，载体中氧的减少量即为水样中能被氧化物质完全氧化时所需要的氧量（TOD）。可见，这种方法也具有简便、快速的特点，而且比 BOD 和 COD 测定法更接近实际。但是，这种方法还存在着一定的误差，故尚不能作为唯一综合指标应用。

2.3.3 矿山废水处理的基本方法

2.3.3.1 矿山废水污染的控制

为了解决矿山废水所造成的危害，必须采取各种措施和方法，严格控制废水排放，减少废水对周围环境的污染。

A 控制废水的基本原则

由于矿山废水排放的特性，决定了该废水的处理原则是：采取最有效、最简便和最经济的处理方法，使处理后的水和重金属等物质都能回收利用。故应做到以下几点基本要求。

（1）改革工艺、抓源治本。污染物质是从一定的工艺过程中产生出来的，因此，改革工艺以杜绝或减少污染源的产生，为最根本、最有效的途径。如选矿厂生产，可采用无毒药剂代替有毒药剂，选择污染少的选矿方法（如磁选、重选等），可以大大减少选矿废水中的污染物质。国外已开始应用无氰浮选工艺，我国也有不少单位正在开展氰化物及重铬酸盐等剧毒药剂代用品方面的研究，并取得了一定的实效。如广东某铅锌矿，过去一直是采用氰化钠作为铅锌分选的抑制剂，致使尾矿水和铅锌精矿浓缩溢流水含氰量远远超过排放标准，曾先后污染了几千亩农田，造成大量牲畜及水生物死亡。现改成无毒浮选工艺，采用硫酸锌代替氰化钠，不仅减少了污染危害，而且也提高了选矿厂的经济效益。

（2）循环用水、一水多用。采用循环供水系统，使废水在一定的生产过程中多次重复利用或采用接续用水系。这种方法既能减少废水的排放量，减少环境污染，又能减少新水的补充，节省水资源，解决日益紧张的供水问题，如矿山电厂、压气站用水和选矿厂废水循环利用等。特别是选矿厂废水的循环利用，还可回收废水中残存的药剂及有用的矿物，既能节省用药量，又能提高矿物的回收率。如河北某铜矿，每天排放废水达两万余吨，过去直接排入渤海，引起近海水资源的污染，后来该矿进行了选矿工艺改革，加高了尾矿坝，开凿了1000多米地下隧道，架设了几百米的污泥管道，使尾矿溢流水利用高差自流到选厂循环利用，使水的回收率达到90%以上，基本上实现废水闭路循环使用。

（3）化害为利、变废为宝。工业废水的污染物质，大部分是生产过程中进入水中的有用元素、成品、半成品及其他源物质。排放这些物质既污染环境，又造成了很大的浪费。因此，应尽量回收废水中的有用物质，变废为宝、化害为利，是废水处理中应优先考虑的问题。据估计，全国有色企业每天排放“三废”中的剧毒物质，如汞、镉、砷就达两万多吨，若能正确地回收与处理这些废弃物，将一举多得。

B 控制矿山废水的措施

采取“防”、“治”、“管”相结合的方法，严格控制废水的形成和排放，是控制和减少水污染的积极措施。

a 选择适当的矿床开采方法

地下采矿时，选择使顶板及上部岩层少产生裂隙或不产生裂隙的采矿方法，是防止地表水通过裂隙进入矿井而形成废水的有效措施。露天开采时，应尽量避免采用陡峭边坡的开采方法，以减轻边坡遭水蚀及冲刷现象；及时覆盖黄铁矿的废石，以防止氧化；下边坡应保留矿壁以防止地表水流入采场；可能情况下应回填采空区，以免积水；合理布置采矿场排水沟，如图 2－6 所示。

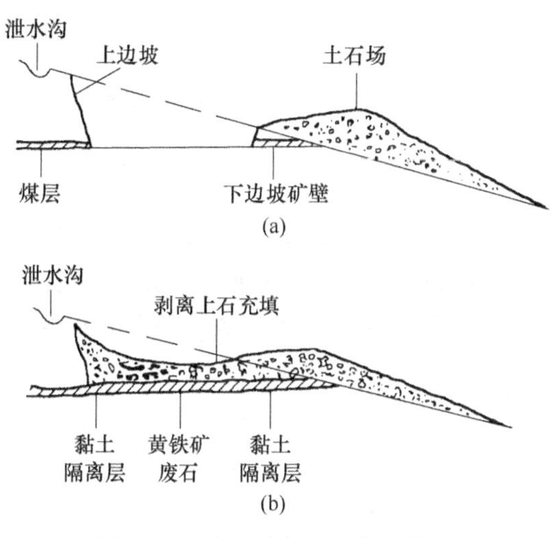

图 2－6 防止采空区积水示意图

（a）保留矿壁；（b）采毕充填空场

b 控制水蚀及渗透

地下水、老窿水、地表水及大气降雨渗入废石堆后，流出的是被严重污染的水。因此，堵截给水、降低废石堆的透水性，是防止和减少水渗透的有效措施。高速水流经废石堆时会出现水蚀现象，使水受污染。将废石堆整平、压实以导开地表水流，是防止废石堆水蚀的有效方法，如图 2－7 所示。

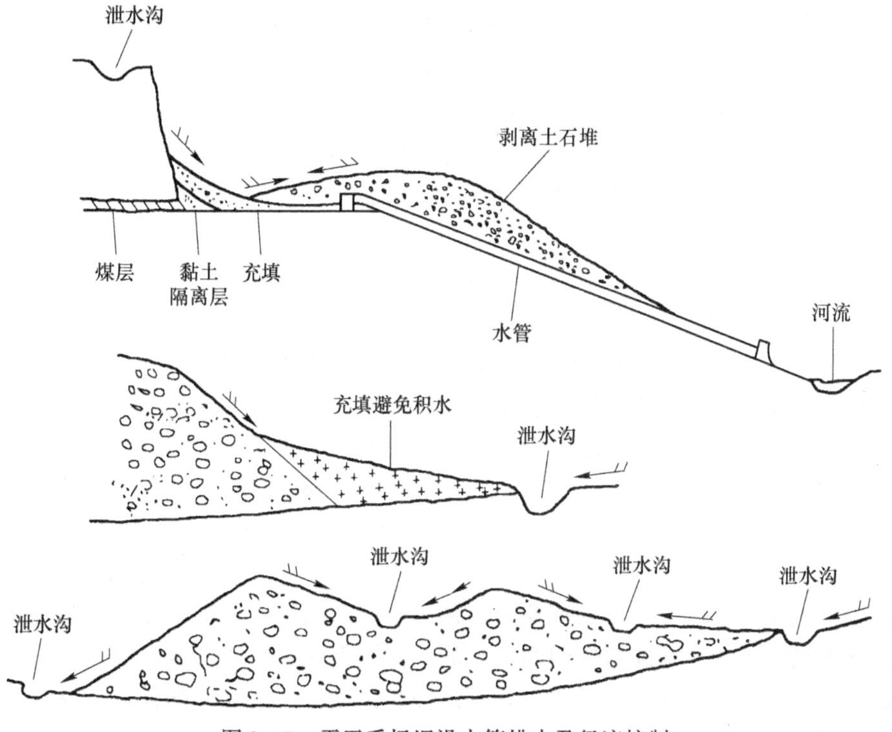

图 2－7 露天采场埋设水管排水及径流控制

此外，利用某种化学物质喷洒硫化矿废石堆表面，使之与空气和水隔绝是控制水污染的有效措施。

c　控制废水量

在干燥地区也可建造深度浅而面积大的废水池蒸发废水，这对排水量大的矿山是减少废水处理量的合理办法。

d　平整矿区及其植被

平整遭受破坏的土地，有掩盖污染源、减少水土流失、防止滑坡及消除积水的效果。植被可以稳定土石，降低地表水流速度，因而能在一定程度上减少水土流失、水蚀及渗透。让废水流经某些种植物的地面后排入河流，也能使矿井水得到一定的净化。

2.3.3.2　矿山废水处理系统

A　废水处理系统的基本概念

a　废水处理系统的含义

废水的种类和性质非常复杂，处理的目的要求也各不相同，因此往往需要将几种处理方法（或称单元技术）组合起来，并合理地配置其主次关系和前后顺序，使之构成一个有机的整体，才能最有效、最经济地完成处理任务。这种由几种单元过程合理组合成的整体，称为废水处理系统。将处理系统以图形方式表示出来，则称为处理系统图，或称工艺流程图。

b　废水处理系统的组成

废水处理系统一般都由几个处理系列组成。处理系列就是用来完成某特定处理目标的一种或几种方法组合的序列。处理目标可以有各种分类法，废水处理通常按所去除物质颗粒大小、性质（称为颗粒级配）来确定处理目标。按照这种处理目标划分，并包括泥渣的处理在内，可以把矿山废水处理系列分为以下四类：

（1）颗粒状物质去除系列。方法有筛分法、重力分离法等。

（2）悬浮颗粒和胶体去除系列。方法包括浓缩、澄清、混凝沉淀等。

（3）溶解物质去除系列。处理方法很多，包括各种化学沉淀法、吸附法、离子交换法、膜分离法和萃取法等。

（4）泥渣处理系列。方法包括浓缩、脱水（过滤）、干燥等。

B　废水处理方法和处理系统的选择确定

废水处理方法和系统的选择取决于许多因素，主要是废水性质、对出水水质的要求、需要的场地、未来发展以及该系统在技术上的可行性和经济上的适宜性等。

一般地说，城市生活污水的水质比较均一，目前已形成了一套行之有效的典型处理系统。根据处理目标和任务的不同，可归纳为一级处理（或称为初级处理或机械处理）、二级处理（或称为生物化学处理或生物处理）及三级处理（或称为高级处理）等三级处理方式。

工业废水的水质千差万别，处理要求也极不一致。因此，很难形成一种像城市生活污水那样的典型处理系统。只能根据前面所述的一些因素和四类矿山废水处理系列，同时根据试验研究资料和参考某些厂矿经验，认真选择与论证特定情况下的处理方法并采用。归纳起来，正确选择废水处理系统，应从以下几点入手：

（1）废水的水质及水量特征是正确选择处理系统的出发点。从废水的种类来说，需要考虑采用混合处理还是单独处理，或者单独处理一定程度后再混合处理；从排水量及排水规律来说，需要考虑是否要设置蓄水池、均合池，是连续运行还是间歇运行等。从污染物质种类和浓度来说，需要考虑和分析的内容就更多，因为这是选择处理方法和处理设备的主要依据。例如，当污染物为胶体时，要考虑采用混凝、气浮、生物絮凝等方法；当污染物为溶质时，就要考虑采用化学沉淀、萃取、离子交换等物理化学方法；如果有几种污染物存在，就要考虑用一种方法还是用几种方法联合处理问题；若污染物浓度足够高，具有回收价值，就应选择能吸收利用有价值成分的方法。

（2）废水处理后的利用或排放以及对水质的具体要求，是决定和选择处理系统的关键。根据水质的具体要求，考虑处理工艺的繁简深浅，处理规模的大小，以正确地选择与确定水处理系统。

（3）进行全面的技术经济综合比较是选择与确定处理系统的基本方法。这一条最重要的是要进行多方案的比较，从技术上、经济上认真分析和论证，选择和确定出最佳方案。

C　废水处理系统的设计

正确选择与确定废水处理系统是整个设计的中心环节和重要内容，因此，一般的设计应包括：必须贯彻国家环境保护及其他有关的方针政策；必须遵守国家《环境保护法》和项目环境管理方面的规章制度；必须根据具体情况，并在总结生产实践经验和科学研究成果的基础上，充分论证比较，确定方案；必须依据准确可靠的原始资料和设计参数，进行设计、计算；必须按规定编制概算和预算。

设计程序和设计阶段按国家规定的有关规章制度和办法进行。

2.3.3.3　工业废水处理的基本方法

废水处理的目的，就是用各种方法将废水中的污染物分离出来，或将其转化为无害物质，从而使废水得到净化。工业废水的处理方法很多，可按其处理原理划分为物理法、化学法、物理化学法及生化处理法等类型。

A　物理处理法

这种方法比较简单，主要是通过沉淀、过滤、浮选等物理手段，除去废水中的固体悬浮物质。属于这种类型的方法有五种。

（1）筛选法。筛选法是废水预处理工艺中常采用的方法。主要是筛滤废水中的大颗粒物质，以防废水在排放过程中损坏排水设备，如水泵、管道、阀门等。其设置方式是在废水流入水池前，在排水沟道中安置活动栅或固定格栅，通常废水通过格栅的流速为0.3m/s为宜。

（2）过滤法。过滤法是使废水通过多孔滤料，进一步降低固体悬浮物的处理方法。过滤法按其工作原理又可分为重力过滤法、真空过滤法、离心过滤法和压力过滤法四种。采用重力过滤法可去除浓度较低的液体悬浮物质；采用真空过滤法可使浓度较高的泥浆脱水；采用压力过滤法可滤去水中的微小固体颗粒；采用离心过滤法主要去除水中的胶体微粒。一般应根据废水具体情况及处理要求，适当选用。当前我国主要采用的离心过滤法及重力过滤法，相应的设备主要有机械滤罐及重力式快滤池等。

图2－8是重力式快滤池的构造及工作过程示意图。过滤时，废水由进水管经闸门进入池内，并通过滤料层和垫层流到池底，水中的悬浮物和胶体被截留于滤料表面和内层空隙中，滤过的水由集水系统闸门排出。随着过滤过程的进行，污物在滤料层不断积累，当过滤头损失超过滤池所能提供的水头（高、低水位之差），或者出水中污染物浓度超过许可值时，即应终止过滤，进行反洗。反洗时，冲洗水进入配水系统（即过滤时的集水系统），向上流过垫层和滤料层，冲去沉积于滤料层内的污物，并夹带着污物进入洗砂排水槽，由此经闸门排出池外。反洗完毕后，即可进行下一循环的过滤。

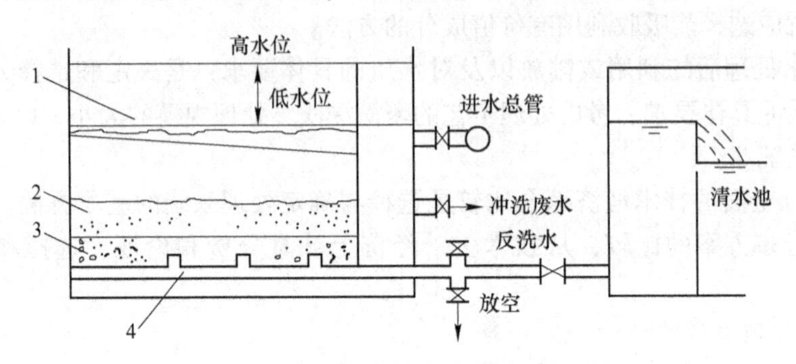

图2－8　重力式快滤池构造及工作过程

1—洗砂排水槽；2—滤料层；3—垫层；4—集水系统（配水系统）

在采用过滤法时，以焦炭为滤料处理含氰废水，其效果显著。氰化物在焦炭表面被催化为 CO_2 和 N_2，除氰效率在90%以上，吸附病菌效率可达99.6%以上。

（3）沉淀法。一般废水经过筛滤法处理，除去较大的固体颗粒后，可用沉淀法去除其中的固体悬浮物质，这是一种最经济的使用方法，根据固体颗粒物质的特性，分为三种类型：

1）分离沉降。它指颗粒之间互不聚合，单独进行沉降。因而颗粒的物理性质（大小、形状、相对体积质量）在此过程均不发生任何变化，如沉砂池中的砂粒沉降。

2）絮凝沉降。它指沉降颗粒附聚，颗粒密度及其沉降速度也随之变化，如初次沉淀池发生的沉淀。

3）区域沉降。它指颗粒形成一种绒体，大面积沉降，并与液相有显著的界面，如二次沉淀池中的活性污泥沉降等。

（4）吹脱法。若废水中含有较多易挥发物质时，可采用此方法。此方法是将压气压入废水中，使易挥发物质吸附于压气并逸出，以达到去除挥发性物质的目的。而逸出的气体则可使其逸散到空气中或直接引入燃炉中作为燃料，也可将逸出的气体加以回收，进行综合利用。

（5）气浮法。气浮法就是将空气压入废水中，水中乳状油粒（0.5～2.5μm）和悬浮颗粒（固体或液态颗粒）黏附在气泡表面，并随气泡升浮到水面形成泡沫层，然后用机械方法清除，使污染物从废水中分离出来。

B　化学处理法

这是一种通过化学反应的作用来分离与回收废水中处于各种形态的污染物质，或改变污染物质的性质，使其从有害变成无害。

（1）中和法。这是保护水域不受污染的一种基本方法。中和法主要是利用化学手段调整废水中的酸碱度，使其呈中性，如酸性废水利用碱性废水中和、向酸性废水投加碱性废渣、通过碱性滤料层过滤中和等；而碱性废水可利用酸性废水中和、投加中和剂、利用烟道气中和等。金属矿山废水多为酸性水，故大多数采用石灰或石灰石方法处理。

（2）氧化法。氧化法是利用强氧化剂氧化与分解废水中的污染物，净化废水的一种化学处理方法。强氧化剂能把废水中有机物逐步降解成为简单无机物，也能把溶解于水中的污染物氧化为不溶于水、而且易于从水中分离的物质。进行氧化的方式有：空气氧化、化学氧化和电解氧化三种。空气氧化是将废水暴露在空气中，利用空气中的氧进行氧化；化学氧化是在废水中加入氧化剂，如通入液态氯或投加次氯酸，或通入臭氧等，使其发生氧化还原反应；电解氧化是在废水中插入两个电极，阳极可采用石墨板，阴极可采用普通钢板，通电后在阳极板上发生电解氧化作用，以去除废水中某些污染物质的毒性。

（3）凝聚法。当废水中含有胶状物质、采用物理方法处理达不到目的时，常采用化学凝聚法进行处理。即在废水中加入凝聚剂，如碳酸铝、硫酸铁、硫酸亚铁、明矾、氯化铁等，以消除胶体所带电荷，使之变成絮状物质而迅速沉降以达到净化废水的目的。近年来，国外广泛采用碱式氯化铝作为凝聚剂，该物质具有形成颗粒大、凝聚速度快、用量小、成本低等优点，效果十分显著。

（4）离子交换法。当除去或回收废水中的重金属时，常用离子交换法进行处理。离子交换法是一种特殊的吸附过程，即吸附重金属离子的同时放出等当量的离子，这就是该方法的实质。该方法主要是在液相和固相之间进行离子交换，以达到废水净化和回收重金属的目的。现仅以不溶于水体的固体磺酸（$R-SO_3H$）为例，对离子交换法净化水的原理加以说明。把磺酸置于含食盐的水溶液中，则液相和固相之间产生如下反应：

$$R-SO_3H+NaCl = R-SO_3Na+HCl$$

由反应式可见，水溶液中的一部分钠离子吸附到固体磺酸上，同时另一部分等量的氢离子从固体磺酸上溶离到水溶液中，这种反应称为离子交换。显然，利用离子交换法可以从废水中分离电解质。

C 物理化学处理法

运用物理和化学的综合作用使废水得到净化的方法有吸附法、泡沫分离法和反渗透法。

（1）吸附法。当废水中含有较多的溶解态的污染物分子和离子时，可采用吸附法。该法是让废水与多孔性固体吸附剂接触，利用吸附剂表面的活性，将分子态或离子态污染物吸附或浓集于其表面，然后将吸附剂和废水分离，达到净化废水的目的。吸附剂通常采用活性炭、活性硅石及腐殖酸等物质。

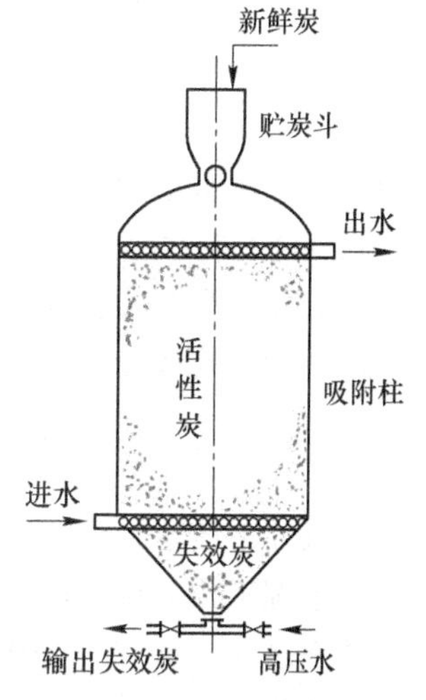

图2-9 活性炭吸附柱构造示意图

活性炭对废水中有机物具有较强的吸附能力，例如对酚、苯、石油及其产品、杀虫剂、洗涤剂、合成染料、胺类化合物都有很好的去除效果。

采用吸附法所使用的设备类型有固定床、流化床和移动床三种。图2-9为活性炭移动床吸附柱的构造示意图。废水从吸附柱底部进入，处理后的水由吸附柱上部排出。在操作过程中，定期将饱和的活性炭从柱底排出，送至再生装置进行再生。与此同时，将等量的新鲜活性炭从柱顶贮炭斗加至吸附柱内。

(2) 泡沫分离法。用物理处理法的气浮法后尚不能清除废水中污染物时，投加浮选剂，改变污染物表面特性。使某些亲水性物质转变为疏水性物质，随气泡浮升到水面、形成泡沫层，然后用机械法清除，使污染物得以从废水中分离，这就是泡沫分离法。

(3) 反渗透法。反渗透法是利用半渗透膜和加压的办法分离水中污染物质的一种方法。

一般渗透作用是溶剂通过半渗透膜，从低浓度溶液流向高浓度溶液。如果在高浓度一面加压，使压力超过渗透压力时，则溶剂出现反向流动，即从高浓度溶液流向低浓度溶液，这种现象称为反渗透作用。该方法就是利用这种反渗透作用，去除废水中的有机和无机污染物质，以达到净化废水的目的。目前，醋酸纤维膜为比较好的半渗透膜。此法操作简单、方便、效率高，但是处理费用较高，经济效果差。

D 生化处理法

生化处理法，也称生物处理法。这是一种历史最久而相当行之有效的废水处理方法。它是利用多种微生物，将水体中的有机物分解成无毒、无害的简单无机物，以达到净化废水的目的。属于这种类型的处理方法有好气生化处理法和嫌气生化处理法。

(1) 好气生化处理法。好气生化处理法就是在废水中通入大量的空气，促使好气微生物大量繁殖，并注意调节 pH 值（6～9）、温度（20～40℃）和增加必要的养料（BOD: N: P = 100: 5: 1）等条件，以利于微生物的发育和生长。当微生物大量繁殖时，就可将废水中的有机物大量分解，转化为二氧化碳、水、氨及磷酸盐等，从而达到清除污染物的目的。含氰废水经过处理后，使氰被氧化成二氧化碳、水、氨盐等无毒物质，从而使水得到净化。

(2) 嫌气生化处理法。嫌气生化处理法就是在缺氧的条件下，利用嫌气微生物来进行废水处理的一种技术。该方法适用于处理有机物含量较高的废水，即生化需氧量在 500～1000mg/L 以上的废水。

嫌气微生物对有机物具有很强的分解能力，能将有机物分解并转化为甲烷和二氧化碳，使废水得到净化。同时还可将甲烷气体收集起来作燃料。嫌气微生物去除污染物的效率可达 80%～90%。当处理条件适宜时净化效果更好，如使废水温度达到 53～54℃时的处理效果，比水温为 37～38℃时提高 2.5 倍。

嫌气法与好气法相比较，其处理费用较低，处理后的产物甲烷还可作燃料；但该方法在分解过程中产生大量硫化氢，使水产生恶臭味，同时水体颜色变黑。因此，该方法尚有待于进一步研究改进。

2.3.3.4 *矿山废水处理的基本方法*

一般井下废水，通常采用筛滤法和过滤法，即在水池入口处设格栅、砾石或其他滤料，使采掘工作面排出的废水，先通过格栅，除去大块物料，再经过滤料进行过滤，然后进入井底水仓，如图 2-10 所示。

一般矿井水仓进水的一侧构筑澄清水池。澄清水池的容积应能容纳矿井 2 小时的正常涌水量。有时还在澄清水池前面设置过滤井，其深度多为 1～1.5m，位于运输大巷一侧。

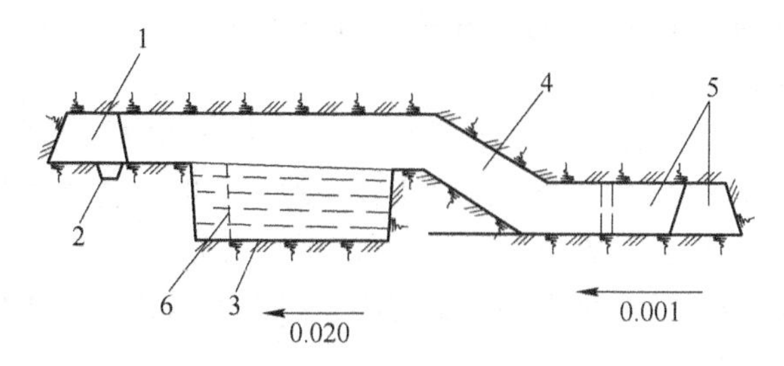

图2-10 附设有澄清池的水仓布置

1—运输大巷；2—水沟；3—澄清水池；4—绕道；5—水仓；6—挡水墙

在过滤井内沿对角线设过滤网或带孔铁板，以便滤去井下废水中的大颗粒杂质。为了较好地澄清矿坑水，也可以在井底水仓进水一侧连续设置2~4个澄清池，并在其上安置格栅，在格栅上铺以焦炭层。使矿坑水通过几个澄清池过滤，然后再自动流入井底水仓。

矿山废水多为酸性水，通常采用中和法。这种方法简单方便，可处理不同性质、不同浓度的酸性水，尤其适用于处理含重金属和杂质比较多的矿井酸性水，矿井采用中和法处理酸性水的一般流程如图2-11所示。常用的中和方法有3种。

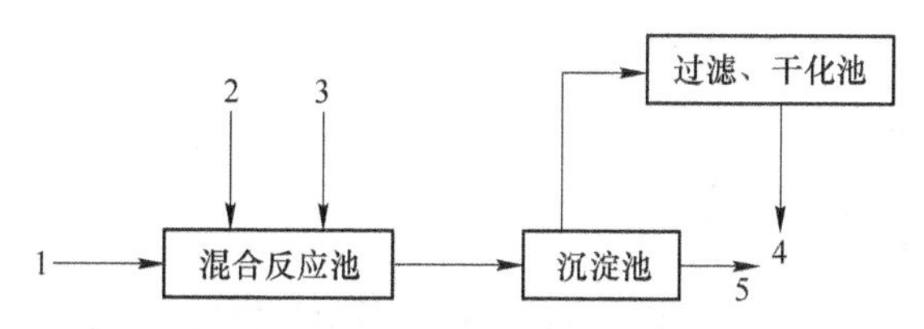

图2-11 矿井酸性水处理流程图

1—矿井酸性废水；2—加入碱性药剂；3—搅拌器；4—出水；5—净化后的水

（1）利用碱性废水、废渣中和。此方法既能除碱，又能除酸，一举两得。当附近有电石厂、造纸厂等排出碱性废水、滤渣时，宜予以利用。例如，龙游黄铁矿选矿厂将酸性流程改为碱性流程后，尾矿水呈碱性，与矿区酸性水同时排入河道进行自然中和，改善了水体污染，使排入河流后2km区段内仍有鱼类生长。

中和酸性废水的计算公式如下：

$$Q_1B_1 = Q_2B_2aK$$

式中 Q_1——碱性废水流量，m^3/h；

Q_2——酸性废水流量，m^3/h；

B_1——碱性废水浓度，mol/m^3；

B_2——酸性废水浓度，mol/m^3；

a——中和1kg酸所需碱量，参见给排水手册；

K——反应不均匀系数，取$K=1.5\sim2.0$。

（2）加石灰和石灰乳中和。采用此方法处理的酸性水量和浓度不限，但成本较高，沉渣多而难处理。向山硫铁矿结合处理矿井酸性水，为了采用此方法，将选矿厂的酸性流程改为碱性流程，既处理了矿井排出的酸性水，又使精矿品位和回收率有所提高。其处理过程如下：

将pH值为3~4、流量约为4000m^3/d的矿井酸性水，送至选矿厂上部的高位水池中，再流入药池，加入 pH 值为 12～14 的石灰乳，调整至 pH 值为 8～9 后，直接供选矿厂用水，其灾用量为 0.8～1.5kg/m^2。

（3）用具有中和性能的滤料进行过滤中和。可作为过滤中和的物料有石灰石、白云石和大理石等。目前，国内外厂矿企业对酸性水作过滤中和时，常采用的设施有：

1）普通中和滤池。用粒径较小的石灰石作滤料，可处理硫酸含量不超过 1.2g/L 的废水。因中和反应生成的硫酸钙在水中的溶解度小，经常沉结在滤料表面，致使滤料失去过滤中和的能力，影响其效果。

2）升流式膨胀滤池。它是在普通中和滤池基础上进行改进的滤池，可处理硫酸含量不超过 2g/L 的废水。其特点是滤池体积小，管理操作简便。酸性废水由池底以 50～70m/s 速度向上通过滤料，使粒径为 0.5～3.0mm 的石灰石呈“悬浮”状态不断地翻滚，互相碰撞摩擦，使过滤中和生成的硫酸钙不易在滤料表面沉结，效果稳定。

3）卧式过滤中和滚筒。用以处理的废水含酸浓度可高达 17g/L，对处理硫化矿矿山酸性水是一种较理想的设施。

习　题

2－1　矿山废水的来源有哪些？

2－2　矿山废水中主要污染物质有哪些？

2－3　采样点的布置有哪些方法？

2－4　在某一采样点采集水样后，完全沉淀。取一部分经充分搅拌的沉淀物 100g，放入烘箱中，烘至恒重后称量为 82g，称量用烧杯为 5g。试计算沉淀物的含水率。

2－5　简述 BOD 的测定方法。

2－6　工业废水处理的基本方法有哪些？

2－7　试说明凝聚法的基本原理。

2－8　矿山废水处理的基本方法是什么？

3 矿山固体废弃物污染及其防治

3.1 矿山固体废弃物的来源

3.1.1 地下采矿产生废石

当矿产资源埋藏深度过大，采用露天开采在技术上、经济上不合理，或者考虑到环境保护及其他要求不能进行露天开采时，必须进行地下开采。地下开采是指开凿一系列巷道由地表进入矿体，对矿产资源进行回采的一种开采方法。地下开采有两大任务，一是掘进巷道，二是开采矿石。两个任务和起来简称采掘，它是矿井生产的中心任务。为了保证采掘工作高效、安全、顺利地进行，还必须建立矿井运输、供电、供水、压气、通风、排水、通信等系统。建立和维持这些系统正常运行的工作都是矿井生产的辅助工作。这些系统的建立和这些辅助工作的开展都以矿井巷道系统为基础，因此，在保证采矿方法的核心地位的同时，巷道系统的建立必须考虑所有这些系统的工作。所以井巷工程、硐室工程的布置和建立，矿石回采中采准和切割的布置，必然有一部分在矿体内，而绝大部分布置在矿体外，势必会产生大量废石。此废石一部分作为充填料充填在采空区，另一部分通过提升运输系统运到地表，形成毛石坡。

3.1.2 露天采矿排弃岩土

露天开采中，必须剥离矿体上覆的废石（包括表土）才能开采矿石。因此，废石排弃工作是露天开采中必不可少的生产环节。由于金属露天矿的剥采比一般都大于1，废石的剥离量通常比矿石的采掘量大，所以废石的排弃工作量与排土场的占地面积都相当大。据统计，我国金属露天矿山排土场的平均占地面积约为矿山总占地面积的39%～55%，排土工程涉及的废石排弃工艺选择、排土场的建立与发展规划、排土场的稳固性检测与维护等都会产生大量废石。

3.1.3 选矿生产尾矿

选矿是利用矿物的物理性质或物理化学性质的差异，借助各种选矿设备将矿石中的有用矿物和脉石矿物分离，并达到使矿物相对富集的过程。自然界虽然蕴藏着极为丰富的矿产资源，但除少数富矿外，一般品位都较低。在从矿石中选出有用矿物后剩下的矿渣称为尾矿。一般地，尾矿以浆状排出，堆放在尾矿库里。尾矿库是筑坝拦截谷口或围地构成的用以贮存尾矿的场所。尾矿库按地形可分为山谷型尾矿库、傍山型尾矿库、平地型尾矿库和河谷型尾矿库。这些固体废物可通过多种途径污染大气，如一些有机固体废物在适宜的温度和湿度下被微生物分解，释放出有害气体，尾矿在4级以上风力作用下，可飞扬40～50m，使其周围灰砂弥漫。长期堆放的含硫量高的尾矿，会向大气中散发大量的SO_2、

CO_2、NH_3 等气体，造成严重的大气污染。

3.2 矿山固体废弃物的产生量与危害

3.2.1 矿山固体废弃物的产生量

根据《中国环境统计年报》数据显示，1999 年我国工业固体废物产生量为 7.84 亿吨，其中尾矿、煤矸石、粉煤灰、炉渣、冶炼废渣的产生量分别为 2.45 亿吨、1.55 亿吨、1.15 亿吨、0.936 亿吨、0.822 亿吨。2001 年我国金属矿山尾矿的产生量分别为：铁矿山 1.62 亿吨、有色金属矿山 0.65 亿吨、黄金矿山 0.29 亿吨。到目前为止，我国金属矿山产生的尾矿堆存量已达 50 余亿吨，并且每年仍在以 2 亿～3 亿吨的速度增长。

我国矿山开采产生的剥离废石量更是惊人，我国矿山开采的采剥比大：冶金矿山的采剥比为 1∶(2～4)；有色矿山采剥比大多在 1∶(2～8)，最高达 1∶14；黄金矿山的采剥比最高可达 1∶(10～14)。我国矿山每年废石排放总量超过 6 亿吨，仅露天铁矿山每年剥离废石量就达 4 亿吨。目前我国剥离废石的堆存总量已达数百亿吨，是名副其实的废石排放量第一大国。

近年来，随着国民经济的发展和工业产值的增加，固体废弃物的数量也逐年增大。1995 年，工业固体废弃物产生量为 6.7 亿吨，其中矿山直接产生固体废弃物近 3.4 亿吨；2000 年，工业固体废弃物已达到 7.5 亿吨，其中矿山直接产生固体废弃物有近 3.7 亿吨。

从总的发展趋势上看，矿山所产生的固体废弃物逐年增加，其所造成的环境污染形势也尤为严峻。国家在治理矿山固体废弃物投入的资金逐年递增，由“八五”的 20 亿增加到“九五”的近 30 亿，综合利用率由 20% 提高到 29%。

3.2.2 矿山固体废弃物的危害

（1）占用土地，覆盖森林，破坏植被。随着矿床的开发、坑道的延伸及低品位矿床的开采，堆积于地表的废石、冶金渣、废渣、尾矿等固体污染物将越来越多，占地面积越来越大。我国目前历年堆存的煤矸石约 10 亿吨以上，侵占农田约十万亩，钢铁渣约两亿吨，占地两万多亩。固体污染物占据如此多的地表面积，其后果之一是不仅大量侵占了农业耕地，直接影响农业生产，而且覆盖大片的森林，大批绿色植物被埋，从而破坏了优美的自然环境，严重时将导致生态平衡的破坏。

（2）污染土壤，危及人体健康。矿山固体堆积物含有各种有毒物质，特别是其中金属元素（如铅、锌、镉、砷、汞等）及放射元素。堆积于露天的固体污染物，由于长期堆放，经风吹雨淋而发生氧化、分解、溶滤等生化作用，使其中有毒有害元素进入土壤。被稻谷、蔬菜、果树等农作物的根部吸收、富集，通过食物链系统进入人体，从而危及人体健康。如广东某露天矿，过去每年排放约一百多万吨尾矿和三百多万立方米的泥浆水至矿区附近农田和河流中，导致大量农田沙化，河流淤塞，河水污染。

固体污染物对土壤的破坏还表现为对土壤的毒化，土壤中的微生物大量死亡，致使土壤变成“死土”，丧失了土壤的腐解能力，严重时甚至会使肥沃的土地变成不毛之地，造成田园荒芜。

（3）堵塞水体，污染水质。堆放在矿山废石场、矿石堆、精矿粉场地及尾矿坝等的固体污染物是造成矿山水体污染酸化、使水体含大量金属和重金属离子的主要的一次及二次污染源。所谓一次污染，就是对于大气降水直接与固体堆积物接触，发生氧化、水解、溶滤等作用而使水质受到污染。而二次污染在这里是指受污染的矿山水，当经过废石堆、矿石堆及尾矿场之后，再次受到污染。

此外，由于矿山废石及尾矿量逐年增加，堆积场地越来越大，特别是处于山区的矿山，固体污染物堆积场（坝），往往造成河道、小溪、水沟等水体的堵塞，甚至酿成洪水泛滥的恶果。

（4）粉尘飞扬、污染空气。由于固体污染物长期堆存，在雨中冲刷、渗漏及大气作用下，经过微生物分解及内部化学反应，产生大量的有害气体（SO_2、H_2S、放射性气体）和风化粉尘。特别是在干旱季节和风季里，尾砂飞扬是矿区粉尘的主要污染源。据河南几个矿山粉尘浓度实测统计，矿山工业广场及生活区空气粉尘浓度超标10～40倍，对矿区的大气造成严重污染。

（5）其他危害。尾砂流失，尾矿坝坝基坍塌及陷落，造成大范围的污染并危及人身安全，导致金属流失、资源浪费、经济损失。

3.3 矿山固体废弃物的治理

3.3.1 矿山固体废弃物处置设施的建设

矿业固体废物的处置是指用安全、可靠的方法堆存矿山固体废物，以达到保护环境和供将来利用的目的。矿业固体废物处置方法主要包括矿业固体废物的排土场和尾矿堆存库（尾矿库），排土场和尾矿库处置技术还包括灾害预警与灾害控制、环境污染的防治以及处置设施的建设。

3.3.1.1 *尾矿库*

A *尾矿库及其特点*

（1）定义。尾矿库是指筑坝拦截谷口或围地构成的用以堆存金属或非金属矿山矿石分选后排出的尾矿或其他工业废渣的场所。尾矿是指金属或非金属矿山开采出的矿石经选矿厂选出有价值的精矿后排放的“废渣”。冶炼废渣形成的赤泥库以及发电废渣形成的废渣库也按尾矿库进行管理。这些尾矿由于数量大，含有暂时不能处理的有用或有害成分，如果随意排放会造成资源流失，大面积覆没农田或淤塞河道，污染环境。

尾矿设施是矿山生产设施的重要组成部分，其投资较大，一般占矿山建设总投资的5%～10%。我国的尾矿库主要集中在有色、冶金、化工、黄金、建材和核工业等行业，初步统计，形成一定规模的尾矿库约1700余座。库容超过1亿立方米的有10余座，最大的是江西德兴铜矿的4号尾矿库，库容达8.3亿立方米。

尾矿库是筑坝拦截围地构成用于集中堆存尾矿的场所，有一定的填充作用，具有占地面积少、可以长时间存储的优点。但尾矿库又是一个具有高势能的人造泥石流危险源，存在溃坝危险，一旦失事，容易造成重特大事故。

（2）尾矿库的基本构成。尾矿库一般由尾矿堆存系统、尾矿库排洪系统、尾矿库回水系统等几部分组成，同时包括库区、尾矿坝、排洪构筑物和坝的观测设备等。

1）尾矿堆存系统。一般包括坝上放矿管道、尾矿初期坝、尾矿后期坝、浸润线观测、位移观测以及排渗设施等。

2）尾矿库排洪系统。一般包括截洪沟、溢洪道、排水井、排水管、排水隧洞等构筑物。

3）尾矿回水系统。大多利用库内排洪井、排管将澄清水引入下游回水泵站，再扬至高位水池，也有在库内水面边缘设置活动泵站直接抽取澄清水，扬至高位水池。

（3）尾矿库的作用。

1）保护环境。选矿厂产生的尾矿不仅数量大，颗粒细，且尾矿水中往往含有多种药剂，如不加以处理，必然会造成选厂周围环境严重污染。将尾矿妥善贮存在尾矿库内，尾矿水在库内澄清后回收循环利用，可有效地保护环境。

2）充分利用水资源。选矿厂生产是用水大户，通常每处理1t原矿需用水4～6t，有些重力选矿甚至高达8～20t。这些水随尾矿排入尾矿库内，经过澄清和自然净化后，大部分的水可供选矿生产重复利用，起到平衡枯水季节水源不足的供水补给作用。一般回水利用率达70%～95%。

3）保护矿产资源。有些尾矿还含有大量有用矿物成分，甚至是稀有和贵重金属成分，由于技术和经济原因还无法全部回收利用，将其暂时贮存于尾矿库中，可待将来再进行回收利用。

B　尾矿库的类型

尾矿库主要有四种类型，分别为山谷型、傍山型（山坡型）、平地型和截河（湖）型。矿山尾矿的输送一般为矿浆水力输送，输送方式有明渠和管道，下面就其特点和适用情况进行分析。

（1）山谷型尾矿库。山谷型尾矿库是在山谷谷口处筑坝形成的尾矿库，如图3－1所示。其特点是初期坝相对较短，坝体工程量较小，后期尾矿堆坝相对较易管理维护，当堆坝较高时，可获得较大的库容；库区纵深较长，尾矿水澄清距离及干滩长度易满足设计要求；汇水面积较大时，排洪设施工程量相对较大。我国现有的大、中型尾矿库大多属于这种类型。

（2）傍山型尾矿库。傍山型尾矿库是在山坡脚下依山筑坝所围成的尾矿库，如图3－2所示。其特点是初期坝相对较长，初期坝和后期尾矿堆坝工程量较大；由于库区纵深较短，尾矿水澄清距离及干滩长度受到限制，后期坝堆的高度一般不太高，故库容较小；汇

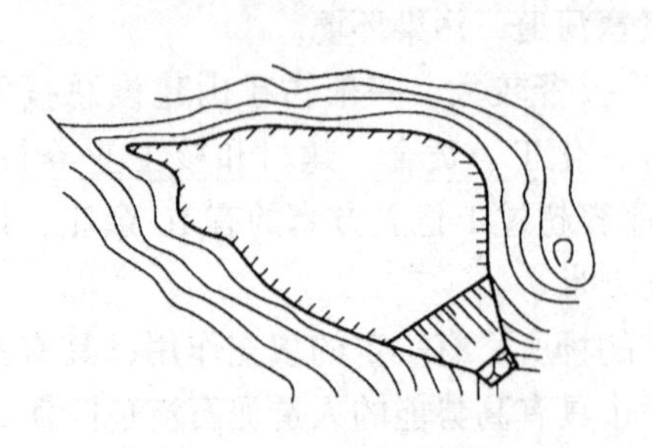

图3－1　山谷型尾矿库

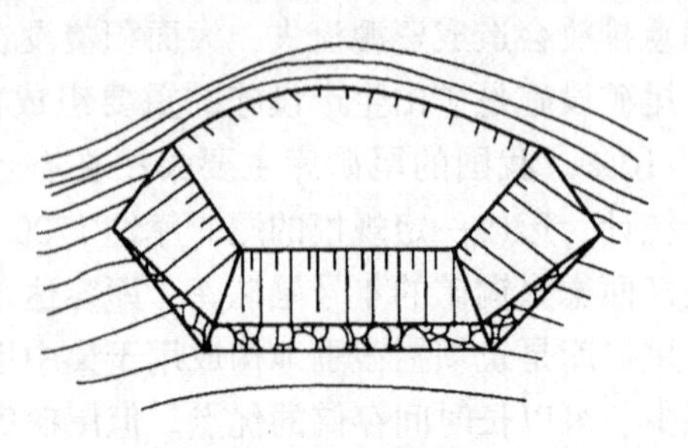

图3－2　傍山型尾矿库

水面积虽小，但调洪能力较低，排洪设施的进水构筑物较大；由于尾矿水的澄清条件和防洪控制条件较差，管理、维护相对比较复杂。国内低山丘陵地区中小矿山常选用这种类型的尾矿库。

（3）平地型尾矿库。平地型尾矿库（图3－3）是在平缓地形周边筑坝围成的尾矿库。其特点是初期坝和后期尾矿堆坝工程量大，维护管理比较麻烦；由于周边堆坝，库区面积越来越小，尾矿沉积滩坡度越来越缓，因而澄清距离、干滩长度以及调洪能力都随之减少，堆坝高度受到限制，一般不高；汇水面积小，排水构筑物相对较小；国内平原或沙漠戈壁地区常采用这类尾矿库，例如金川、青海、新疆、包钢和山东省一些矿山的尾矿库。

（4）截河（湖）型尾矿库。截河型尾矿库（图3－4）是截取一段河床，在其上、下游两端分别筑坝形成的尾矿库。有的在宽浅式河床上留出一定的流水宽度，三面筑坝围成尾矿库，也属此类。其特点是不占农田，库区汇水面积不太大，但尾矿库上游的汇水面积通常很大，库内和库上游都要设置排水系统，配置较复杂，规模庞大。这种类型的尾矿库维护管理比较复杂，国内采用得不多。

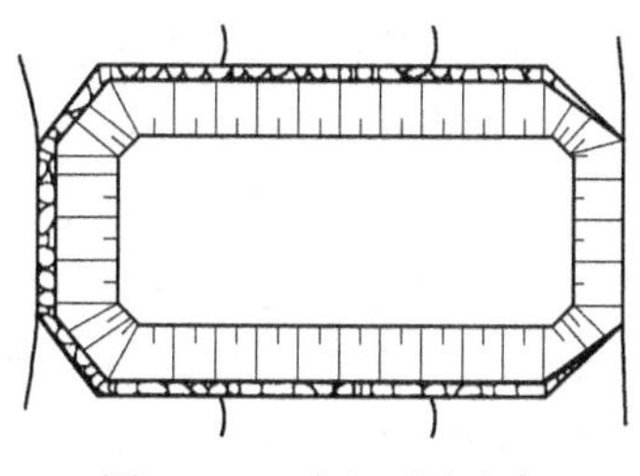

图3－3　平地型尾矿库

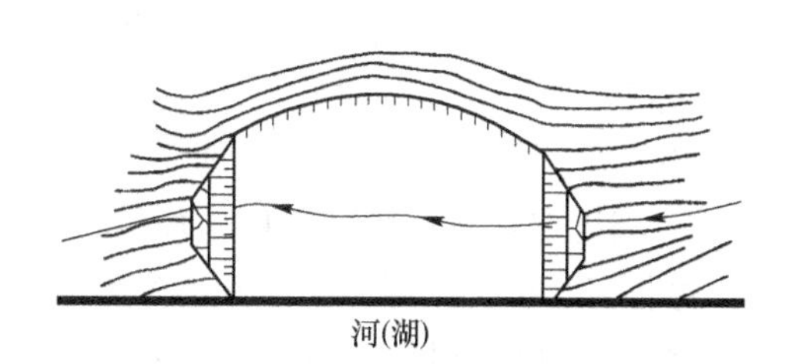

图3－4　截河（湖）型尾矿库

C　尾矿库选址基本原则

正确选择尾矿库库址极为重要，设计时一般需选择多个库址，进行技术经济比较予以确定。寻找库址应综合考虑下列原则：

（1）一个尾矿库的库容力求能容纳全部生产年限的尾矿量。如确有困难，其服务年限以不少于五年为宜。

（2）库址离选矿厂要近，最好位于选矿厂的下游方向，可使尾矿输送距离缩短，扬程小，且可减少对选矿厂的不利影响。

（3）尽量位于大的居民区、水源地、水产基地及重点保护的名胜古迹的下游方向。

（4）尽量不占或少占农田，不迁或少迁村庄。

（5）未经技术论证，不宜位于有开采价值的矿床上部。

（6）库区汇水面积要小，纵深要长，纵坡要缓，可减小排洪系统的规模。

（7）库区口部要小、“肚子”要大，可使初期坝工程量小、库容大。

（8）尽量避免位于有不良地质现象的地区，以减少处理费用。

（9）要根据尾矿性质，按照《一般工业固体废物贮存、处置场污染控制标准》（GB 18599—2001）或《危险废物填埋污染控制标准》（GB 18598—2001）中关于“填埋场场址选择要求”的规定进行选址。

D　尾矿库等级的划分标准

尾矿库各生产期的设计等级应根据该期的全库容和坝高分别按表3－1进行确定。当两者的等级差为一等时，以高者为准；当等级差大于一等时，按高者降低一等。

表3-1 尾矿库等级划分表

尾矿库级别	全库容 V/万立方米	坝高 H/米
一级	二等库具备提高等级条件者	
二级	$V \geqslant 10000$	$H \geqslant 100$
三级	$1000 \leqslant V < 10000$	$60 \leqslant H < 100$
四级	$100 \leqslant V < 1000$	$30 \leqslant H < 60$
五级	$V < 100$	$H < 30$

尾矿库失事造成灾害的大小与库内尾矿量的多少以及尾矿坝的高矮成正比。如果尾矿库失事后会使下游重要城镇、工矿企业或重要铁路干线遭受严重灾害，其设计等级可提高一等。

E 尾矿坝及安全要求

（1）尾矿坝。尾矿坝是用来拦挡尾矿和水的尾矿库围护外围构筑物。一般尾矿坝由初期坝（又称基础坝）和后期坝（又称尾矿堆积坝）组成。只有当尾矿颗粒极细，无法用尾矿堆坝者，才采用类似建水坝（即无后期坝）的形式贮存全部尾矿，习惯上称之为一次建坝。尾矿坝稳定主要通过分析尾矿坝的抗滑稳定、渗透稳定和液化稳定来评价和获得。

1）初期坝。在矿山尾矿库工程基建期间，在尾矿坝址用土、石等材料修筑成用作支撑后期尾矿堆存体的坝体，初期坝用以容纳选矿厂生产初期0.5～1年排出的尾矿量。初期坝的类型可分为不透水坝和透水坝，具体有均质土坝、透水堆石坝、废石坝、砌石坝和混凝土坝五种类型。不透水初期坝是用透水性较小的材料筑成的初期坝，这种坝型适用于挡水式尾矿坝或尾矿堆坝不高的尾矿坝。透水初期坝是用透水性较好的材料筑成的初期坝，它是比较合理的初期坝坝型。

2）堆积坝。堆积坝是生产过程中在初期坝坝顶以上用尾矿充填堆筑而成的坝。选矿厂投产后，在生产过程中随着尾矿不断排入尾矿库，在初期坝坝顶以上用尾砂逐层加高筑成的小坝体，称之为子坝。子坝用以形成新的库容，并在其上敷设放矿主管和放矿支管，以便继续向库内排放尾矿。子坝连同子坝坝前的尾矿沉积体统称为后期坝（也称尾矿堆积坝），根据其筑坝方式不同可分为上游式、中线式、下游式和浓缩锥式四种类型。

（2）尾矿库安全设施。直接影响尾矿库安全的设施包括初期坝、堆积坝、副坝、排渗设施、尾矿库排水设施、尾矿库观测设施及其他影响尾矿库安全的设施。

（3）尾矿库设计安全要求。尾矿库实际上是一个处于高势能状态的泥石流源，尾矿库一旦失事，往往造成特大灾害。其安全固然有赖于勘察、设计、施工、监理和管理等多个部门的共同重视与配合，但设计属于核心和基础环节，作用更为突出和重要。因此，设计者应具有高度的责任心和过硬的技能才能胜任。

设计的安全要求是多方面的，除了要仔细研究勘察报告和基础资料外，在具体设计中主要体现在两个方面：一是要确保设计的尾矿坝具有足够的稳定性，各种运行状态稳定安全系数必须符合设计规范的规定；二是要使洪水位能控制在设计规范规定的范围内，确保防洪的安全。对施工质量和运行管理的具体技术参数要求在设计文件中必须有明确的交代，以便施工和生产部门严格按设计要求进行管理。

尾矿坝建设是一个复杂而漫长的过程，不仅涉及采矿、选矿、机械等专业，而且涉及土力学、水力学、水文学及环境学等学科知识。因此，尾矿坝建设要从严格把规划设计质量关开始，从责、权、利统一兼顾的施工管理出发，杜绝违规作业，杜绝自行设计、自行施工，在此基础上，重点预防坝坡、坝基、坝肩渗水及流土管涌破坏，特别是排洪（水）系统故障及洪水漫顶事故的发生。

据估计我国有1700多座尾矿库。其中，正常运行的不足70%，有的行业大约有45%的尾矿库处于险、病、超期服务状态。而这些险、病、超期服务的尾矿都必须进行技术改造处理，险库要抢险除险，病库要治病、根除病害，超期服务的要抓紧时间设计新库，同时对老库要进行闭库设计，实现安全闭库。目前，我国尾矿库的建设不但有老库要改造，而且有新库要建造，而控制尾矿库工程质量的关键就是尾矿库的设计。

3.3.1.2 排土场

A 排土场及类型

（1）定义。排土场又称废石场，是指矿山采矿排弃物集中排放的场所。采矿包括露天采矿和地下采矿，采矿排弃物包含矿山基建期间的露天剥离和井巷掘进开拓的排弃物，一般包括腐殖表土、风化岩土、坚硬岩石以及混合岩土，有时也包括可能回收的表外矿、贫矿等。

（2）类型。排土场按排土方法可以分为推土机排土场、推土犁排土场和吊斗铲排土场等；按排土工作水平可分为单层排土场、双层排土场和多层排土场；按同一排土台阶铺设排土线可分为单线排土层和双线排土层。

另外，按排土场内各排土线在时间和空间上的发展顺序可以分为平行式、扇形式、曲线式和环形式。

B 排土场的建设与维护

（1）排土场位置的选择原则。

1）要根据废石性质，按照《一般工业固体废物贮存、处置场污染控制标准》（GB 18599—2001）或《危险废物填埋污染控制标准》（GB 18598—2001）中的规定进行选址、堆放和处置。

2）排土场址不应设在居民区或工业建筑的主导风向的上风向和生活水源的上游。

3）排土场位置的选择，应保证排弃土岩时不致因大块滚石、滑坡、塌方等威胁采矿场、工业场地（厂区）、居民点、铁路、道路、输电及通信干线、耕种区、水域、隧洞等设施的安全。

4）排土场不宜设在工程地质或水文地质条件不良的地带，如因地基不良而影响安全，必须采取有效工程措施。

5）排土场选址时应避免成为矿山泥石流重大危险源，无法避开时要采取切实有效的措施防止泥石流灾害的发生。

（2）排土场的设计。排土场场址选定后，应由有资质的单位进行专门的工程、水文地质勘探，进行地形测绘并分析确定排土参数。排土场坡脚与矿体开采点和其他构筑物之间应有一定的安全距离，必要时应建设滚石或泥石流拦挡设施，内部排土场不得影响矿山正常开采和边坡稳定。

排土场的阶段高度、总堆置高度、安全平台宽度、总边坡角、相邻阶段同时作业的超前堆置高度等参数应满足安全生产的要求，并在设计中予以明确。

(3) 排土场的安全管理。

1) 建立健全适合本单位排土场实际情况的规章制度，包括：排土场安全目标管理制度；排土场安全生产责任制度；排土场安全生产检查制度；排土场安全技术措施实施计划；排土场安全操作以及有关安全培训、教育制度和安全评价制度。

2) 企业必须严格按照设计文件的要求和有关技术规范，做好排土场安全检查和监测工作。未经技术论证和安全生产监督管理部门的批准，任何单位和个人不得随意变更排土场设计或设计推荐的有关参数。排土场最终境界应排弃大块岩石以确保排土场结束后的安全稳定，防止发生泥石流灾害。

3) 排土场滚石区应设置醒目的安全警示标志。严禁在排土场作业区或排土场边坡面捡矿石和其他石材。

4) 山坡排土场周围应修筑可靠的截洪和排水设施拦截山坡汇水，并在排土场平台修筑排水沟拦截平台表面山坡汇水。当排土场范围内有出水点时，必须在排土之前采取措施将水疏排出排土场，排土场底层应排弃大块岩石并形成渗流通道。

5) 汛期应对排土场和下游泥石流拦挡坝进行巡视，发现问题应及时修复，防止连续暴雨后发生泥石流和垮坝事故。洪水过后应对坝体和排洪构筑物进行全面认真的检查与清理，发现问题应及时修复。

6) 处于地震烈度高于6度地区的排土场，应制订相应的防震和抗震的应急预案。

7) 对排土场定期进行安全检查，内容包括排土参数、变形、裂缝、底鼓和滑坡等。

3.3.2　矿山固体废弃物的综合利用

3.3.2.1　*矿山固体废物处理与利用的一般原则*

合理处理和利用矿山固体废物，必须遵循以下几个基本准则：

(1) 必须选择最佳的技术方案。要做到物尽其用，最大地发挥其资源效益；同时要尽量减少处理时对环境的污染。对于严重污染环境的尾砂，必须采用合理有效的方法进行处置。

(2) 优先开发利用尾砂中的有价组分，提高经济和社会效益。固体废物中的有价组分，特别是一些稀散的有价组分，过去无法被选出利用，而在今天的技术条件下可以被回收和利用。因此，在固体废物处理过程中要优先考虑把这些组分进行回收利用，使这些废弃资源得到综合利用，确保资源的可持续发展。

(3) 先利用后处置的原则。无论是提取固体废物中的有价组分，还是对固体废物进行有效利用，均应优先考虑先利用后处置的原则，只有在无法利用时才选择填埋、堆放等处置方法，同时处理、处置固体废物还要特别注意防止二次污染。

3.3.2.2　*煤矸石的处理与利用*

A　*煤矸石的来源及特性*

a　煤矸石的来源及危害

煤矸石是指煤炭开采、洗选加工过程中产生和被分离出来的固体废物，也是可利用的资源，具有双重性。它是成煤过程中与煤层伴生的一种含碳量较低（一般在20%以下）、比较坚硬的黑色岩石，它包括露天开采的剥离岩石和井工开采的掘进矸石（占45%）、采煤矸石（占35%）及选煤矸石（占20%）。

煤矸石已是我国排放量最大的工业固体废物之一。2005年排放矸石量为1.9亿~2.0亿吨；目前全国国有煤矿现有矸石山1500余座，堆积量30亿吨以上（占我国工业固体废物排放总量的40%以上），占用土地300~400公顷，而且每年约以2亿吨的速度递增。

煤矸石长期堆放于地表，若不处理利用，不仅占用大量土地、影响自然景观、破坏小区内的生态环境，而且在煤矸石运输、装卸、堆放过程中，会造成大气、土壤、水体污染及地质灾害发生。

b　煤矸石的化学特性

（1）煤矸石的化学成分　煤矸石是由有机物（含碳物）和无机物（岩石物质）组成的混合物。煤矸石的无机组分多在80%以上，而可燃物仅占10%左右，煤矸石还含有较高有害组分硫，主要化学成分见表3-2。

表3-2　煤矸石的主要化学成分　（%）

$w(SO_2)$	$w(Al_2O_3)$	$w(CaO)$	$w(MgO)$	$w(Fe_2O_3)$	$w(R_2O)$	烧失量
40~65	15~35	1~7	1~4	2~9	1~2.5	2~17

（2）煤矸石的岩石类型和矿物组成　煤矸石是与煤伴生的岩石，是多种矿岩组成的混合物，属沉积岩。大部分煤矸石结构较为致密，呈黑色，自燃后呈浅红色，结构较疏松。煤矸石的主要矿物成分为高岭土、石英、蒙脱石、长石、伊利石、石灰石、硫化铁、氧化铝硅酸岩矿物和碳酸岩矿物，含有少量铁钛矿及碳质，且高岭土质量分数达68.7%。

c　煤矸石的工业特性

煤矸石性质是矸石资源化利用的依据。由于煤矸石的岩石类型、矿物组成和堆放时间等的差异，其主要工业性质也有所不同。

（1）碳含量。煤矸石中的碳含量（质量分数）是选择其工业利用方向的重要依据之一。按碳质量分数多少通常将煤矸石分为四类：一类碳质量分数小于4%，二类碳质量分数为4%~6%，三类碳质量分数为6%~20%，四类碳质量分数大于20%。第三类煤矸石用作矿物燃料的掺和料。第四类煤矸石发热量较高，可先用作燃料，燃烧后的灰渣再用作其他用途。

（2）灰分。煤矸石中灰分含量（质量分数）一般在50%~90%之间。其中剥离岩石和掘进矸石的灰分含量（质量分数）较高，一般在85%以上，可用作充填、铺路材料，采煤矸石和选煤矸石的灰分含量（质量分数）多在60%~80%之间，可用于发电、供热、建材和生产矸石肥料等。

（3）发热量。掘进矸石和剥离岩石一般不含有机可燃物，其发热量甚微，可用于充填、铺路，部分可作建材原料，采煤矸石和选煤矸石的发热量一般为4.2~8.4MJ/kg。一般同一矿区的煤矸石其发热量大小与固定碳和挥发分的高低成正比，其中固定碳起决定作用。

（4）全硫含量。在煤矸石的化学成分中，全硫含量的作用有两个，一是决定煤矸石中的硫是否具有回收价值，二是决定煤矸石的工业利用范围。按硫含量（质量分数）的多少也可将煤矸石分为四类：一类硫质量分数小于0.5%，二类硫质量分数为0.5%～3%，三类硫质量分数为3%～5%，四类硫质量分数大于5%。全硫质量达5%的煤矸石即可回收其中的硫精矿。

（5）铝硅比（Al_2O_3/SiO_2）。煤矸石中的铝硅比也是确定一般煤矸石资源化利用途径的主要因素。铝硅比大于0.5的煤矸石，铝含量高、硅含量较低，其中的矿物成分以高岭土为主，可塑性好，具有膨胀现象，可用作制高级陶瓷及分子筛的原料。铝硅比在0.5～0.3的煤矸石，其铝、硅含量都适中，矿物成分以高岭土、伊利石为主。铝硅比小于0.3的煤矸石，硅含量比铝含量相对高得多，矿物成分中主要是石英、长石、方解石、菱铁矿等，可塑性差。

（6）Fe_2O_3。煤矸石中Fe_2O_3的含量（质量分数）一般小于10%，没有单独提取的价值。在某些矸石利用项目中，含铁量过高会影响其产品的质量，如影响高岭土类矸石煅烧后的白度等。

（7）伴生元素。钒、镓、锗等在煤矸石中含量（质量分数）都很低，除个别矿井或区段的煤矸石中镓含量达工业品位外，其余都在工业品位以下，没有工业利用价值。

（8）有害元素。根据大同、东胜等12个大矿区的资料统计，煤矸石中有害元素的含量（质量分数）一般为0.1～0.5mg/kg Hg、0.5～12.0mg/kg As、0.1～0.7mg/kg Cd、6～34mg/kg Cr^{6+}、6.0～28.0mg/kg Pb、28～40mg/kg F，矸石中各元素的平均含量与土壤的背景值相当。矸石淋溶水的上述元素含量（质量分数）一般也不超标。因此，矸石利用除极个别矿井外，一般不会造成二次污染。

（9）放射性。根据有关资料，部分矿区煤矸石天然放射性核素^{238}U、^{232}Th、^{226}Ra、^{40}K的含量低于或接近于部分省区土壤中的核素含量。因此，煤矸石一般不属于放射性废物，除个别矿点的煤矸石、石煤有放射性异常外，一般矸石用于生产建材及其制品或用于生产农业肥料等不会造成放射性污染。

（10）煤矸石中多数矿物的晶格质点常以离子键或共价键结合，具有一定的化学反应能力，即活性。自燃后的矸石（过火矸石）提高了活性，是较好的活性材料，可用作水泥掺和料，提取氯化铝、聚氯化铝和轻质陶粒等。当煤矸石受热到一定程度便产生软化、熔化现象，其中矿物结晶也发生变化，形成新相，这是利用煤矸石或过火矸石生产多种建材的依据。

B　煤矸石的处理与资源化利用

a　国外煤矸石的处理与资源化利用

国外对煤矸石的资源化利用研究比较重视，煤矸石利用率（不含用于充填、铺路材料等）一般在20%～30%，高者可达60%～80%，主要用于生产建材产品，如制矸石砖、生产水泥和混凝土的轻质多孔材料。此外，选煤矸石用于发电、供热和生产有机矿质肥料等。

在美国，煤矸石主要用于生产水泥或轻骨料。对含煤量大于20%的煤矸石，一般采用水力旋流器、重介质分选回收煤炭。对不便利用的矸石山，采用复垦法，使其变为牧场或果园，方法是先将矸石山的坡度降到20度以下，利用燃煤电厂的碱性飞灰，按计量均匀播撒，再用拖拉机翻耕使其拌入15cm厚的表层，中和矸石中的酸性物质，然后铺上约

30cm 厚的土壤盖层并施肥，便可种植牧草或树木。对自燃矸石山的防治，美国研究了一种燃烧控制法处理自燃矸石山，即通过合理设置抽风系统，使矸石山处于负压状态，导致空气被吸入，加速煤矸石的燃烧。燃烧产生的热能和废气在一定的控制条件下经排放管道释放并加以净化处理利用。该法能在短时间内使自燃矸石山燃尽，由于燃烧过程温度较高，使矸石中的黄铁矿（硫化铁）变成赤铁矿（氧化铁），从而消除了酸性水的形成。烧过的矸石因含氧化铁而变成红色，可用于生产彩色水泥。这种快速燃烧法可避免矸石山自燃爆炸及污染环境问题，并提高了矸石的经济价值。

其他一些国家，如英国、法国、匈牙利等建立了用煤矸石、沸腾炉渣、粉煤灰生产建材的工厂。由于煤矸石具有良好的工程性能，国外的煤矸石工程应用几乎涉及各类工程建筑，如公路（包括普通公路和高速公路）和铁路的路基与路堤、水工建筑的坝体充填材料和护层以及其他地基的垫层。

b 国内煤矸石的处理与资源化利用

我国煤矸石资源化利用已有二三十年的历史，煤矸石的利用率 1995 年已达到 23.5%，主要用于发电、供热、制砖、水泥掺和料、制肥等。此外，还用煤矸石充填复垦、铺路以及回收矸石中高岭岩（土）和硫铁矿加工化工产品等。

（1）用煤矸石作燃料。煤矸石含一定量的碳和其他可燃物，发热量一般为 4186.8 ~ 12560.4kJ/kg(1000 ~ 3000kcal/kg)，是一种值得回收利用的资源。煤矸石用作燃料的方法主要有回收煤炭、用作沸腾炉燃料和发电、制煤气。

回收煤炭可借现有的选煤技术（洗选或筛选等方法）予以回收，这也是煤矸石资源化利用所必需的预处理步骤。特别是在用煤矸石生产水泥、陶瓷、砖瓦等建筑材料时，必须洗除其中的煤炭，以保证建材产品质量的稳定和生产操作的稳定。回收煤炭的煤矸石含碳量应大于 20%，否则回收成本太高。

充分利用低热值燃料的关键是采用合理的燃烧方式和燃烧设备，我国在煤矸石用作沸腾炉燃料和发电方面取得了长足的进展。目前我国投入运行的沸腾炉超过 2000 台，节省了大量的优质煤炭，经济效益也十分显著。

（2）用煤矸石作建筑材料。我国在用煤矸石制各种建筑材料的方法发展迅速，年利用量达 2500×10^4t 以上，成为煤矸石资源化利用的一条最重要途径。

1）生产水泥。由于煤矸石的化学成分和矿物组成与黏土相似，含 $w(SiO_2)$ 为 40% ~ 60%，$w(Al_2O_3)$ 为 15% ~ 30%，还有 CaO 和 Fe_2O_3 等。因此，利用煤矸石可以生产水泥，以代替部分或全部黏土。此外，煤矸石中还含有少量可燃物，所以煤矸石用于制水泥不仅可以代替黏土，节约土地资源，而且可以节约能源。

目前，我国利用煤矸石不仅能生产普通硅酸盐水泥和火山灰水泥，而且能生产双快水泥、大坝水泥等特种水泥。现在煤炭行业已有煤矸石水泥厂 50 多座，年生产能力达 200 多万吨。实践证明，以煤矸石代替黏土，可以节约 100% 黏土，节约 15% ~30% 煤炭。

2）制砖。我国已将利用煤矸石烧结砖确定为资源化利用煤矸石的主要方向之一。目前，煤矸石砖年产量已达 200 亿块，年资源化利用煤矸石约 5000 万吨，可节约土地 1971.7 ~2816.7 公顷，每生产 100 万块砌块砖可消耗矸石 11 万吨。煤矸石烧结砖是以煤矸石为原料替代部分或全部黏土烧制而成。煤矸石空心砌块是用人工煅烧或自燃的煤矸石，加入少量石膏、石灰磨细生成胶结料，并选用适宜的生矸石作粗细骨料经振动成型、蒸汽养护而成的一种新型墙体材料，产品标号可达200号。与红砖相比，这种材料自重轻、节省原料、成本低。

煤矸石砖强度高、热阻大、隔声好，可降低建筑物墙体厚度，减少用砖量；同时由于煤矸石砖外观整洁，抗风化能力强，色泽自然，可以省去抹灰、喷涂等建筑工序，降低建筑和维护成本，与传统黏土砖相比有着更高的性价比和更强的市场竞争力。

3）瓷砖。由于煤矸石中的主要化学成分一般能满足瓷砖生产要求，因此以煤矸石为主要配料可生产釉面砖、陶瓷锦砖（马赛克）、细瓷和高强瓷等。其生产工艺与传统烧制工艺相似，但其中的杂质 Fe_2O_3 与 TiO_2 含量偏高时，需采用摇床、水力旋流器、磁选等方法降低这些有害杂质的含量，以达到精制的细瓷用原料要求。

4）生产轻骨料。煤矸石生产的轻骨料和用轻骨料配制的混凝土是一种轻质、保温性能较好的新型建筑材料。煤矸石内所含可燃物质和菱铁矿在焙烧过程中析出气体起膨胀作用，同时其中又含有大量硅铝物质，因此是生产轻骨料的理想材料。用这种轻骨料配制的轻质混凝土重量轻、吸水率低、强度高、保温性能好，可用于建造大跨度桥梁和高层建筑物，用它作钢筋混凝土楼板，在配筋相同的情况下，跨度可由4m增至7m，保温和防火性能也有改善，造价可降低10%。

5）其他。如用于地基工程、筑路和修筑堤坝，用于煤矿塌陷区土地复垦和矿井充填，制备优质高岭土和涂料级超细高岭土，合成碳化硅超细微粉等。

（3）在农业上的应用。煤矸石在农业上的应用主要为制作肥料。煤矸石含有大量有机质，含量（质量分数）一般在15%～25%，高者可达25%以上，并含有植物生长所必需的B、Cu、Zn、Mo、Mn、Co等微量元素和较大的吸收容量，这种煤矸石适宜制肥料。矸石肥料主要有两类：一类是有机—无机复合肥；另一类是煤矸石微生物肥料。

C　*煤矸石井下减排与处理技术*

传统的煤矸石处理方法是将煤矸石提升出井，集中堆放或进行再处理利用。如果能够采取适当的方法使得煤矸石不出井或少出井，那么就能从根本上解决地表煤矸石堆积成山带来的诸多环境问题。目前，国内外的煤矿工作者经过长期实践和研究，在井下煤炭开采过程中，尽量不出矸石或少出矸石是可行的，主要技术工艺包括以下几种。

（1）少开岩巷、多掘煤巷或全煤巷布置。近些年来，随着采掘速度的加快、回采工作面单产的提高使得巷道的维护时间缩短；支护技术水平的提高使得维护煤层巷道的困难大为降低；运输设备的改进和新型运输设备的应用对巷道曲率半径和坡度的限制越来越小以及防治煤层自燃发火技术水平的提高等都为少开岩巷、多掘煤巷或全煤巷布置打下了良好的基础。国内外大型煤炭企业近年来逐渐应用全煤巷开拓技术，一些煤矿已经取消了排矸系统，我国的潞安漳村矿、神华集团大柳塔矿等也实现了全煤巷布置，基本不出巷掘矸石。

（2）井下应用机械煤仓。采区（或工作面）的机械煤仓是可以移动的煤仓，可以在不同的地点重复使用。传统的井下煤仓一般布置在岩层中，现用现掘，用后废弃，造成了很大的浪费并产生了大量的矸石。应用机械煤仓能够保证井下尽量少出矸石或不出矸石。

（3）井下硐室移至地面。井下爆破材料库开掘在稳定岩层中。井下爆破材料库必须有独立的通风系统，为此经常需要开掘较长的通风巷道。但是，随着采掘机械化程度的提高，井下爆破器材的使用已经越来越少。如果将井下爆破材料库移至地面，这样不仅减少了硐室本身开掘的工程量和由此产生的矸石，而且也减少了专用于该硐室的通风巷道的开掘工程量和由此产生的矸石。

（4）利用井下矸石充填采空区。这是减少矸石出井的重要方法。可以用胶带输送机、铲装车、自动卸载车或者用单轨吊车、卡轨车、齿轨车等辅助运输工具直接把矸石运输卸载到采空区。对于倾角大于42°的采空区（或工作面），可采用简单易行的自重充填方法，即将矸石用（胶带）输送机运到工作面后的回风巷，直接把矸石卸入采空区。

（5）井下选煤。采掘工作面产出的原煤中约有15%的矸石，如果在井下进行选矸工作，不仅可以使矸石不出井，而且可以减少矿井提升运输量和提升运输费用。井下选矸易于实现，例如在工作面拣矸，在井下原煤运输巷道设置低速（胶带）输送机或为了不影响输送能力而并联低速输送机，进行机械或人工拣矸等。利用选出的井下矸石充填采空区。

3.3.2.3 选矿尾矿的处理与利用

尾矿为矿石选出精矿后剩余的废渣，它是一种具有很大开发利用价值的二次资源。大多数金属和非金属矿石经选矿后才能被工业利用，选矿也会排出大量的尾矿，如每选1t铁约排出0.3t尾矿。据统计，我国目前年采矿量已超过50亿吨，尾矿排放量2000年达6亿多吨，仅金属矿山堆存的尾矿就达50余亿吨，并以每年4亿~5亿吨的排放量剧增。因此，尾矿的资源化是矿业发展的必由之路，也是保持矿业可持续发展的基础，具有十分重要的意义。

A 尾矿中有价组分的提取

许多矿山尾矿中具有回收利用价值的有价组分，其品位常常大于相应的原生矿品位，充分利用分选技术回收这些有价金属对充分利用资源、延缓矿产资源的枯竭具有重要意义。从矿山尾矿中回收有价金属的工艺和方法很多，主要有磁选、重选、电选、浮选、化学浸出和生物浸出等方法。现仅举几个实例加以说明。

（1）铜尾矿中有价组分的提取。铜尾矿中含有大量有价组分，如铜、硫、钨、铁、铅、锌等，都有回收利用价值。

1）回收铜。美国奥盖奥选矿厂尾矿平均含Cu 0.42%，其中31%的铜溶于水，主要有用矿物为黄铜矿、辉铜矿和黄铁矿。该厂回收铜的工艺流程如图3-5所示。

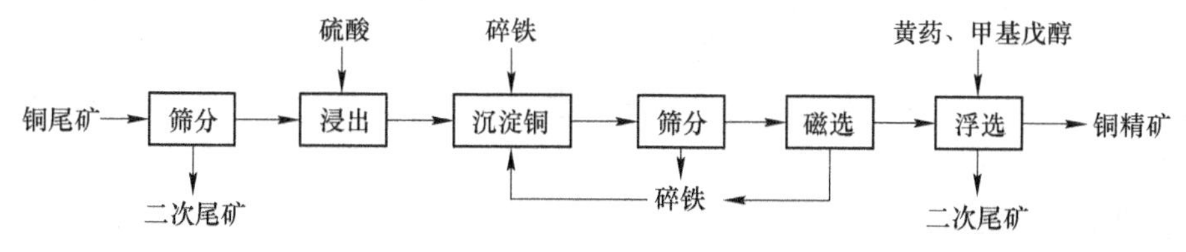

图3-5 铜尾矿回收铜的工艺流程

为防止设备堵塞，铜尾矿预先筛去1mm粗粒，其含铜品位1%，产率约10%。筛下细粒用硫酸浸出25~30min，硫酸用量为2.3~2.7kg/t尾矿，浸出后矿浆含铜0.45g/L，用碎铁置换，用量4.5kg/kg沉淀铜。矿浆通过筛分和磁选回收碎铁后进行浮选，浮选pH=4.6，矿浆含量25%，沉淀铜得到浮选成为铜精矿。

2）回收硫精矿。白银有色金属公司选矿厂选铜尾矿中含硫大于9%，主要含硫矿物为黄铁矿。其分选回收工艺流程为含硫尾矿水枪冲砂造浆（浓度为20%）、浓密机脱泥

(产率为15%)、浓密机底流(浓度为50%)擦洗后浮选(矿浆浓度为22%),浮选产品为硫精矿。浮选作业添加捕收剂为丁基黄药,起泡剂为2号浮选油,其用量分别控制在150g/t和50g/t。

(2) 浮选镍尾矿浸出—沉淀回收镍。浸出—沉淀法是从镍尾矿中回收镍的一条重要途径。某镍矿矿石中除含可选性较好的硫化镍矿外,还含有一定量的氧化镍、硫酸镍及硅酸镍等,这些非硫化镍矿物可选性差,致使选矿厂尾矿含镍较高。镍尾矿中含镍矿物(质量分数)主要包括硫化镍18.57%、氧化镍18.57%、硫酸镍31.43%、硅酸镍31.43%。硫酸镍在矿浆中易溶解而使矿浆呈酸性,氧化镍在稀酸溶液中易溶解,硅酸镍在较高酸度下也能部分溶解,而硫化镍能在稀酸溶液中部分溶出,在氧化环境中能较好地溶出,常用的氧化剂有氧、空气、氯酸钠、双氧水、二氧化锰、高铁和铜离子以及过硫酸盐等。根据镍矿物的这些特性,可应用浸出—沉淀法从难选镍尾矿回收镍,工艺流程如图3-6所示。镍尾矿在常温常压下,用0.5%质量分数的稀硫酸溶液搅拌浸出尾矿2h(液固比2∶1),酸浸后过滤得到含镍(Ni^{2+})的浸液,再加硫化钠(Na_2S)等沉淀剂使浸液中的Ni^{2+}生成NiS沉淀,过滤得到镍品位为20%~33%的沉淀,镍回收率达60%~74%。

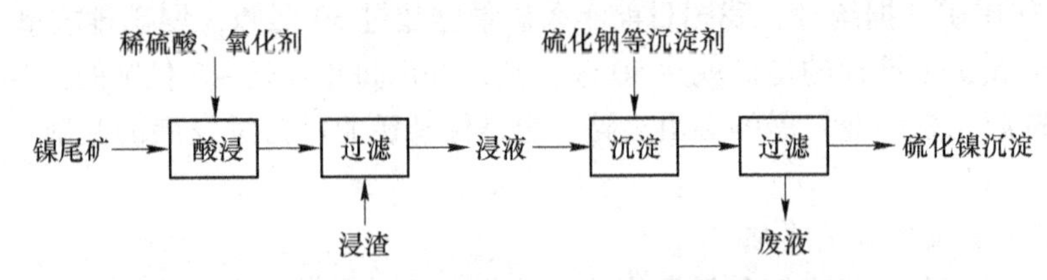

图3-6　镍尾矿浸出—沉淀回收镍工艺流程

(3) 从黄金尾矿中回收铜。黑龙江省老柞山金矿从氰化尾矿中回收铜,粒度为-0.074mm 95%的氰化尾矿中铜品位为0.305%、砷品位为2.08%,采用浮选工艺从尾矿中直接抑砷选铜,获得含铜(质量分数)18.32%、金9.69g/t、银99.20g/t、硫33.60%、砷0.07%的合格铜精矿,铜回收率为89.07%。此技术在内蒙古额拉沁旗的大水清金矿与广东高要河台金矿也先后得到应用。

B　尾矿生产建筑材料

尾矿生产建筑材料是尾矿利用量最大、最容易利用、环境保护效益最显著的利用途径。许多尾矿中含多种非金属矿物,如硅石或石英、长石及各类熟土或高岭土、白云石或石灰石、蛇纹石等,这些都是较有价值的非金属矿物资源,可代替天然原料作为生产建筑材料的原料。

(1) 生产玻璃制品。

1) 生产微晶玻璃。微晶玻璃具有一系列优良的性能,它除具有一般陶瓷材料的高强度、高耐磨性以及良好的抗化学腐蚀性外,还具有透明、膨胀系数可调、可以切削以及良好的电学性能等。因此,在航天、电子、装饰以及光学精密仪器等领域得到广泛的应用。

微晶玻璃生产原料一般由普通玻璃原料和成核剂两部分组成。玻璃的化学成分主要是SiO_2,其次是Na_2O、K_2O、CaO、MgO和Al_2O_3等,许多尾矿含有这些成分,经过适当配料完全可满足玻璃生产要求,比较理想的成核剂有TiO_2、Cr_2O_3、P_2O_5、ZrO_2等。微晶玻璃生产工艺包括烧结工艺和熔融工艺。

2）生产黑色玻璃。铜尾矿、铁尾矿主要成分为SiO_2，颜色灰暗，粒度55目筛余量小于10%，利用合适的工艺可生产黑色玻璃装饰材料。

生产尾矿黑色玻璃，尾矿的掺量在90%以上。原料混合均匀后，在温度1600℃下熔融0.5～1h，尾矿中的SiO_2、Fe_2O_3、CaO、微量元素及其氧化物可明显降低熔融温度。熔融物在温度1250～1050℃下压延或浇注成型，可得到厚度为5～20mm、面积为（70mm×70mm）～(200mm×200mm）的各种规格黑色玻璃板。

（2）生产免烧砖等。免烧砖是由胶凝材料与含硅、铝原料按一定颗粒级配均匀掺和，压制成型，并进行蒸压或蒸养而成的一种以水化硅酸钙、水化铝酸钙、水化硅铝酸钙等多种水化产物为一体的建筑制品。许多尾矿主要含硅、铝，因此可生产免烧砖。

1）尾矿生产免烧砖。北京铁矿砖厂年产尾矿砖数千万块，采用88%干尾矿与12%生石灰掺和，外加5%成型水分，用8个大气压、温度150～200℃的饱和蒸汽养护，生产出的硅酸盐尾矿砖强度达200标号以上。南芬铁矿蒸养硅酸盐尾矿砖生产工艺流程为：按尾矿粉∶粉煤灰∶生石灰∶石膏＝（65%～67%）∶(15%～20%）∶(8%～12%）∶3%混合搅拌，先干拌1min，再加水湿拌2min，然后在轮碾机中碾磨7～9min，取出静置0～60min，用制砖机成型为砖坯。砖坯进行蒸汽养护，在温度小于60℃预热4～6h，再升温2h至温度90～100℃，恒温养护6～8h后，降温2h取出，合格品即为蒸养硅酸盐尾矿砖成品。

2）生产黏土砖。尾矿中黏土含量高时，如稀土分选尾矿、黏土矿分选尾矿等，可用尾矿为原料代替天然黏土，用塑性成型或半干压成型生产黏土砖。用稀土尾矿制得的黏土砖的质量优于传统方法烧制的砖，其强度可达125～150号。坯体产品表面平滑，具有较强的玻璃光泽，颜色为暗红色，声音清脆。

3）生产加气混凝土。大部分尾矿性质如同沙子，可作为生产加气混凝土的原料。尾矿砂加气混凝土砌块是以钙质材料（水泥或石灰）和硅质材料（尾矿砂）为基本原料，加入发气剂（主要是铝粉），经过蒸压养护等工艺制成的一种多孔轻质的新型墙体材料。生产工序包括原料（尾矿、矿渣和水泥等）加工制备、浇注、切割、蒸压养护、拆模等。利用铁矿尾矿生产的蒸压加气混凝土砌块与板材，经测定产品出釜强度达25～30kg/cm^2，绝对干容重为550～650kg/m^2，干燥状态的热导率为0.1kcal/(m·h·℃)，抗冻性合格。

目前，国内外很重视加气混凝土应用技术的研究，加气混凝土的性能进一步向轻质、高强和多功能方面发展。

（3）用于其他建筑材料。尾矿在建材业还有很多的用途，比如制作耐火材料、制作无机人造大理石、用作混凝土骨料和建筑用砂以及用于铺筑路基等。陈家珑对北京地区的尾矿进行了检验，证明绝大多数尾矿制成的人工砂材料性质是合格的，因此，只要制定合适的生产工艺就可以取代天然砂石用来配制混凝土。我国马鞍山铁矿利用粗粒级尾砂作硅骨料，尾矿中不含云母、硫酸盐、硫化物、有机物、黏土、淤泥等有害杂质，其抗拉强度、抗渗性、收缩性、抗疲劳性、弹性模量及与钢筋的黏结力均符合国家有关骨料技术标准要求，具有较好的经济效益，因此尾矿用作建筑骨料潜力极大。

C　尾矿生产化工产品

川南硫铁矿在选出黄铁矿后的尾矿中，主要矿物为高岭石，其次为迪开石及多水高岭石，其中含有大量的铁和铝，可作为制备铁铝混合净水剂的原料。图3－7为黄铁矿尾矿生产铁铝混合净水剂的工艺流程。

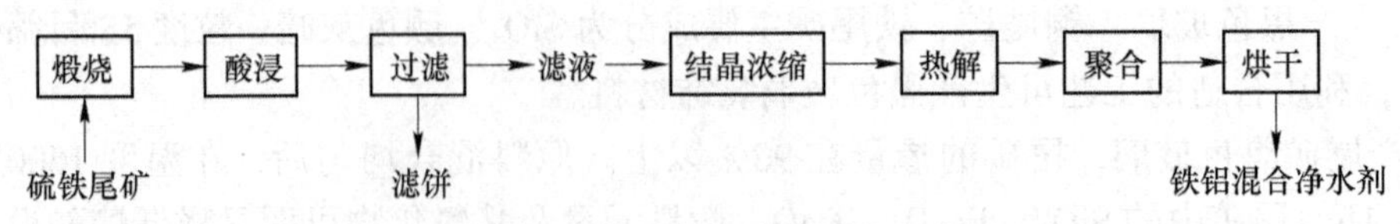

图 3-7　黄铁矿尾矿生产铁铝混合净水剂工艺

硫铁尾矿粉碎至 200 目以下，烘干，在温度 700～850℃ 燃烧 2h，脱除其中的水分和有机杂质，破坏高岭土结构，使其活化：

$$Al_2O_3 \cdot 2SiO_2 \cdot 2H_2O \xlongequal{\triangle} Al_2O_3 \cdot 2SiO_2 + 2H_2O$$

活化高岭土与浓度为 20%～30% 的盐酸反应，生成氯化铝，同时尾矿中的铁也与盐酸反应生成氯化铁：

$$Al_2O_3 \cdot 2SiO_2 + 6HCl \xlongequal{} 2AlCl_3 + 2SiO_2 + 3H_2O$$

$$Fe_2O_3 + 6HCl \xlongequal{} 2FeCl_3 + 3H_2O$$

过滤，滤液结晶浓缩，再经热解、聚合、烘干就得到铁铝混凝净水剂。

D　尾矿的其他应用

（1）利用尾矿生产水泥。尾矿水泥就是在水泥配料中引入大量的尾矿，按照正常的水泥生产工艺生产符合国家标准的水泥，属于烧结类建材。由于尾矿一般已经经过一定程度的磨细，也可以与正常的生产工艺有所不同，一般来说，低硅尾矿比较适合生产水泥，因为石英含量高会导致使用大量校正原料，达不到大量使用废物的目的。

尾矿用来制作何种类型的水泥取决于尾矿的成分特点和工艺条件。河南省香山水泥集团用铅锌尾矿渣代替硫酸渣，用烧石英尾矿代替黏土进行配料，配料方案为石灰石 90%、烧石英尾矿 6.5%、铅锌尾矿渣 2.0%、粉煤灰 1.5%，制备的水泥经试验证明是符合国家标准要求的，2003 年仅材料费就可节省 25 万元，经济效益显著。

（2）作矿井的充填料。采用充填法采矿的矿山每采 1t 矿石，需回填 0.25～0.4m^3 或更多的填充材料。近年来，国内外已成功地使用全尾砂充填。

（3）其他。尾矿可用于地基工程、筑路和修筑堤坝，还可用来生产塑料、橡胶等产品的填料。

3.3.2.4　煤泥的综合利用

煤泥是煤炭洗选加工的副产品，具有粒度细、微粒含量多、水分和灰分含量较高、热值低、黏结性较强、内聚力大的特点，是由微细粒煤、粉化骨石和水组成的黏稠物。它遇水流失，风干即风吹飞扬，难以储存和运输，因此成了煤矿环境污染源之一。煤泥中含有大量可燃成分，其主要利用途径是燃烧利用热能，主要有以下几种利用方法。

（1）煤泥燃烧发电。煤泥是可以利用的低热值燃料，燃烧发电是其利用方法之一。山东兖矿集团各大煤矿都采用洗煤厂洗煤技术，煤泥生产量较大，其下属企业山东华聚能源公司就是综合利用煤泥燃烧发电的企业，下设 6 个矿井各自电厂，其中 4 个电厂主要靠燃烧煤泥发电。

（2）煤泥制水煤浆。煤泥制水煤浆技术是在高浓度水煤浆基础上发展起来的煤泥水煤浆燃烧应用技术。它利用煤泥经简易调浆，就地就近用于工业锅炉及其他热工设备燃烧，是以煤泥代煤、代油的一项煤泥综合利用技术。

近几年，国内在煤泥制浆及燃烧技术方面取得了一定的进展，开发研制出剪切搅拌制浆工艺和旋流诱导燃烧技术、流化—悬浮高效低污染燃烧技术等。煤泥水煤浆一般对质量没有严格要求，只要能满足实际燃烧需要即可。

（3）用煤泥作锅炉燃料。用煤泥作锅炉燃料有如下三种方法：1）煤泥与劣质原煤混合燃烧。有些劣质原煤灰分高，发热量低，特别是露头的小井煤风化后燃烧性能差，一般按1∶1或2∶1混合后燃烧，效果比较好。2）煤泥与中煤按1∶1或1∶2混合后燃烧，效果也比较好。3）煤泥灰分、水分比较低时，可直接锅炉燃烧。

（4）用煤泥作农业肥料。用煤泥直接作为农业肥料，肥效很低，用量很大，必须经过复配加工处理才能应用。这种复配加工处理肥料是由有机肥料、无机肥料、微量元素肥料共同组成的优质肥料，其既是肥料，又是土壤改良剂、植物生长刺激剂，具有肥源广、肥分多、肥效高、投资少、见效快等优点。

3.3.2.5 *矿山废石的处理与利用*

在矿山开采过程中，无论是露天开采剥离地表土层和覆盖岩层，还是地下开采开掘大量的井巷，必然产生大量废石。目前我国剥离废石的堆存总量已达数百亿吨，是名副其实的废石排放量第一大国。另外，矿山采出的矿石中也夹有大量的废石，如金属和非金属矿每采1t矿石将产出0.2~0.3t废石，煤矿采掘和洗煤等过程中产生的煤矸石可达原煤产量的70%。每年我国煤矿排矸量达1亿~2亿吨，历年煤矸石堆积量已达40亿~50亿吨。煤矸石是具有很大开发利用价值的二次资源，煤矸石的处理与利用也是矿业可持续发展的基础。

（1）废石的堆积处理。废石中所含有用组分很少，没有回收的价值。因此，一般采用堆积或填埋方法处理，可以造出平地，为矿山提供工业用地。

废石山堆放是常用的方法之一，即由采矿场运出的废石经卷扬机提升，沿斜坡道逐步向上堆砌，形成一锥体形的废石场。目前在中小型的露天矿山、大型井采矿山也采用堆积方法。堆积法可以减少占地和运输，便于管理。堆积场地要选用低凹宽阔之地，防止坍塌和发生泥石流。

填埋法是利用自然坑洼地或人工坑凹填埋废石，用填埋法处理废石可使坑凹地变为平地。需要注意的是，填埋地上不宜修造建筑物和构筑物，要注意采取措施防止雨水浸泡填埋场，避免对地下水产生污染。

（2）利用废石造田。将废石堆到采空区和山谷地区实现覆土造田，可为矿山提供宝贵的额外土地。也常采用废石和尾砂一起进行覆土造田，但矿山的废石和尾砂纯系无机物，不具有基本肥力，必须进行覆土、掺土、施肥才能用于种植各种作物。

（3）废石用作井下充填料。用废石回填矿山井下采空区是经济而又常用的方法。回填采空区有两种途径：一是直接回填法，上部中段的废石直接倒入下部中段的采空区，可节省大量的提升费用，不需占地，但要对采空区有适当的加固措施。大多数矿山都部分采用了这种回填方法，从而大量减少了废石的提升量。二是将废石提升到地表后进行适当的破碎加工，再用废石、尾砂和水泥拌和回填采空区，这种方法安全性好，也可减少废石占地，但处理成本较高，我国许多矿山采用这种方法回填采空区。为了将废石和尾砂用于井下充填，要在矿山建立一套充填系统，通常包括：废石、尾砂的分级和储存，浆料的地面和井下管道输送，充填工作面脱水，充填水的沉淀的和排泥处理等。

(4) 其他。用于建筑骨料、地基工程、修建道路及工业和民用建筑场地、筑路和修筑堤坝等，如将无污染或含有微量有害元素的废石经物理加工成各种人工砂石料、路面的石料用于建筑工业。

随着我国环保事业的发展以及天然砂石越来越匮乏，人工砂石越来越被人们重视和利用，利用采矿废石作为人工砂石料的原料进行加工利用，变废为宝。

习　题

3-1　矿山固体废弃物的来源有哪些？

3-2　矿山固体废弃物有哪些危害？

3-3　矿山固体废物处置方法有哪些？

3-4　尾矿库有哪几种类型？

3-5　什么叫煤矸石？

3-6　我国煤矸石资源化利用的途径有哪些？

3-7　画出黄铁矿尾矿生产铁铝混合净水剂工艺流程图。

4 矿山噪声污染及其防治

4.1 噪声的产生与危害

4.1.1 噪声的定义及分类

人类处在一个有声的环境中，噪声也是一种声音。从物理角度看，噪声是由声源做无规则和非周期性振动产生的声音。从环境保护角度看，环境噪声则是指在工业生产、建筑施工、交通运输和社会生活中产生的人们不需要的、令人厌恶的、对人类生活和工作有不良影响的声音，如工厂中各种鼓风机、发动机、球磨机、粉碎机发出的声音等。噪声不仅有其客观的物理特性，还依赖于主观感觉的评定。同样是音乐声，在一些场合不是噪声，而在另一些场合如老师讲课的课堂上，高音播放的音乐却属于噪声。

噪声的分类方法较多，常用的分类方法是根据声源的不同划分为三类：交通噪声、工业噪声及生活噪声。交通噪声主要是由交通工具在运行时发出来的，如汽车、飞机、火车、轮船等在运行中都会发出交通噪声。研究表明：在距车 7.5m 处测量的噪声中，机动车辆中载重汽车、公共汽车等重型车辆的噪声在 89～92dB，而轿车、吉普车等轻型车辆噪声约有 82～85dB。汽车速度与噪声大小也有较大关系，车速越快，噪声越大，车速提高 1 倍，噪声增加 6～10dB。当大型喷气客机起飞时，在跑道两侧 1km 内，语言、通信都受到干扰，4km 范围内人们不能休息和睡眠。工业噪声主要来自生产中各种机械振动、摩擦、撞击以及气流扰动而产生的声音。其影响虽然不及交通运输大，但对局部地区的污染却比交通运输严重得多。生活噪声主要指街道和建筑物内部各种生活设施、人群活动等产生的声音。如在居室中，儿童哭闹、大声播放收音机、电视和音响设备；户外或街道人声喧哗，宣传或做广告用高音喇叭等。这些噪声一般在 80dB 以下，对人没有直接生理危害，但都能干扰人们交谈、工作和休息。

按照声源的不同，噪声主要可分为空气动力性噪声、机械性噪声和电磁性噪声。空气动力性噪声是由于气体中有了涡流或发生了压力突变，引起气体的扰动而产生的，如凿岩机、鼓风机、空气压缩机等产生的噪声。机械性噪声是由于撞击、摩擦，交变的机械应力作用下，机械的金属板、轴承、齿轮等发生振动而产生的，如球磨机、破碎机、电锯等产生的噪声。电磁性噪声是由于磁场脉动、磁场伸缩引起电气部件振动而产生的，如电动机、变压器等产生的噪声。此外，矿山还有爆破过程的脉冲噪声。

按频谱的性质，噪声又可分为有调噪声和无调噪声。有调噪声就是含有非常明显的基频和伴随着基频的谐波，这种噪声大部分是由旋转机械（如扇风机、空气压缩机）产生的。无调噪声是没有明显的基频和谐波的噪声，如脉冲爆破声等。

4.1.2 噪声的产生

噪声是声波的一种，具有声波的一切特性。噪声是物体的振动产生的。从物理学观点来看，噪声是指声强和频率的变化都无规律、杂乱无章的声音。从广义来讲，凡是人们不需要的声音都属于噪声。钢琴声是乐音，但对于正在睡觉或看书的人来说，就成了干扰的噪声。

4.1.3 噪声的传播

4.1.3.1 声波的辐射、衰退

声波在一个没有边界的空间中传播，如果它的波长比声源尺寸大得多时，声波就以球面波动的形式均匀地向四面八方辐射，我们把这种声源称为点声源，它没有方向性。当声源辐射的声波，其波长比声源尺寸小得多时，这时声源发出去的声波就以略微发散的“声束”向正前方传播。当声波的波长与声源尺寸相比，其比值越小则辐射的声束发射角越小，方向性越强，当声波的波长与声源尺寸相比非常短小时，声音以几乎不发散的声束成平面的形状由声源向外传播。我们平时听到的高音喇叭声，在它的正前方听到的音量很高，在它的背面或侧面声音就显得弱而且音调发闷，就是高频声，波长短、方向性强的道理。

声波自声源向四周辐射，其波前面积随着传播的距离增加而不断扩大，声音的能量被分散开来，相应的通过单位面积的声能就小。因为声源每秒发出的声能是一定的，所以声音的强度一般随距离的增加而衰减，当距声源距离增加 2、3、4 倍时，声音的能量将相应地减少为 1/4、1/9、1/16。

声音在大气中传播，由于空气的黏滞性、热传导等影响，声音能量不断地被空气吸收而转化为其他形式，比如空气分子间的摩擦可使部分声能转化为热能而消耗掉，从而达到声衰减。由于空气吸收声能引起的声衰减与声音频率、空气的温度、湿度有关，高频声振动得快，空气疏密相间的变化频繁，所以高频声比低频声衰减得快。

4.1.3.2 声波的反射、折射和绕射

当声波从一种介质传播到另一种介质时，在两种介质的分界面上，在传播方向上就要发生变化，产生反射和折射现象。这种现象发生在两种介质的分界面上，如果同一种介质，由于介质本身的特性变化（如温度的变化等），也会改变声波的传播方向，一般只存在折射而不存在反射情况。

我们用声线的概念来描述声波的反射和折射现象。原来向界面传播的称为入射波；一部分在界面上反射，返回第一种介质称为反射波。另一部分透入第二种介质继续向前传播的波称为折射波。

声波的折射遵守折射定律，折射线、入射线和法线在同一平面内，并且不管入射角的大小如何，入射角的正弦和折射角的正弦之比等于介质中的声速之比。

声波的反射遵守反射定律，反射线、入射线和法线在同一平面内，反射线、入射线分别在法线的两侧，反射角与入射角的大小相等。

声波的反射还和声波的波长及障碍物的尺寸大小有关。如果障碍物的尺寸比声波的波长大得多时，声音遇到障碍物表面就会全部反射回去，在障碍物后面形成声影区。如果障碍物尺寸小于声波波长，则声波就可以绕过障碍物继续向前传播，称为声波的绕射。例如风机发出的噪声，当你看到它的时候，听到声音很响，音调很高，当你绕过障碍物看不见风机时，听到的声音很弱，而且音调低沉。这说明高频声，波长短，容易被折挡或反射回

去，而低频声，波长长容易绕过障碍物。

4.1.4　噪声的危害

噪声对人的影响是一个复杂的问题，不仅与噪声的性质有关，而且还与每个人的心理、生理状态以及社会生活等多方面的因素有关。

(1) 影响正常生活，使人们没有一个安静的工作和休息环境，烦恼不安，妨碍睡眠，干扰谈话等。

(2) 对听觉的损伤，矿工长期在强噪声中工作，将导致听阈偏移。当500Hz、1000Hz，2000Hz 听阈平均偏移25dB，称为噪声性耳聋。

(3) 神经系统的损害，噪声作用于矿工的中枢神经系统，使矿工生理过程失调，引起神经衰弱症；噪声作用于心血管系统，可引起血管痉挛或血管紧张度降低，血压改变，心律不齐等。

(4) 对工作状态的影响，使矿工的消化机能衰退，胃功能紊乱，消化不良，食欲不振，体质减弱，矿工在嘈杂环境里工作，心情烦躁，容易疲乏，反应迟钝，注意力不集中，影响工作进度和质量，也容易引起工伤事故。由于噪声的掩蔽效应，使矿工听不到事故的前兆和各种警戒信号，更容易发生事故。

噪声的危害很大，我们必须对它予以严格的控制。为了保护人的听力和健康，保证生活和工作环境不受噪声干扰，这就需要制定一系列噪声标准。对于不同行业、不同时间、不同区域规定有不同的噪声容许标准。

4.2　噪声的评价与测定

4.2.1　噪声的物理量度

4.2.1.1　*声压与声压级*

声波对介质作用，使其质点受到挤压而产生压力变化。比如在空气中，由于声波扰动，空气压强就在大气压的附近迅速地起伏变化，出现压强改变量称为声压。瞬时声压是指某瞬时介质中压强相对于无声波时的压强的改变量，单位是帕斯卡，用符号 Pa 表示。由于人耳膜的惯性作用，并不能辨别出声压的起伏，而只是一个稳定的有效声压在起作用。有效声压是一段时间内瞬时声压的均方根值，其数学表达式为：

$$p = \sqrt{\frac{1}{T}\int_0^T p^2(t)\,\mathrm{d}t} \tag{4-1}$$

式中　T——声波完成一周期所用的时间，s；

$p(t)$——瞬时声压，Pa；

t——时间，s。

对于正弦波 $P = \frac{P_m}{\sqrt{2}}$，P_m 为声压幅值，既是最大声压。实际使用时，若未加说明，就是指声压有效值。声压越大，人耳感觉就越响，反之则小。人耳能听到的最低界限称为闻阈，对于1000Hz的基音（也称纯音），正常人的闻阈声压为2×10^{-5}Pa。如果痛阈声压超过20Pa后，人耳鼓膜在此声压长期作用下，就会破裂出血，造成耳聋。

由此可见，从闻阈声压到痛阈声压，即最强的与最弱的可听声压之比约为10^6，相差百万倍。这说明人耳的听觉范围是非常宽广的。用声压的绝对值来衡量声音的强弱是很不方便的，尤其是在数学计算或绘制成图表时更为甚之。而且，人耳对这范围内的微小变化、分辨能力又差，因此，采用数学中的对数关系，引入级的概念来表示声音的大小是合适的。

所谓声压级是测出声音的有效声压p与基准声压p_0之比的常用对数乘以20，用L_p表示，单位为dB，数学表达式为：

$$L_p = 20\lg\frac{p}{p_0} \tag{4-2}$$

式中 p——声压，Pa；

p_0——基准声压，1000Hz时纯音的闻阈声压为2×10^{-5}Pa。

用声压级代替声压的好处是把闻阈声压与痛阈声压差值从数百万倍范围改为0～120dB的范围，这样就简单多了。

4.2.1.2 声强与声强级

因为声以波动的形式向外传播，具有一定能量。声强是指垂直于声波传播的指定面上，单位时间内通过单位面积的声能，用I表示，单位为W/m^2。对于球面波或平面波，如果媒质密度为ρ，声速为c，则在传播方向上，声压与声强存在如下关系：

$$I = p^2/\rho c \tag{4-3}$$

在讨论工业噪声时，ρ为空气密度，如以标准大气压和20℃时的空气密度ρ与声速c值代入，则得$\rho c=408$瑞利（国际单位），称为空气对声波的特性阻抗。

所谓声强级是指某点声强I与基准声强I_0的比值取常用对数再乘以10的数值，用L_I表示，单位为dB。数学表达式为：

$$L_I = 10\lg\frac{I}{I_0} \tag{4-4}$$

式中 I_0——基准声强，1000Hz时纯音的闻阈声强为$10\sim12W/m^2$。

4.2.1.3 声功率

声功率是表示声源特性的物理量，它是指声源在单位时间内向外辐射出的总声能，单位是W。在工业噪声测定时，如果把机器看作一个点声源，则分布在其四周球面（$4\pi r^2$）上的声强I与总声功率W之间的关系为：

$$I = \frac{W}{4\pi r^2} \tag{4-5}$$

式中 r——测试点到辐射中心的距离，m。

从式（4-5）可看出，声强大小随着与声源距离增大而迅速降低。

4.2.1.4 分贝的计算方法

A 声压级的相加

当几个性质相同的声源相加，它的总声压仍是各个声压的均方根值。则

$$p_{\text{sum}}^2 = p_1^2 + p_2^2 + p_3^2 + \cdots + p_n^2$$

$$p_{\text{sum}} = \sqrt{p_1 + p_2 + p_3 + \cdots + p_n^2}$$

声压级的相加不是简单的算术值相加，须按对数运算的规律进行。例如，几个声压相等的声压，其总声压则为$\sqrt{np^2}$，而总声压级为：

$$L_{p_{\text{sum}}} = 20\lg \frac{\sqrt{np^2}}{p_0} = 20\lg \frac{p}{p_0} + 10\lg n$$

$$L_{p_{\text{sum}}} = L_p + 10\lg n \tag{4-6}$$

当$n=2$时，代入式（4-6），可得$L_{p_{\text{sum}}} = L_p + 3$，即比一个噪声源的声压级高3dB。

如果两个噪声源其声压级不同，并分别为L_{p1}和L_{p2}，且$L_{p1} > L_{p2}$，则合成后的声压级可计算如下：

$$L_{p1} = 10\lg \frac{p_1^2}{p_0^2} \qquad L_{p2} = 10\lg \frac{p_2^2}{p_0^2}$$

可得

$$\frac{p_1^2}{p_0^2} = 10^{\frac{L_{p1}}{10}} \qquad \frac{p_2^2}{p_0^2} = 10^{\frac{L_{p2}}{10}}$$

$$\frac{p_2^2}{p_1^2} = 10^{\frac{-(L_{p1}-L_{p2})}{10}}$$

而

$$p = \sqrt{p_1^2 + p_2^2}$$

$$L_p = 10\lg \frac{p^2}{p_0^2} = 10\lg \frac{p_1^2 + p_2^2}{p_0^2} = 10\lg \left[\frac{p_1^2}{p_0^2}\left(1 + \frac{p_2^2}{p_1^2}\right)\right]$$

合成后的声压级

$$L_p = L_{p1} + 10\lg\left[1 + 10^{\frac{-(L_{p1}-L_{p2})}{10}}\right]$$

$$L_p = L_{p1} + M \tag{4-7}$$

由式（4-7）可知，不同分贝值的两个噪声合成时，合成后的分贝值应该是原较大的分贝值再加增值M，而增值M又是$L_{p1} - L_{p2}$的函数，查表4-1和图4-1可得到增值M。

表4-1　分贝加法计算表　（dB）

L_1-L_2	0	1	2	3	4	5	6	7	8	9	10	11	12	13	14	15
M	3	2.5	2.1	1.8	1.5	1.2	1.0	0.8	0.6	0.5	0.4	0.3	0.3	0.2	0.2	0.1

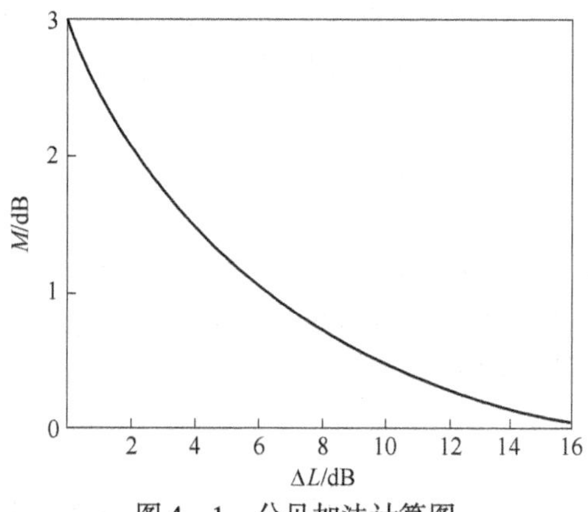

图4-1　分贝加法计算图

当所要相加的噪声源较多，最好先按大小顺序排列，然后两个两个计算，其步骤如下：

首先应计算两个声源的差值 $L_1 - L_2$，并根据 $L_1 - L_2$ 查表 4－1 和图 4－1 求增值 M，最后，在最大声源的分贝数加上增值 M，就是两个声源的合成。

B　声压级相减

在具有环境噪声条件下测出来的机器噪声，为了测得该机器的纯噪声，就需要计算总噪声和环境噪声的差数。我们采用的类似分贝加法的方法来推导分贝减法计算公式：

$$L_p = L_{p1} - N$$

N 值随 $L_1 - L_2$ 而变化，经计算 $L_1 - L_2$ 相应 N 值，列表 4－2 和图 4－2 两个分贝相减的计算步骤如下：

首先应计算两个声源的差值 $L_1 - L_2$，并根据表 4－2 和图 4－2，最后从最大声源分贝数减去 N 值就是两个声源相减数值。

表 4－2　分贝减法计算表　　(dB)

$L_1 - L_2$	0.5	1	2	3	4	5	6	7	8	9	10
N	9.5	7	4.34	3	2.2	1.65	1.25	1	0.75	0.6	0.46

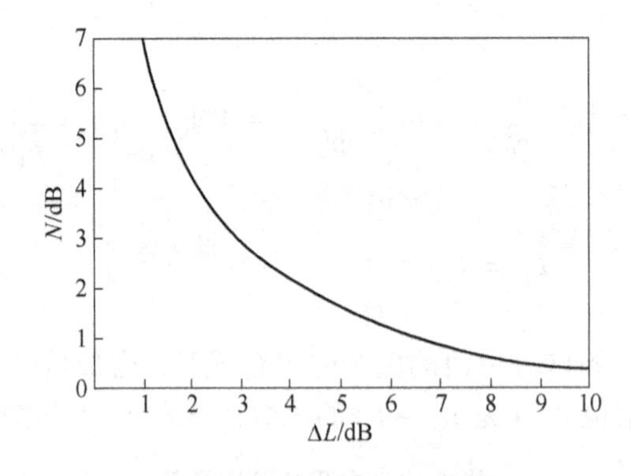

图 4－2　分贝减法计算图

C　声压级平均值

例如某一指定方向的声源方向性指数，按定义是该指定方向上的声压级减去围绕着声源的各个方向上的声压级的平均值。如同分贝加法一样，分贝的平均值是先求出能量的平均值，然后再求其分贝值。

$$L_{cp} = 10\lg\left(\frac{I_1 + I_2 + I_3 + \cdots + I_n}{nI_0}\right) = L_{p_{\text{sum}}} - 10\lg n$$

对于工业噪声的测定，可按如下近似方法计算声压级平均值。

当分贝值相差在 0～5dB 之间时，可直接取算术平均数；当分贝值相差在 5～105dB 之间时，可取算术平均数再加上 1dB。

4.2.2　噪声测量

为了研究和控制噪声，必须对噪声进行测定与分析，根据不同的测定目的和要求，可选择不同的测定方法。对于工矿企业噪声的现场测定，一般常用的仪器有声级计，频率分析仪，自动记录仪和优质磁带记录仪等。

A 声级计

声级计是噪声现场测量的一种基本测试仪器。它不仅可以单独用于声级测量，还可和相应的仪器配套，进行频谱分析、振动测量等。如国产 ND2 型精密声级计就属此类。

声级计一般分为普通声级计和精密声级计两种。精密声级计又可分两类，一种是用于测量稳态噪声的，另一种是用于测量脉冲噪声的。它是由传声器、放大器、计权网络、指示表头等部分组成，如图 4-3 所示。

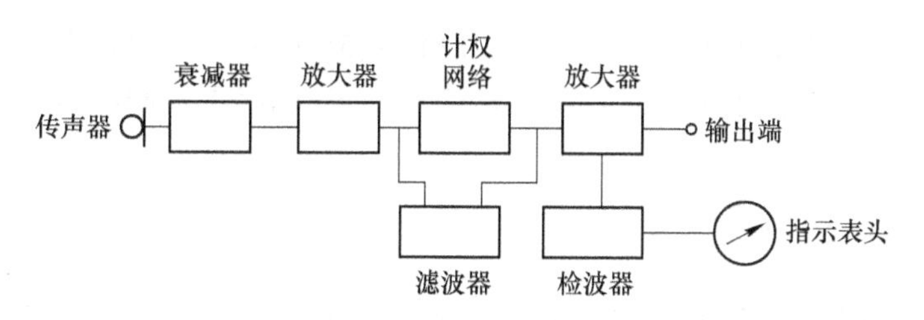

图 4-3 声级计结构示意图

声级计工作原理是：声压信号通过传声器转换成电压信号，经过放大器放大，再通过计权网络，则可在表头显示出分贝值。

声级计常用的频率计权网络有三种，称 A、B、C 声级。噪声测量时，如不用频率分析仪，只需读出声级计的 A、B、C 三挡读数，就可以粗略地估计该噪声的频率特性。声级计表头读数为有效值，分快、慢两挡。快挡适用于测量随时间起伏小的噪声，当噪声起伏较大时，则用慢挡读数，读出的噪声为一段时间内的平均值。

B 频率分析仪

频率分析仪是用来测量噪声频谱的仪器，它主要是由两大部分组成，一部分是测量放大器，一部分是滤波器。若噪声通过一组倍频程带通滤波器，则得到倍频程噪声频谱，若噪声通过一组 1/3 倍频程带通滤波器，则得到 1/3 倍频程噪声频谱。在矿山噪声测量时，常用倍频程带通滤波器。

C 噪声测量方法

(1) 进行测量时应将传声器尽量接近机械的辐射面，这样可使噪声的直达声场足够大，而其他噪声源的干扰相对较小。

(2) 测量前，应首先检查声级计的电池电压是否满足要求，并用活塞发声器对声级计进行校正。

(3) 测量噪声要避免风、雨、雪的干扰，若风力在三级以上时，要在声级计传声器上加防风罩；大风天气（风力在 5 级以上）应停止测量。

(4) 手持仪器进行测量，应尽可能使仪器离开身体，传声器距离地面 1.2~1.5m，距离房屋或墙壁 2~3m，以避免反射声的影响。

(5) 在测定时，若本底噪声小于被测噪声 10dB(A) 以上，则本底噪声的影响可忽略不计。若其差值小于 3dB(A) 时，则所测的噪声值没有意义。若其差值在 3~10dB(A) 之间，可根据表 4-3 进行校正。

表 4-3　排除本底噪声的修正表

所测出的声源噪声级与本底噪声的差值/dB	3	4、5	6、7、8、9
修正值	-3	-2	-1

4.3　噪声的控制原理和方法

4.3.1　噪声控制的一般方法

构成声音有三个要素是声源、声音传播的途径和接受者。所以噪声控制也必须从形成声音的这三个环节着手，即从声源上降低噪声，在传播途径上控制噪声和给予接受者佩带防噪装置。

4.3.1.1　*从声源上降低噪声*

（1）改进机械设计以降低噪声。就是在设计和制造机械设备时，选用发声小的材料，采取发声小的结构形式或传动方式，均能取得降低噪声的效果。具体做法是：

1）选用发声小的材料制造机件，如用一般金属材料做成的机械零件，在振动力的作用下，机件表面会辐射较强的噪声。而采用内耗大的减振合金时，由于该合金晶体内部存在一定的可动区。当它受力时，合金内摩擦将引起振动滞后损耗效应，使振动能转化为热能而散发，因而在同样作用力激发下，减振合金要比一般金属辐射噪声小得多。

2）改革设备结构降低噪声。如风机叶片的形式不同发出的噪声也不相同，若把风机叶片由直片型改成后弯型，可降低噪声 10dB(A) 左右。有些电动机设计的冷却风扇过大，使噪声很大，若把冷却风扇从末端去掉 2～3mm，可降低噪声 6～7dB(A)。

3）改变传动装置降低噪声。从控制噪声角度考虑，应尽量选用噪声小的传动方式，如把正齿轮传动装置改用斜齿轮或螺旋齿轮传动装置，用皮带传动代替正齿轮传动，或通过减少齿轮的线速度及传动比等均能降低噪声。

（2）改革工艺和操作方法降低噪声。这是从声源上采取措施降低噪声的另一种途径。比如，柴油打桩机在 15m 处噪声达 100dB(A)，而压力打桩机的噪声则只有 50dB(A)。在矿山若把铆接改用焊接，把锻打改成摩擦压力或液压加工，均可降低噪声 20～40dB(A)。

（3）提高加工精度和装配质量降低噪声。在机器运行时，由于机件间的撞击、摩擦、或由于动平衡不好，都会导致噪声增大。可采用提高机件加工精度和机器装配质量的方法降低噪声。例如，提高传动齿轮的加工精度，即可减小齿轮的啮合摩擦而降低噪声。

4.3.1.2　*在噪声传播途径上降低噪声*

如果由于条件的限制，从声源上降低噪声难以实现时，就需要在噪声传播途径上采取措施加以控制。

（1）采用“闹静分开”的设计原则，缩小噪声干扰范围。具体做法是：将工业区、商业区和居民区分开布置，以使居民住宅远离吵闹的马路或工厂；在矿区内部，可把高噪声车间与中等噪声车间、办公室、宿舍区等分开布置，在车间内部，可把噪声大的机器与噪声小的机器分开布置。这样利用噪声在传播中的自然衰减作用，缩小噪声污染面。

（2）利用噪声源的指向性合理布置声源位置。在与声源距离相同的位置，因处在声源指向的不同方向上，接收到噪声强度也会有所不同。因此，可使噪声源指向无人或对安静要求不高的方向，而对需要安静的场所，则应避开噪声强的方向，就会使噪声干扰减轻一些。但多数声源在低频辐射时指向性较差，随着频率的增加，指向性就增强。所以改变噪声传播方向只是降低高频噪声的一种措施。

（3）利用噪声源与需要安静的区域之间的自然地形，如有山丘、土坡、深堑、建筑物等地形、地物时，也可用于衰减噪声。

（4）合理配置建筑物内部布置，减轻环境噪声的干扰。例如，将住宅的厨房、浴室、厕所和贮藏室等布置在朝向有噪声的一侧，而把卧室或书房布置在避开噪声的一侧，即采用“周边式”布置住宅，就能减轻或避免街道交通噪声对卧室和书房的干扰。反之，如果采用“行列式”布置住宅群，使住宅区所有房间都暴露在交通噪声中，就会增大噪声的干扰范围。

4.3.1.3 在噪声接受点进行个体防护

在上述方法无法控制噪声时，或者在某些只需要少数人在机器旁操作的情况下，可以对接受噪声的个人采取个体防护。常用的防声用具有耳塞、防声棉、耳罩、头盔等。它们主要利用隔声原理来阻挡噪声传入人耳，以保护人的听力，并能防止由噪声引起的神经、心血管、消化等系统的病症。

4.3.2 吸声处理

4.3.2.1 吸声原理

一般工矿车间和矿井硐室内的表面多是一些坚硬的、对声音反射很强的材料，如混凝土的天花板、光滑的墙面和水泥地面。当机器发出噪声时，对操作人员来说，除了听到由机器传来的直达声外，还可听到由房间或硐室内表面多次反射形成的反射声（又称混响声）。直达声和反射声的叠加，加强了室内噪声的强度。根据实验，同样的声源放在室内和室外自由场相比较，由于室内反射声的作用，可以使声压级提高几个分贝。

如果在室内天花板和墙壁或硐室内表面装饰吸声材料或吸声结构，在空间悬挂吸声或装饰吸声屏，机器发出的噪声碰到吸声材料，部分声能就被吸收，使反射声能减弱。操作人员听到的只是从声源发出经过最短距离到达的直达声和被减弱的反射声，这种降低噪声的方法称为吸声处理。在工业厂房和矿井硐室中，吸声处理得到广泛的应用。

值得注意是：吸声处理的方法只能吸收反射声，对于直达声没有什么效果。所以只有当反射声占主导地位时才会有明显的吸声效果，而当直达声占主导地位时，这种吸声处理的效果就不显著。

4.3.2.2 吸声材料及吸声结构

常用的吸声材料，如玻璃棉、矿渣棉、泡沫塑料、砖等，多是一些多孔性的材料。这类材料的吸声机理，是靠声波进入材料的孔隙中而发生作用的。

应当着重指出，吸声材料与隔声材料是完全不同的两个概念。常用的多孔吸声材料能够吸收大部分入射声能，但由于它的孔隙率很大，声音很容易透过去，因此，它的隔声性能是很差的。对隔声材料最重要的是密实性，而吸声材料往往是透气的、多孔的。多孔性的吸声材料对于高频声是非常有效的，但对低频声来说，吸声系数就低得多。

4.3.3　隔声

隔声是噪声控制工程中常用的一种重要技术措施。根据隔声原理，用隔声结构把噪声源封闭起来，使噪声局限在一个小的空间里，我们把这种隔声结构称为隔声罩；也可以把需要安静的场所用隔声结构封闭起来，使外面的噪声很少传进去，这称为隔声间；还可以在噪声源与受噪声干扰的位置之间，设立用隔声结构做成的屏障，隔挡噪声向接受位置传播，这称为隔声屏。隔声罩、隔声间和隔声屏是按隔声原理设计制成的三种噪声控制设备，在防噪工程中有广泛的应用。

目前，隔声罩是抑制机械噪声的较好办法，如柴油机、电动机、空压机、球磨机等可用隔声罩降低噪声。一般机器设备用的隔声罩由罩板、阻尼涂料和吸声层构成，罩板采用1～3mm厚的钢板，也可用面密度较大的木质纤维板。罩壳采用金属板时一定要涂以一定厚度的阻尼层，以提高金属板在共振区和吻合效应区的隔声量。为达到一定的隔声量，隔声罩必须内衬吸声材料。隔声罩在实际加工中，要注意隔声罩的密封，否则，稍有缝隙和孔洞将影响隔声罩的隔声性能。隔声罩不能与设备任何部分有刚性相连，如机器设备没有隔振措施，则隔声罩必须与设备地基采取隔振措施，不然固体声的传递，会使隔声罩的实际效果下降。

综上所述，隔声间有门、窗、墙时，其综合隔声量取决于隔声量较低的门和窗，要提高综合隔声量，只有改变门和窗的材料和结构、提高门和窗的隔声量，若提高墙的隔声量，其结果是花钱多收效不大而造成浪费。在隔声间对于结构上的孔洞缝隙必须进行密封处理，否则将使隔声效果大大降低，若需要开通风口散热时，必须安装消声器。

4.3.4　消声器

消声器是一种使声能衰减而允许气流通过的装置，将其安装在气流通道上便可控制和降低空气动力性噪声。

4.3.4.1　消声器的分类

根据其消声原理，大致可分为阻性和抗性两种基本类型。阻性消声器的消声原理是借助于铺衬在管道上的吸声材料的吸声作用，使沿管道传播的噪声随距离衰减。抗性消声器则不直接吸收声能，而是依赖管道截面的突变（扩张或收缩）或旁接共振腔，使其管道传播中的声波在突变处向声源反射回去，从而达到消声的目的。

这两种类型的消声器各有优缺点，前者主要吸收中、高频噪声，后者吸收低、中频噪声。实用的消声器多为两者结合的阻抗复合消声器结构。近年来又探索和研制一些新型宽频带消声器，如微穿孔板消声器。

4.3.4.2 消声器设计的基本要求

设计一个性能优良的消声器，一般必须具备以下三个条件：

(1) 具备良好的消声性能。即要求消声器在有足够宽的频率范围内具有最佳消声效果，将噪声水平控制在规范之内。

(2) 具有良好空气动力性能。要求消声器对气流阻力损失足够小，并确保不影响设备的工作效率和进气、排气的畅通。

(3) 在机械性能上要求消声器体积小、结构简单、成本低，具有一定的刚度和较长的使用寿命，便于现场安装和无再生噪声等。

4.4 金属矿山噪声的治理

4.4.1 矿山噪声源分析

噪声是污染矿山环境的公害之一。而矿井作业人员所受危害更大。在大型矿山开采时，使用了许多大型、高效和大功率设备，随之带来的噪声污染越来越严重。目前解决矿山机械设备噪声污染已经成为环境保护和劳动保护的一项紧迫任务。根据对矿山噪声的实际测定，从测定结果的分析可知，矿山噪声的特点是：声源多，连续噪声多、声级高，矿山设备的噪声级都在 95 ~ 110dB(A) 之间，有的超过 115dB(A)，噪声频谱特性呈高、中频。噪声级超过国家颁发的《工业企业噪声卫生标准》(试行草案)，严重危害职工身体健康。在矿山企业中，噪声突出的危害是引起矿工听力降低和职业性耳聋。据统计，井下工龄 10 年以上的凿岩工 80% 听力衰退，其表现为语言听力障碍，20% 为职业性耳聋。此外，还引起神经系统、心血管系统和消化系统等多种疾病，并使井下工人劳动效率降低，警觉迟钝，不容易发现事故前征兆和隐患，增加发生工伤事故的可能性。

4.4.2 井下噪声的特点、控制程序和处理原则

矿山噪声特别是井下作业点噪声与地面噪声是有差别的。其表现为井下工作面狭窄，反射面大，直达声在巷道表面多次反射而形成混响声场，使相同设备的井下噪声比地面高 5 ~ 6dB(A)。

井下噪声的控制工作，首先要进行井下噪声级预测，测定声压级和频谱特性，根据预测结果和容许标准确定减噪量，选择合理控制措施，进行施工安装，再进行减噪效果的测定和评价，噪声控制程序可按图 4 - 4 进行。

由于井下存在多种噪声源，在降低井下噪声时必须遵循如下原则：

(1) 在降低多种噪声源时，首先要降低其最大干扰的噪声源，这是获得显著效果的唯一途径。

(2) 一旦最大噪声源已被降到比剩余噪声源低 5dB(A) 时，再进一步降低该噪声源对总噪声量的降低不会产生明显的作用。

(3) 如果噪声是由许多等响噪声源组成，要使总噪声有明显降低，只有对其中全部噪声源进行降噪处理。

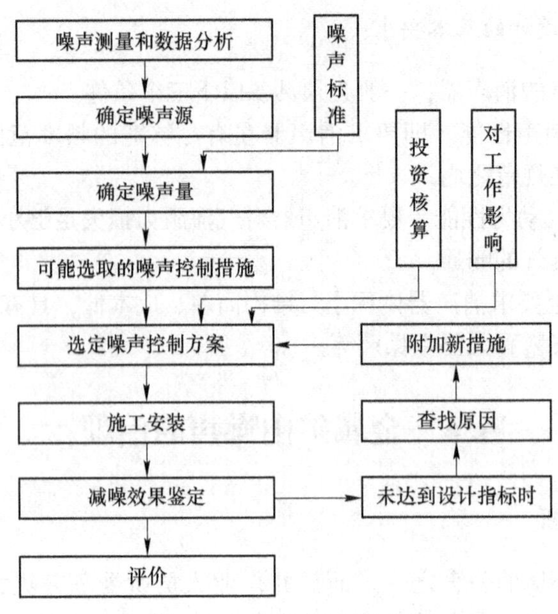

图4－4　噪声控制程序图

（4）尽管3dB(A）噪声级降低是很有限的，但是在感觉响度上则有明显的差别，因为噪声降低3dB(A）相当于声功率减少一半。

4.4.3　风动凿岩机噪声控制

风动凿岩机是井下采掘工作面应用最普遍、噪声级最高的移动设备。一般噪声级达110～120dB(A）之间，是目前井下最严重噪声源。

风动凿岩机噪声源有废气排出的空气动力性噪声、活塞对钎杆冲击噪声、凿岩机外壳和零件振动的机械噪声、钎杆和被凿岩石振动的反射噪声。风动凿岩机总噪声频谱较宽，是属于具有低频、中频和高频成分的广谱声。

风动凿岩机在井下作业时，噪声从声源直接传到岩壁，又从岩壁反射到操作者的耳朵，几乎所有噪声能量都经过操作者站立的位置，整个巷道断面内噪声分布不变。

控制风动凿岩机噪声时，必须把声源、传播途径和接受者三部分视为一个系统，在控制时必须三者综合考虑。

4.4.3.1　降低排气噪声方法

风动凿岩机噪声主要声源是排气噪声。要降低排气噪声必须了解排气噪声形成的机理。废气经排气口以高速度进入相对静止的大气，在废气和大气混合区排气速度降低引起了无规则的漩涡，漩涡以同样无规则的方式运动、消散，出现许多频带不规则的噪声。排气本身就是凿岩机内部机械噪声的传播介质，上述过程产生噪声概括称为“空气动力性噪声”。

排气的流速越大，排气管直径越细，则产生的噪声峰值频率越高，越趋于尖叫刺耳。至今人们还无法消除风动凿岩机的排气声源，但用限制排气速度和工作速度的办法来降低排气噪声是有可能的，也就是说创造最好环流条件，减少气流排出时压力波动，使缸体内部和大气间保持较小的压力差。上述方法可通过在风动凿岩机排气口安装消声装置实现。

目前常用的风动凿岩机消声装置可分两类。

（1）凿岩机外置消声装置。在凿岩机的排气口安装上一段排气软管，将排出废气通向安装在气腿子内部或距工人一定距离处的消声器。图 4－5 是一种典型机外排气消声装置示意图。这种消声器是用隔板分为两个不同小室的圆柱体。引射器压入隔板中，废气从凿岩机排气口沿软管经过连接管进入消声器的接受小室，被引射器吸入，并经过扩散器进入大室。从扩散器出口到消声器排气口，空气经过隔板上分布不对称的小孔，不断改变其运动方向。通过降低接受小室的压力来补偿消声器气流的阻力。该消声器不仅能够降低低频噪声级 16～30dB，而且能提高钻进速度 20%～25%，能起到降噪、降尘和降低油雾，改善工作面的劳动条件的作用。

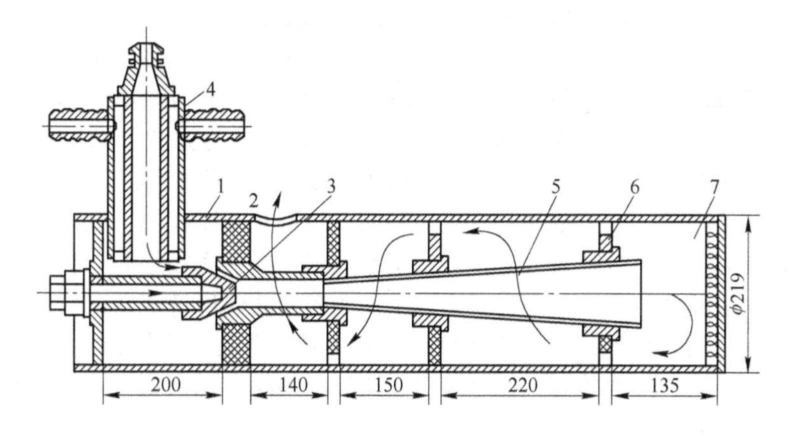

图 4－5 凿岩机外置消声装置

1—圆柱体；2—隔板；3—引射器；4—连接管；5—扩散器；6—带孔隔板；7—吸声材料

（2）凿岩机排气口消声装置。根据各类凿岩机的频谱特性和排气口形状以及工人操作方法设计各种类型凿岩机排气口消声器。其原理为：当废气进入消声器时，通过前端弯曲的过风道后直接作用在第一块处于振动中折流板，再向中间流动，这样气流就按正弦曲线轨迹通过所有折流板，迂回折转、光滑流动，消除了排气直线运动，缓和了气流，降低排气速度。因折流板强烈振动，在折流板不会结冰。试验证明：该消声器可降低排气噪声 15dB(A)，并可降低整机噪声 8～10dB(A)，消声器内部不结冰，对凿岩机性能无影响。

4.4.3.2 降低机械噪声的方法

机械噪声是由机械部件振动、摩擦而产生，属于高频噪声。国外采用超高分子聚乙烯制包封套，使凿岩机机械噪声由 115dB(A) 降至 100dB(A)。另外还使用一种吸收噪声的合金来做凿岩机外壳。该合金能吸收振动应力，故衰减噪声能力特别强。

另外，还可采用结实的非谐振材料，例如尼龙做棘轮机构和阀动机构的某些零件，使邻接零件的相对运动变为尼龙和钢的运动，从而完全消除钢对钢的运动。同样，螺旋棒中四个棘爪和配气阀都换成尼龙件。另外在螺旋棒头与它在柄体配合面之间放进尼龙圆盘以防止冲击噪声。上述措施可进一步降低机械噪声。

4.4.3.3 降低岩壁反射噪声的方法

由于巷道空间有限，反射噪声形成混响场，从而增加凿岩机噪声强度。国外曾试验在井下巷道岩面喷射高膨胀泡沫稳定层。该泡沫是一种烷基稳定泡沫，膨胀比为25:1，喷射后泡沫稳定层能牢固地粘在巷道壁面上，并保持一段时间而不会脱落。因含水泡沫又软又多孔，可有效地降低岩壁的反射噪声。其吸声效果是随离开凿岩机距离的加大而增加，频率越高效果就越好。当泡沫层厚度为51mm时，可以使总的岩壁反射噪声大约降低40dB(A)，较好地改善听觉环境。

4.4.4 凿岩台车噪声控制

为提高采矿和掘进速度，目前国内外广泛地采用多机凿岩台车。由于凿岩台车的噪声较大，所以在凿岩台车上安装隔声防震操作室，其隔声结构采用多层复合结构。使操作室外壁为1mm的铅板夹在两层15mm厚的聚氨酯泡沫塑料之间，泡沫塑料外侧覆盖1mm的钢板，使操作室的内壁覆盖0.3mm的微孔铝板。操作室的前方装配两层不同厚度的强化玻璃，整个操作室是由上述复合结构和玻璃窗等组成的隔声组合结构。操作室安装在台车双梁尾部，用螺栓连接，便于装卸。室底层装四个弹簧起减震作用，室内有双人座椅，室顶两侧架设探照灯，使司机视野宽广，能清楚地看到顶板、底板炮眼。玻璃窗顶部有两个喷嘴向玻璃喷出液体清洁剂，一个动臂型刮水器用来使玻璃保持清洁，以防止沾污玻璃而影响视线。操作室内安装有滤气装置和负离子发生器，净化进入操作室内的空气中粉尘、油雾和其他有害杂质，并使负离子通过风口和风流均匀混合进入室内，提高操作室内负离子浓度，改善室内空气质量。

4.4.5 扇风机噪声控制

4.4.5.1 扇风机噪声源分析

扇风机噪声主要由空气动力性噪声、机械噪声和电磁噪声组成。

（1）空气动力性噪声。空气动力性噪声是由扇风机叶片旋转驱动空气，使巨大能量冲击机壳产生各种反射、折射而形成。它由下列两种噪声组成：

1）旋转噪声。它是由于旋转的叶片周期性打击空气质点，引起空气压力脉动而产生的噪声。

2）涡流噪声。它是由于风机叶片转动时，使周围空气产生涡流，这些涡流由于黏滞力的作用，又分裂成一系列的小涡流，使空气发生扰动形成压缩和稀疏的过程而产生的噪声。

（2）机械噪声。机械噪声是由扇风机机壳、风门和其他零件的冲击、摩擦而形成。

（3）电磁噪声。电磁噪声是由电动机驱动、运转而形成。在这三部分噪声中，以空气动力性噪声危害最大，具有噪声频带宽、噪声级高、传播远等特点，并且比其他两个噪声源高20dB，因此是扇风机噪声控制的重点。

4.4.5.2 扇风机噪声控制方法

控制扇风机噪声的根本性措施有：改进风机的结构参数，提高风机的加工精度，从研制低噪声、高效率的新型风机入手，在设计新风机时可通过下列措施降低噪声。

(1) 流线型进气道并配置弹头形整流罩，整流罩直接固定于叶轮，可使气流均匀，减少阻力损失。

(2) 装配流线型电机。

(3) 增大电机定子和风机叶轮之间的距离。

(4) 增大风机转动装置和导流器之间的距离。

4.4.6　空压机噪声控制

4.4.6.1　空压机噪声的产生及其特性

空压机噪声是由进、出口辐射的空气动力性噪声、机械运动部件产生机械性噪声和驱动机（电动机或柴油机）噪声组成。从空压机组噪声频谱可看出：声压级由低频到高频逐渐降低，呈现为低频强、频带宽、总声级高的特点。由于空压机组低频噪声特别突出，使得这种噪声与一般噪声有如下两点不同：(1) 空压机组噪声所造成危害不能单从A声级一个数值来评价。当低频声与人体某些器官的固有频率相接近时，会使人体感到胸腔或腹腔受压、心慌头晕，故空压机房工人多患有头晕、心率过速等症状。(2) 从声波传播衰减来看，低频声随距离衰减慢，矿山空压机房多在副井口附近，噪声隐蔽运输和提升信号容易造成井门工伤事故。

4.4.6.2　空压机噪声控制方法

A　进气口装消声器

在空压机组中，以进气口辐射的空气动力性噪声为最强，解决这一部位噪声的方法是安装进气消声器。对一些进气口在空压机机房里的场合，可先将进气口由车间引出厂房外，然后再加消声器。这样消声器的效果会发挥得更好。

针对空压机进气噪声是低频声较突出的特点，消声器设计以抗性消声器为主。它是由二节不同长度的扩张室组成，如图4－6所示。其消声原理为：当气流通过时，由于体积骤然膨胀，起到缓冲器作用，从而降低了气流脉动压力。同时，在管道不连续界面处因声阻抗不匹配而使声波产生反射，阻止某些声波频率通过，从而起到了消声作用。该消声器各连通管不在同一轴线上，是为了增大消声频率范围，提高消声效果。该消声器的消声值为15dB(A)。

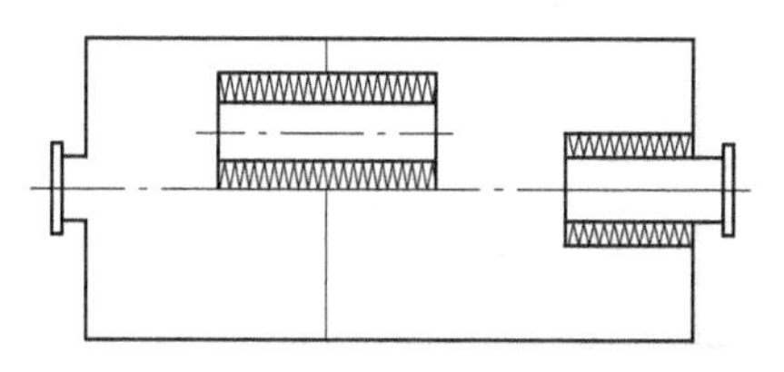

图4－6　4L－20/8型空压机进气消声器

B　机组加装隔声罩

空压机组隔声罩壁是选用2.5mm厚的钢板，内壁涂刷5～7mm厚的沥青作阻尼层。根据操作的要求，隔声罩上留有一扇足够大的门并镶上双层观察玻璃窗。为了供空压机进气和冷却用风及散热排风，在隔声罩适当位置上安装消声器。为了检修和安装的要求，隔声罩应做成装卸式结构，如图4－7所示。经测定：在空压机旁1m处的噪声级由116dB(A)降至90dB(A)。

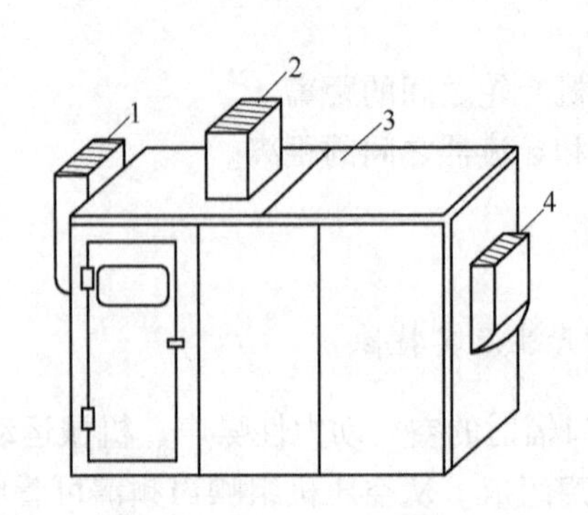

图4－7　空压机的隔声罩

1—进气消声器；2—排气消声器；3—隔声罩；4—电机进气消声器

C　空压机站噪声综合治理

目前采矿企业内空压机站均有数台空压机运转，如对每台空压机都安装消声器，虽能取得一定的降噪效果，但整个厂房噪声水平并不能得到根本改善，可采取如下措施：

(1) 建造隔声间，根据空压机站运行人员的工作性质要求，并不需要每班8小时都站在机旁。建造隔声间作为值班人员的停留场所，是控制噪声切实可行的措施。在隔声间内应有各台机组的开、停车按钮和控制仪表。可使隔声间噪声降低到60～65dB(A)以下。

(2) 在空压机站内进行吸声处理，可在顶棚或墙壁上悬挂吸声体，降低噪声4～10dB(A)。

图4－8是某矿空压机站的平面图和剖面图，该站在设计时就考虑了噪声控制问题。每台空压机都单独设置在有密闭门窗结构的机房内，保证单机检修时，工人可不受其他机器噪声的危害。空压机房的南侧建造通长的隔声控制间，面对每台空压机房的墙上安有双层观察窗，操作工人通过观察窗可对各台机组运转情况进行监视，在隔声间内噪声级为65dB(A)。

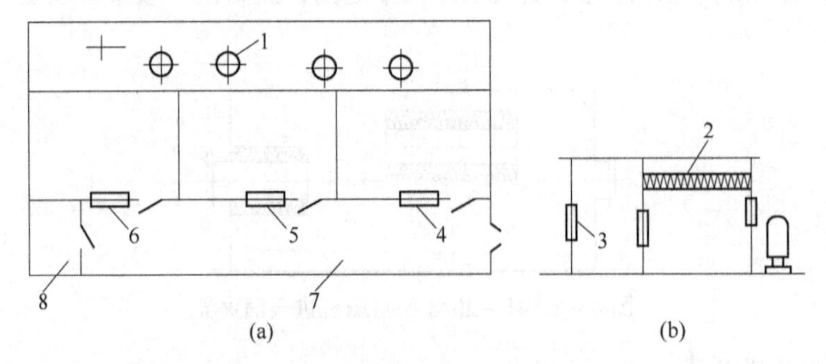

图4－8　空压机站平面图和剖面图

(a) 平面图；(b) 剖面图

1—贮气罐；2—吸声顶棚；3～6—观察窗；7—控制室；8—送风机房

习 题

4－1　噪声是怎样产生的？

4－2　噪声对人体的危害有哪些？

4－3　声压与声强是什么关系？

4－4　测量噪声常用的仪器有哪些？

4－5　画出声级计的结构示意图。

4－6　噪声控制的一般方法有哪些？

4－7　试说明吸声处理的原理。

4－8　吸声材料有哪些？

4－9　矿山噪声的治理有哪几方面？

5 矿井湿热的危害及其防治

5.1 矿井湿热现象的形成

5.1.1 热现象的形成

(1) 地面空气温度的影响。地面空气温度的高低，直接影响着矿内空气温度的变化。我国地处北纬亚热带到寒温带，地面气温变化幅度很大，因而地面气温的影响不一。北方矿井，冬季地面气温很低，如东北的临江铜矿、小西林铅锌矿等，冬季地表气温为零下30℃左右，个别矿山达零下38℃。冷空气进入矿井后，往往导致进风井筒出现冰冻，进风段空气过冷，影响提升、运输和劳动条件。所以，一般需要对矿井进风流进行预热。南方矿井，夏季地表气温很高，一般都在35℃左右甚至高达40℃。夏季热空气进入矿井，会使井下温度升高，尤其是浅矿井和进风段较短的矿井，由于热空气与井巷岩壁热交换不充分，工作面附近会出现高气温，恶化劳动条件。在这种情况下需要对矿井进风流进行预冷。但随着开采深度的增加，由于进风流与井巷岩壁内岩体有较充分的热交换，所以受地面气温影响较小。

(2) 空气压缩升温的影响。当空气沿井筒下行时，由于气压增大而受压缩，放出热量，使气温升高；相反当空气上行时就会因膨胀而降温。

(3) 岩石温度的影响。地球内部蕴藏着巨大的热量，而且越深热能就越大。地表以下的岩石温度是变化的，可分为三个带来说明其变化情况：

1) 变温带，这一带的岩（地）温是随地表季节温度而变化，冬天岩石向空气放热而降温，地温也低，夏天则相反。

2) 恒温带，这一带的地温不受地表气温的影响而基本上保持不变，其温度比当地年平均气温略高1~2℃，其深度距地表约20~30m。

3) 增温带，在恒温带以下岩石温度随深度增加而升高，增加温度大小与当地的地热增深率成正比。地热增深率是指岩石温度每升高1℃时所增加的垂直深度，其数值大小与当地的岩石成分、水文地质条件、山川地势等因素有关，因而各地不同。

(4) 矿岩氧化放热的影响。在矿内某些矿岩中，主要指硫化矿石（如黄铁矿、磁黄铁矿等），容易和周围介质中氧结合，放出大量的热。如黄铁矿在10~15℃，即开始氧化，其反应式为：

$$2FeS_2 + 7O_2 + 2H_2O = 2FeSO_4 + 2H_2SO_4,\ \Delta_r H_m^{\ominus} = -2586kJ/mol$$

黄铁矿在氧化时，若有水存在，则生成硫酸，变成酸性水，使氧化加快；若无水时，则生成二氧化硫和无水硫酸铁。

另外，在开采过程中产生的粉尘，由于其与空气接触面积大，故能助长氧化并放出热量。若采用加大通风量不但难以排除氧化放出的热量，反而会使氧化加剧。因此，国内外一些硫化矿床开采的矿山，井下温度很高，如前苏联乌拉尔铜矿采区内的空气温度达58～60℃，我国某铜矿回采工作面空气温度达32～40℃，最高达45～60℃。

（5）矿内热水放热的影响。地处温泉地带的矿井，某些地点地下循环水的温度很高，甚至超过当地岩温，成为热水型矿井。从裂隙出来的热水向空气大量散热使气温升高而形成热害。

（6）其他热源。矿内机电设备的运转、电力照明、爆破、人体放热等都会产生一定的热量而散发到空气中，使矿内的温度升高。

5.1.2 湿现象的形成

（1）矿内水分蒸发。矿内水分蒸发时，可从空气中吸收热量而使气温降低。水分的蒸发使矿井内部形成了湿现象。水分蒸发的难易程度，取决于当地空气的相对湿度和气温。空气相对湿度越大，水分蒸发越困难，这时人体依靠出汗来散发体热就比较困难。如果空气中相对湿度达到饱和状态，即相对湿度达100%，水分蒸发就完全停止。

（2）井巷通风强度。井巷通风强度对于矿内的湿度有着显著的影响。当井巷的通风强度大时，矿井的湿度小；当井巷的通风强度小时，矿井的湿度大。同时井巷通风强度也影响到矿井的温度。实际表明，借加大通风量来降低气温，在其他条件不变时，这种降温效果与进风原始气温关系很大，而且风速增大也有一定限度，当风速超过这个限度时，井下气温不再显著下降。

5.2 矿井湿热的危害与防治

5.2.1 矿井湿热的危害

人在矿内热环境中作业，其一系列生理功能都发生变化，主要表现在体温调节、水盐代谢、循环系统，消化系统和泌尿系统等方面。这些变化在一定程度内是适应性反应，但超过限度则会产生不良的影响。

（1）体温调节。人在矿内热环境中作业，由于产热、受热总量大于散热量，人体热平衡受到破坏，多余的热量在体内蓄积起来。当体内蓄热量超过机体所能承受的限度时，体温调节紊乱，表现为体温升高。根据测定：当环境温度在35℃以下时，体温高于正常范围者很少；气温超过35℃，特别是超过38℃时，体温超过38℃的人数比例显著增多。

另外，皮肤温度也可以反映出热环境对人的作用。据研究表明，皮肤温度随气温升高而增加，当皮肤温度接近人体内脏温度时体表甚至可以完全失去散热作用，从而使人的体温迅速升高，对人体造成伤害。

（2）水盐代谢。人在热环境中作业时，汗腺活动增加，大量分泌汗液，其分泌量与劳动强度成正比。据测定：矿井工人每班每人失水量高达3.85kg，平均为2.1kg。汗液是低渗溶液，水分占99.2%～99.7%，其余大部分为氯化钠。大量出汗必然会损失大量盐分，如不及时补充水分、盐分，将使人体严重脱水、缺盐，引起水盐平衡失调。大量水盐损失，使尿液浓缩，加重肾脏负担，还可导致循环衰竭和热痉挛及热衰竭。热痉挛使人四肢、咀嚼肌与腹肌等经常活动的肌肉痉挛并伴有收缩痛；热衰竭也称热虚脱，使人头晕、头痛、心悸、呕心、呕吐、面色苍白、脉搏细弱、血压短暂下降以至晕厥。由此可见，人体靠蒸发散热虽然可以调节维持人体热平衡，但它是以机体付出代价才保持平衡的，而且这种平衡状态只维持一定时间，一旦汗腺疲劳，出汗停止，即发生中暑，对工人造成伤害。

（3）循环系统。循环系统在体热分布和体温调节方面起着重要作用。在矿内热环境作业，皮肤血管高度扩张，流经体表的循环血量成倍地增加，因而能把大量的热带到体表，以便散发出去。为了完成这种调节，必须增加的血液输出量达 2 倍以上。这样，就使心脏负担加重，心肌收缩的频率和强度增加，每搏输出量和每分钟输出量均增加。如心血管系统经常处于紧张状态，久之可使心肌发生生理性肥大，也可转为病理状态。此外，热环境对心血管系统的影响，还反映在血压方面，据报告，长期在热环境中工作的工人血压较高，高血压患者也比较多。

（4）消化系统。人在热环境中，由于体内血液重新分配，引起消化系统相对贫血，出现抑制反应，胃的排空时间延长，收缩波型变小，收缩曲线不规则。同时，由于大量出汗带走盐分以及大量饮水致使消化液分泌减弱，肾液酸度下降。这些因素均可引起食欲减退，消化不良，增加胃肠道疾患。

（5）神经系统。在矿内热环境中，人的中枢神经系统出现抑制，大脑皮层兴奋过程减弱，条件反射潜伏期延长，出现注意力不易集中以及嗜睡、共济协调较长等现象，使肌肉工作能力降低。使肌体产热量因肌肉活动减少而降低，具有保护性质。但从另一方面来看，由于注意力不集中，肌肉工作能力降低，使作业动作的准确性与协调性及反应速度降低，易发生工伤事故。

（6）泌尿系统。人在热环境中排出大量水分，使肾脏排出水分大大减少，尿液浓缩，肾脏负担加重，会导致肾功能不全等疾病。

5.2.2　矿井湿热的防治

矿井湿热的防治的目的在于将井下各作业地点的空气温度、湿度和风速调配得当，创造一个良好的劳动环境，从而保证矿工的身体健康并为不断地提高劳动生产率创造条件。但是在什么样的环境下，应采取哪些改善措施使经济效益更好，一直是人们所关心和研究的问题。

改善矿内的环境，一般包括采用降温、预热、防冻等措施。由于我国幅员辽阔，南北气候相差悬殊，各地区的矿山反映出的问题也不同，所以要根据实际情况，因地制宜地针对湿害热害的特点，选择技术上可行、经济上合理的技术措施。

5.2.2.1　非冷冻机械的降温调节方法

（1）建立合理的开拓系统和通风系统。加强通风降温，首先必须建立合理的通风系统。要求在确定开拓系统并进行采准布置设计时，应使进风风流沿途吸热量尽量少，比如将进风风路开凿在传热系数较小的岩石中，避开各种地下热源，布置上尽量缩短进风风路等。全矿通风系统选择应考虑降温效果这一因素。经验表明，多井筒混合式和对角式通风系统比中央式通风系统好。合理划分通风区域，利用废旧井巷和大直径地面钻孔直接向工作面供风，有时也能发挥降温作用。对于掘进工作面局部通风，必要时可采用绝热风筒压入式局部通风。

（2）适当加大通风量。矿井热源，一类是放热量基本上不受风量的影响，如机电设备发热，因此，加大通风量可使气温降低；另一类是放热量随通风量增加而有所增加，因而采用增大通风量应有一定限度，况且风速过大对除尘不利，经济上也不合算。

（3）利用调热井巷降温。为了降低进风流的温度，可利用进风井巷附近的旧废巷道，或者在进风井附近开凿若干与其平行的仅至恒温带的小井，并以水平短巷连通，形成多井并联进风风道，以便有较大面积的井巷壁面与地表进风流接触，进行比较充分的热交换，来降低空气温度。但开凿专用小井的办法，费用较高，所以一般采用的较少，而多用废旧井巷作为冷却风流的调热井巷，可收到简单易行、经济可靠的效果。

（4）其他方法降温。过去我国有些矿井曾采用在进风井筒中喷水降温，因方法本身的缺点而未推广，南方一些矿山炎热时在进风平硐口搭凉棚，至今仍在采用。此外，防止矿内机电设备散热，其方法可在机电硐室设置独立的通风风流，直接导入回风道，对散热量大的设备设置局部冷却装置，对压气管道用绝热材料包扎。对开采自燃性矿岩的矿井，采取积极措施防止自燃和自热，及时封闭隔离自燃区域。对于热水型矿井，应采取措施防止热水散发热量到进风流中，例如超前疏干热水，利用隔热管道将热水排走以及对排放热水的水沟加盖等。

5.2.2.2 采用冷冻机械的降温调节方法

A 冷冻机工作原理

冷冻机构造及其工作原理，如图 5－1 所示，冷冻机装置由制冷机、空气冷却系统和冷却循环水系统三大部分组成。其中制冷机是由压缩机、冷凝器和蒸发器构成；空气冷却系统由空气冷却器、泵和输送冷媒的循环管路构成，其中部分管道盘旋在蒸发器内；冷却循环水系统由泵和循环水管构成，其中部分水管盘旋在冷凝器内。其制冷原理是：利用某种临界温度高、临界压力不大的气体（制冷剂）受压液化放热，而降低压强时又可汽化吸热，使周围物质冷却。制冷机的工作过程是：循环使用的气态制冷剂（如氨、二氧化碳等）进入压缩机被压缩，使其温度和压力升高，进入冷凝器后，被其中盘旋冷却水管中的冷水所冷却，使制冷剂温度降低而液化，再经过膨胀阀进入蒸发器时，制冷剂压力显著降低，同时吸收蒸发器内盘管中冷媒的大量热，制冷剂完全汽化，汽化后的制冷剂可再进入压缩机循环使用。从蒸发器内盘管中流出的冷媒由于被吸去了大量热量而温度降低，降温后的冷媒从蒸发器中流出，经过泵沿管道流至空气冷却器内，使其周围气温降低达到降温调节目的，升高了温度的冷媒可沿管路再重新流入蒸发器内的盘管内，继续使用。常用的冷媒是水或盐水。

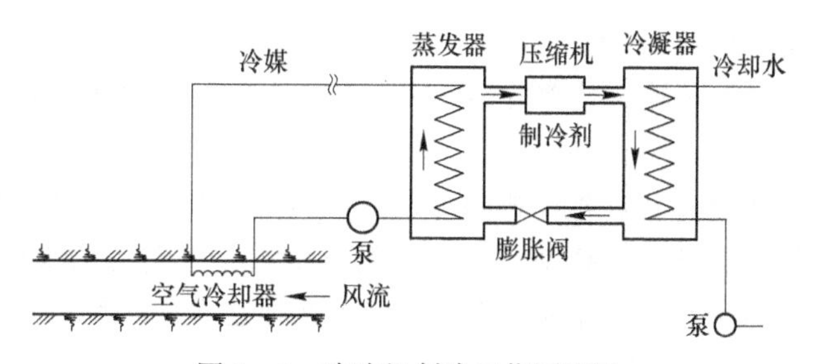

图 5－1 冷冻机制冷工作原理图

B　矿井制冷降温的布置方案

(1) 空气冷却设备布置在地面的冷却系统。采用这种冷却系统，可以使矿井采掘工作面获得足够的降温效果，但这时必须大幅度降低地面入风温度（不能低于零度，以防井筒结冻），否则必须大量增加风量，从而增加开采费用。图 5－2(a) 为地面空气冷却系统示意图。制冷在压缩机制冷机组中进行，盐水在蒸发器与空气冷却器之间循环，制冷剂在冷凝器中用冷却水冷凝，冷却水回水进入冷却塔冷却。

风量大而巷道长度小的矿井，可采用吸收式制冷装置，如图 5－2(b) 所示。这种装置可以利用矿井锅炉的蒸汽或热水（100～120℃），也可利用廉价的二次能源作动力。

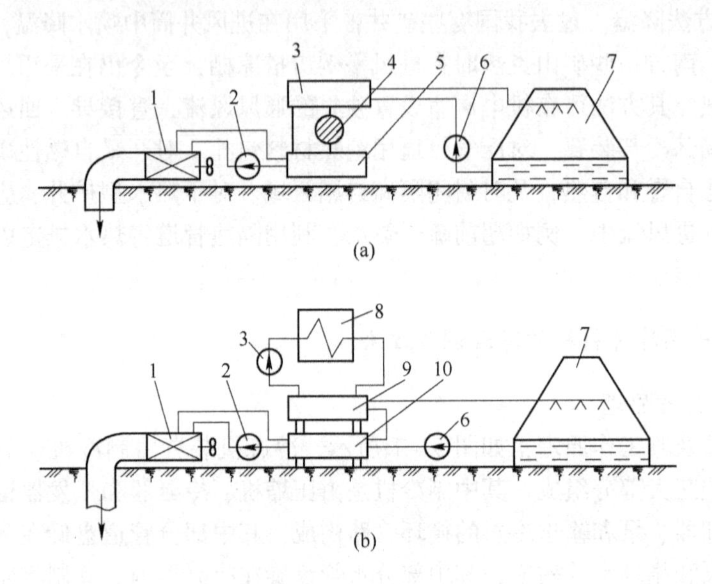

图 5－2　地面制冷冷却空气系统

(a) 蒸汽压缩制冷；(b) 吸收式制冷

1—空气冷却器；2—冷媒泵；3—冷凝器；4—压缩机；5—蒸发器；6—循环水泵；7—冷却塔；8—锅炉；9—发生器、冷凝器；10—吸收器、蒸发器

(2) 在地面布置制冷机在深水平冷却空气的冷却系统。该系统直接在深水平冷却空气，可以减少降温的能耗，大大降低井下热害的状况。为了避免制冷剂沿途大量漏失和在管道中存在很高的压力，一般利用第二载冷剂（盐水），经过低压换热器把冷量送到井下。循环泵将在蒸发器中冷却过的盐水送到高压换热器内，再把加热后的盐水沿回水管道送回蒸发器，水泵仅在盐水的循环中消耗能量。第二载冷剂（盐水或水）在低压下循环于换热器与空气冷却器之间，如图 5－3 所示。

该系统更为合理，但其缺点是需要高压设备和庞大的循环系统，费用较高，需采用盐水作载冷剂对管道有腐蚀作用。

(3) 在深水平布置制冷机在地面排除冷凝热的冷却系统。制冷机布置在深水平可以减少沿途管道的冷损，因而可以提高制冷剂的蒸发温度，并可利用水来代替盐水作载冷剂。但是，必须供应冷却冷凝器的冷却水，冷却水回水往往要在地面喷雾水池中或冷却塔中冷却。这种冷却系统如图 5－4 所示。

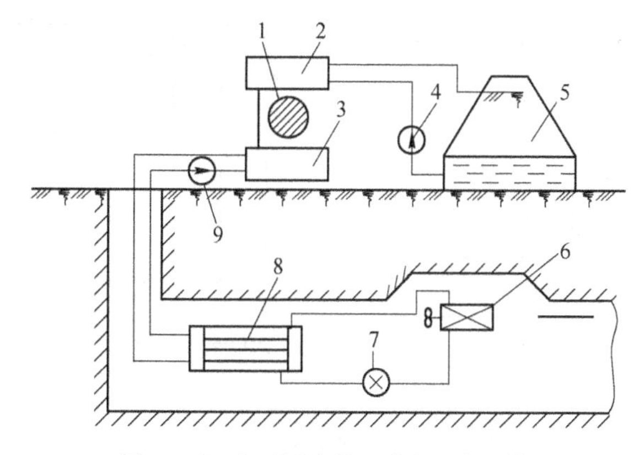

图 5-3 地面制冷井下冷却空气系统

1—压缩机；2—冷凝器；3—蒸发器；4—循环水泵；5—冷却器；
6—空气冷却器；7—二次冷媒泵；8—中间换热器；9——次冷媒泵

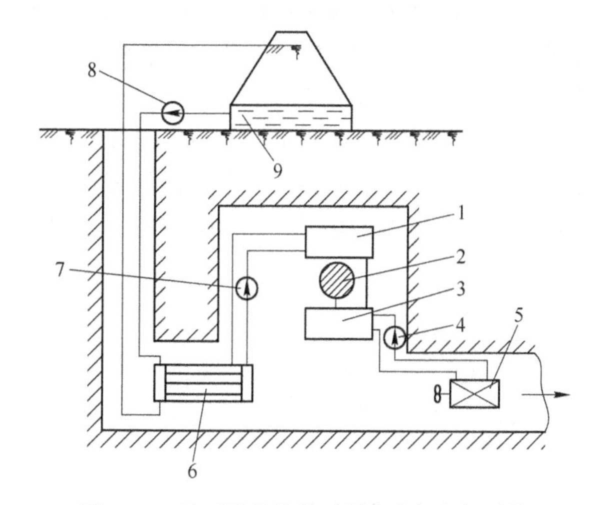

图 5-4 地面排热的井下制冷冷却空气系统

1—冷凝器；2—压缩机；3—蒸发器；4—冷媒泵；5—空气冷却器；
6—中间换热器；7—冷凝泵；8—循环水泵；9—冷却塔

在这种系统中，载冷剂从置于深水平的制冷机的蒸发器送到空气冷却器，空气在这里被冷却和干燥。载冷剂在蒸发器与空气冷却器之间通过泵实现循环。制冷机的冷凝器由地面经过中间换热器供给冷却水进行冷却。由于冷却水在沿途升温，使制冷剂的冷凝温度提高，也使冷凝器在冷却系统复杂化，从而使压缩机的传动功率增加。但这种系统可以用低压管道将冷水送到井下，并可以把制冷机布置在井下的任何地点。

（4）在深水平排除冷凝热的冷却系统。在深水平利用矿井水冷却冷凝器的系统如图 5-5 所示。当井下有大量清洁水源时，应该采用这种系统，当没有大量清洁水源时，必须利用回风流来排除制冷机的冷凝热。

在这个系统中，空气冷却器布置在运输平巷内，用以冷却工作面的入风。冷凝器利用冷却水冷却，而冷却水回水则布置在回风水平的水冷却器中，利用回风流进行冷却。在水冷却器中，回水在回风流中因雾化、蒸发和散热而降温。利用布置在冷凝器和水冷却器之

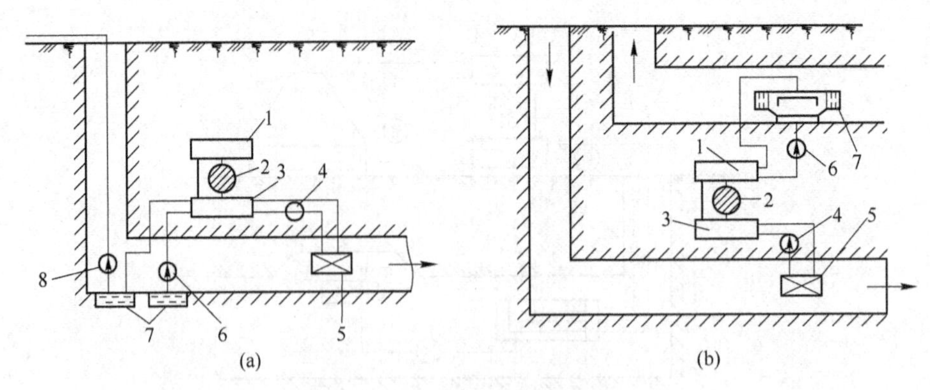

图 5-5　矿井水冷却冷凝器系统

1—冷凝器；2—压缩机；3—蒸发器；4—冷媒泵；5—空气冷却器；
6—循环水泵；7—井下水仓；8—排水水泵

间的泵实现冷却水的循环。当回水直接与回流接触时可能被污染，这时必须在过滤器中将水进行局部净化，以便使系统中循环水的含尘量不超过容许浓度。

（5）联合制冷冷却空气系统。该系统在地面和井下均设有制冷装置。某矿就采用这种系统，如图 5-6 所示。该矿在地面装有 4 台氨压缩机，总制冷能力可达 8736×10^6J/h，冷风能力达 1800m^3/min，供 6 个采矿工作面降温之用。冷媒输送系统中采用混流式水轮机消能发电，化害为利，降低了输送冷媒的电耗。冷却塔将水从 29℃冷却到 13℃，冷却量为 350m^3/h。

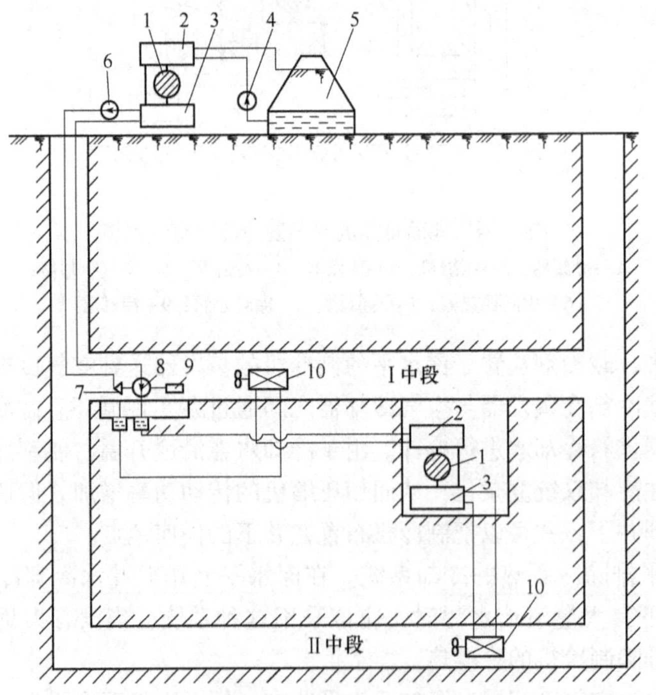

图 5-6　联合制冷冷却空气系统

1—压缩机；2—冷凝器；3—蒸发器；4—循环水泵；5—冷却器；
6，8—冷媒泵；7—水轮机；9—电动机；10—空气冷却器上述五种系统各有利弊，选用任何形式应根据矿山具体情况，经详细技术经济分析比较后确定。

习　题

5－1　矿井内热现象形成的原因。

5－2　矿井内湿现象形成的原因。

5－3　矿井湿热的危害有哪些？

5－4　非冷冻机械的降温调节方法有哪些？

5－5　采用冷冻机械设备的降温方法有哪些？

5－6　冷冻机制冷的工作原理是什么？

6 矿山放射性污染及其防治

6.1 矿山放射性污染

6.1.1 矿山辐射概述

（1）放射性与辐射。放射性是一种不稳定的原子核自发衰变的现象，通常伴随发出能导致电离的辐射（电离辐射）。这些不稳定的原子核主要发射三种类型的辐射，即α、β和γ辐射。放射性是一些物质的特性，而辐射则是在一点发射并在另一点接受的能量。

（2）α、β和γ辐射。α辐射是由核跃迁时放出的氦原子核（α粒子）组成的。β辐射是由核跃迁时由原子核里发射出来的高速运动的电子（β粒子）组成的。γ辐射是一种电磁辐射。

（3）放射性衰变。由不稳定的原子组成的物质，它们能自发地转变成稳定的原子。这个转变过程称为放射性衰变。

（4）天然放射系。天然存在的核素的放射性，称为天然放射性。自然界中主要存在三个天然放射系核素，即铀—镭系、锕系和钍系。矿山主要辐射危害物——氡，就是铀—镭系的一个衰变产物。

（5）放射性活度，是指放射性物质单位时间内衰变的原子数，单位为贝可（Bq）。

（6）辐射防护。研究保护人类（可指全人类，其中的部分或个人成员以及他们的后代）免受或少受辐射危害的应用性学科。

（7）外照射。体外辐射源对人体的照射。

（8）内照射。进入体内的放射性核素作为辐射源对人体的照射。

（9）剂量当量。组织中某点处的剂量当量 $H = DQN$，单位为希（Sv）。其中 D 是吸收剂量，描述一切电离辐射在任何介质中沉积的能量，单位为 J/kg；Q 是品质因素；N 是其他修正因素。目前国际辐射防护委员会（ICRP）指定 $N = 1$。

（10）剂量当量限值。必须遵守的规定的剂量当量值。其目的在于防止非随机性效应，并将随机性效应限制在可接受的水平。为辐射防护实际工作需要，还规定了相应于剂量当量的数值，称为次级限值。内照射的次级限值是年摄入量限值。

（11）有效剂量当量。当所考虑的效应是随机效应时，在全身受到非均匀照射的情况下，有效剂量当量是受到危险的各组织或器官的剂量当量与相应的权重因子乘积的总和。

6.1.2 矿山辐射检测方法

6.1.2.1 氡的测量方法

（1）电离电流法。用电离室取样，3h 后测电离电流引起的静电计的石英偏转格数。

氡浓度 C_{Rn} 按式（6－1）计算

$$C_{Rn} = K_{\varepsilon}\frac{N - N_0}{V} \tag{6-1}$$

式中 C_{Rn}——氡浓度，Bq/L；

N，N_0——待测氡与本底引起的读数，格/分；

V——电离室体积，L；

K_{ε}——仪器刻度系数，贝可/升×(格/分)。

静电计的刻度系数用 10－8～10－9g 液体镭标准源标定。

（2）闪烁法。利用 α 粒子撞击 ZnS(Ag) 涂层产生光子，再给光电倍增管放大并转换成电信号进行测量。闪烁法可实现快速就地读数。闪烁法快速测氡要事先将氡子体滤掉，测量 1～5min 计数，取样一般为 1min。氡浓度按式（6－2）计算：

$$C_{Rn} = K_i(n - n_0) \tag{6-2}$$

式中 C_{Rn}——氡浓度，Bq/L；

n——取样后测得的计数率，计数/分；

n_0——闪烁室的本底计数率，计数/分；

K_i——仪器的刻度系数，贝可/升×(计数/分)。

6.1.2.2 氡子体测量

（1）测量 α 潜能的库斯涅兹法。用微孔滤膜以选定的流量（2～10L/min）取样 5min，等待 40～90min 后，测量滤膜的 α 计数 1～4min，记下取样到测量时间中点之间的时间间隔 T，以及测量时间间隔 t。氡子体 α 潜能浓度 C_p 按式（6－3）计算：

$$C_p = K_k n \tag{6-3}$$

式中 C_p——氡子体 α 潜能浓度，J/m^3；

n——T 时间内测得的 α 计数；

K_k——库斯涅兹法的刻度系数，焦/立方米×计数。

$$K_k = 4.16 \times 10^{-6}/\eta\beta\varepsilon VTF$$

η——仪器对样品所发出的 α 粒子的探测效率，%；

β——滤膜对 α 粒子的自吸收因子，%；

ε——滤膜的过滤效率，%；

V——取样流量，L/min；

T——测量的时间间隔，min；

F——与 T 有关的一个因子，其值按下式确定：

当 $40 \leqslant T \leqslant 70$ 时，$F = 230 - 2T$；当 $70 \leqslant T \leqslant 90$ 时，$F = 195 - 1.5T$。

（2）测量 α 潜能的马尔柯夫法。用 1 号合成纤维滤膜以选定的流量取样 5min，在取样后 7～10min 测定滤膜的 α 计数率，氡子体 α 潜能浓度 C_p 按式（6－4）计算：

$$C_p = K_m n(7,10) \tag{6-4}$$

式中 C_p——氡子体 α 潜能浓度，J/m^3；

K_m——马尔柯夫法的刻度系数，焦/立方米×计数；

$n(7,10)$——取样 5min 后，7～10min 时间内的 α 净计数。

6.2　矿山放射性污染的危害

6.2.1　氡和氡子体

一般说来，矿井空气中主要的辐射危害来自氡的短寿命衰变产物——氡子体。另外，从矿岩中发射出的氡也是一个辐射源。氡是钍、镭的一个衰变产物。氡及其短寿命子体的物理性质以及它们在矿体中的行为几乎与氡及其衰变产物完全相似。除了含有高品位钍矿石的矿山，氡的相对重要性低于氡子体，矿体中钍的活性低于氡，所以主要介绍氡和氡子体。

6.2.1.1　氡的性质

(1) 辐射性质。氡是镭、钍的衰变产物，是一种无色无臭的惰性气体。氡放出 α 粒子后连续经过四次衰变，达到较稳定的核素，氡和氡子体具有辐射特性。

(2) 溶解度。氡易溶于水，因此，矿井水、地下水可能含氡。此外，氡还易溶于酒精、煤油、血液和脂肪。

(3) 吸附性。活性炭、橡胶、石蜡、分子筛等均能吸附氡。吸附的氡量一般与空气中氡浓度成正比（在一定温度范围内）。

(4) 扩散。氡在空气中的扩散系数为 $0.1cm^2/s$。氡在岩石和沉积物中的扩散系数变化范围很广，其大小决定于岩石的孔隙度、透水性、湿度、结构和扩散时的温度。

(5) 射气系数。单位时间内由于镭的衰变产生的可移动的氡量与所产生的总氡量之比称为射气系数。随岩石粒度变小，氡射气系数增大直至某定值，一般在 0.1 ~ 0.3 之间。射气系数测定方法主要有室内射气法和现场贴壁法。

6.2.1.2　氡子体性质

氡子体是呈带电固态微粒存在于大气中的。它分为离子态（未结合态）氡子体和依附于气溶胶（或微尘）表面的结合态氡子体。氡子体极易附着于物体、人体的表面，这种现象称为附壁效应。在辐射监测和防护措施中要特别注意这种效应的影响。

6.2.2　氡及其危害

自然界存在着很多放射性元素，它们在不断地进行衰变，并不断放出 α、β、γ 射线。

一种原子核放出射线后，变成另一种原子核，称为放射性衰变。相关研究已证实，自然界中存在铀、钍、锕三个衰变系，它们都有一个在常温常压下以气体形式存在的放射性元素，其中铀系中的氡容易对井下工作人员造成危害。

地壳中铀的含量大约是百万分之三，有的富集成具有开采价值的铀矿。铀几乎在所有的岩石中都能找到它的踪迹，在井下空气中也会出现浓度相当高的氡。所以认为只有在铀矿井才需要防氡的看法是片面的。

氡是一种惰性气体，对人体无直接危害，但氡子体呈固体微粒形式，有一定的荷电性，具有很强的附着能力，因此在空气中很容易与粉尘结合形成“放射性气溶胶”。被吸入人体后，氡及其子体继续衰变放出 α 射线，长期作用能使支气管和肺组织产生慢性损伤，引起病变，故认为它是产生矿工肺癌的原因之一。即使在铀矿山，γ 射线对人体的外照射也很弱。所谓矿井的放射性防护，是针对被吸入人体的氡及其子体所放射的 γ 射线的内照射而言。

岩石中普遍存在着铀，铀不断地衰变，不断产生氡气，并从岩石的裸露表面进入空气中。所以在含铀品位不变的情况下，岩石的自由面越多，析出的氡也就越多。实践说明，在一些通风不好的非铀矿井，岩石裂隙及有大量的充填料（未填实）的采空区中，往往也存在高浓度氡。当矿内气压低于岩石裂隙及采空区的气压时，氡就进入矿内大气中。

氡在水中的溶解度不大，但由于岩石裂隙中存在高浓度的氡，使地下水中溶解大量氡，一经流入矿井，氡便从水中析出。采矿及掘进都在不断地破碎矿岩，随着矿岩裸露面的增加，也增加了矿井的氡析出量。

6.2.3 氡及氡子体的最大允许浓度

按照我国法定计量单位（也即国际单位制）的规定，以“贝可［勒尔］”作为放射性强度的单位名称，其符号为 Bq。氡在封闭的情况下，3h 后所衰变成的氡子体与氡的放射性能量达到平衡。我国《放射性同位素与射线装置安全和防护管理办法》规定了矿山井下工作场所空气中氡及其子体的最大允许浓度。

6.2.4 矿山辐射防护剂量限值

在地下矿山，矿工受到气载氡及其短寿命子体以及铀矿尘的照射，在铀矿山还受到 β、γ 辐射的外照射。一般来说，氡子体是矿山的主要辐射危害因素。在某些矿山一些矿工患肺癌，后来证实其病可能就是吸入了氡及氡子体的缘故。

对氡子体诱发矿工肺癌作用的认识导致照射限制的建立，我国《放射卫生防护基本标准》（GB 4792—84）规定如下：

（1）放射性工作人员有效剂量当量限值为 50mSv/a。

（2）对空气中短寿命氡子体任何混合物 α 潜能的年摄入量限值为 0.02J。

（3）对接受内外混合照射的工作人员，混合照射限值需要计算。

（4）仅暴露于氡本身而不伴有氡子体混合物，或吸入氡子体量极微，可以忽略不计的情况下，上述年摄入量限值和导出空气浓度可增大 100 倍。

6.3 矿山放射性污染防护

6.3.1 一般原则

国际辐射防护委员会（ICRP）建议的剂量限值体系基于三项原则：

（1）若引进的某种实践不能带来扣除代价的净利益，就不应当采取这种实践。

（2）在考虑到经济和社会因素之后，一切辐射照射应当保持在可以合理做到的尽可能低的水平。

(3) 个人所受的剂量当量不得超过委员会相对应的情况所建议的限值。

这三条原则就是要把一切辐射照射都保持在可以合理做到的最低水平，而且最终要以剂量当量限值作为标准。因此，在矿山采取辐射防护措施时，必须遵守两条：第一条是辐射防护的最优化，保持照射量可合理做到的尽可能的低。第二条是所有工作人员必须满足我国国家标准《放射卫生防护基本标准》(GB 4792—84) 的要求。

6.3.2　通风防护措施

矿山开采实践证明，通风是保证矿井大气放射性污染不超过国家标准要求的主要措施。排除矿井大气中的氡和增长着的氡子体的矿井通风，与排出其他污染物的矿井通风相比，有一个特殊要求，就是要求尽量缩短风流在井下停留的时间，不要使风流被氡子体“老化”。

6.3.3　特殊防氡除氡方法

(1) 压力阻止氡气析出。利用矿井空气压力把氡阻止在裂隙中，加压结束后，由于氡在裂隙中迁移速度小，氡析出量相应降低。实践证明，压力为 +1.33kPa 时，风量不变，氡析出量可降低 5 倍，氡子体潜能降低约 10 倍。

(2) 抽排采空区的氡。利用专门风机或全矿负压，经巷道或钻孔将采空区的氡直接排出地表有良好的防氡作用。经验证明：可以使进风污染降低。我国还应用该原理在留矿法采场中，用下行通风和矿堆内抽排氡的办法将采场氡浓度由 33Bq/L 降到 3.7Bq/L。

(3) 防氡密闭及覆盖层。防氡密闭分临时及永久密闭。永久密闭用砖、混凝土砖构筑，水泥浆抹面，然后喷涂防氡覆盖层。覆盖层一般为气密性好、无毒无臭、不易燃、耐腐蚀和老化、可喷涂、价廉的物质制备。

6.3.4　氡子体清除方法

(1) 织物过滤器。织物过滤器粉尘负荷小，易黏结，阻力大，只宜用在粉尘浓度低、干燥、风量小的地方。近年来，铀矿试验过的几种纤维滤器效果见表 6-1。

表 6-1　矿用氡子体过滤器性能

国家	设备主要特征	效率/%
俄罗斯	ϕ0.5×2 圆筒，装一层 ϕ 型滤布，一层麻布，装填 10cm 乙二醇和对苯二甲酸聚合纤维，密度 25~30kg/m^3	90~95
美国	涤纶丝袋式除尘器，加 0.63cm 厚亚微米玻璃纤维	>75
美国	特制的纤维和特制的纸滤器，能力 84.9~141.5m^3/min	约 95
中国	纤维过滤器（云锡公司井下实验）	>85

(2) 静电除尘器。除尘器主要工作原理是在除尘时把附着在尘粒上的氡子体清除。

习　题

6-1　什么叫放射性？

6-2　辐射主要有哪三种类型？

6-3　矿山辐射中氡的检测方法主要有哪些？

6-4　氡的危害有哪些？

6-5　矿山中氡子体的清除方法有哪些？

7 矿山企业环境保护

7.1 矿山企业环境保护与可持续发展

环境与发展是关系人类前途命运的重大问题。我国政府采取一系列政策措施，加强环境保护和生态建设，加大矿山环境保护与治理的力度。

7.1.1 矿山企业环境现状与治理措施

新中国成立60多年来，我国的矿业得到快速发展。但是矿产资源的开发，特别是不合理的开发、利用，已对矿山及其周围环境造成污染并诱发多种地质灾害，破坏了生态环境。越来越突出的环境问题不仅威胁到人民生命安全，而且严重地制约了国民经济的发展。

7.1.1.1 *矿山生产环境现状*

A *矿业活动环境灾害*

我国的矿业活动主要指矿石采掘、选矿及冶炼三部分。按照我国固体矿床矿山科学技术发展水平，目前主要采用露天、地下两种方法开采矿产资源。随着社会生产发展的需求和科学技术进步，露天开采所占比重正在迅速增加。人类在开发利用矿产资源以满足自身需要的同时，由于破坏了原有的环境平衡系统，改变了周围的环境质量，因而产生众多的环境问题。

(1) 采矿占用和破坏了大量土地。矿山开发占用并破坏了大量土地，其中占用土地是指生产、生活设施及开发破坏影响的土地，其中破坏的土地指露天采矿场、排土场、尾矿场、塌陷区及其他矿山地质灾害破坏的土地面积。

(2) 采矿诱发地质灾害。由于地下采空，地面及边坡开挖影响了山体、斜坡稳定，导致开裂、崩塌和滑坡等地质灾害。致使上覆山体逐渐发生变形、开裂。露天采矿场滑板事件频繁发生。

采空区塌陷对土地资源的破坏，在采矿中占有重要地位，主要是由地下开采造成的。而我国的矿山开采中，以地下开采为主，另外，采用水溶法开采岩盐所形成的地下溶腔，可导致地面沉陷，在一些盐矿已有发生。

(3) 产生各种水环境问题。

1) 矿区水均衡遭受破坏。大量未经处理的废水排入江河湖海，污染严重。其次，在地表水汇流过程中，也有大量地表径流通过裂缝漏入矿井，使地表径流系统明显变少。另外，由于河流变成了矿坑水的排泄通道，河道两侧浅层地下水均受到不同程度的污染。矿井疏干排水，导致大面积区域性地下水位下降，破坏矿区水均衡系统；造成大面积疏干漏斗、泉水干枯、河水断流、地表水入渗或经塌陷灌入地下，影响了矿山地区的生态环境，使原来用井泉或地表水作为工农业供水的厂矿、村庄和城镇发生水荒。

2）破坏水均衡系统，引起水体污染。沿海地区的一些矿山因疏干漏斗不断发展，当其边界达到海水面时，易引起海水入侵现象。矿山附近地表水体常作为废水、废渣的排放场所，由此遭受污染。地下水的污染一般局限于矿山附近，为废水及废渣、尾矿堆经淋滤下渗或被污染的地表水下渗所致。

（4）产生大量废气、废渣、废水。大气污染源主要来自矸石、尾矿、自然粉尘、扬尘和一些易挥发气体。矿山固体废弃物主要有矸石、露天矿剥离物、尾矿。矿山开采不仅占用大量土地，而且对土壤和水资源造成了污染。我国矿业活动产生的各种废水主要包括矿坑水、选矿和冶炼废水及尾矿池水等。

1）矿业废气。废气、粉尘及废渣的排放引起大气污染和酸雨，其中以硫化工和煤炭最严重，已构成严重的社会公害。此外废渣、尾矿对大气的污染也相当严重。

2）矿业废水。我国矿业活动产生的各种废水主要包括矿坑水、选矿和冶炼废水及尾矿池水等。其中煤矿、各种金属、非金属矿业的废水以酸性为主，并多含大量重金属及有毒、有害元素（如铜、铅、锌、砷、镉、六价铬、汞、氰化物）以及COD、BOD、悬浮物等；石油、石化业的废水中含挥发性酚、石油类、苯类、多环芳烃等物质。众多废水未经达标处理就任意排放，甚至直接排入地表水体中，使土壤或地表水体受到污染；此外，排出的废水入渗，也会使地下水受到污染。

3）矿业废渣。矿业废渣包括煤矸石、废石、尾矿等。

（5）水土流失及土地沙化。矿业活动，特别是露天开采，大量破坏了植被和山坡土体，产生的废石、废渣等松散物质极易促使矿山地区水土流失。

（6）其他灾害。

1）土壤污染。三废排放使矿区周围土壤受到不同程度污染。

2）矿震。采矿所诱发的地震，出现在我国许多矿山，成为矿山主要环境问题之一。

3）尾矿库溃坝。由于某些原因，尾矿坝溃塌，尾矿外流，造成极大危害。

4）崩塌、滑坡、泥石流。采矿活动及堆放的废渣因受地形、气候条件及人为因素的影响，发生崩塌、滑坡、泥石流等。如矿山排放的废渣常堆积在山坡或沟谷内，这些松散物质在暴雨诱发下，极易发生泥石流。

总而言之，矿山开采对环境的破坏是严重的。开采活动对土地的直接破坏，如露天开采直接破坏地表土层和植被；矿山开采过程中的废弃物（如尾矿、矸石等）需要大面积的堆置场地，导致对土地的过量占用和对堆置场原有生态系统的破坏；矿石、废渣等固体废物中含酸性、碱性、毒性、放射性或重金属成分，通过地表水体径流、大气飘尘，污染周围的土地、水域和大气，其影响面将远远超过废弃物堆置场的地域和空间，污染影响要花费大量人力、物力、财力，经过很长时间才能恢复，而且很难恢复到原有的水平。

B 矿山环境问题的防治现状

矿山环境问题的防治主要包括“三废”（废水、废气、废渣）的防治、矿山土地复垦及采空区地面沉陷（塌陷）、泥石流、岩溶塌陷等灾害的防治。

（1）废气治理。废气治理主要是对窑炉的烟尘治理、各种生产工艺废气中物料回收和污染的处理。据统计，矿业采选行业治理率、治理水平都比较低，整个采选行业处理率不足20%，低于全国其他行业的平均处理率。

（2）废水处理。我国矿山排放的废水种类主要有酸性废水、含悬浮物的废水、含盐废水和选矿废水等。为防止对环境的污染，目前主要从改革工艺、更新设备、减少废水和污染物排放，提高水的重复利用率，以及以废治废、将废水作为一种资源综合利用三个方面进行治理。

目前存在的问题，一是废水处理装置能力不足，据统计目前还有30%左右的废水未经处理就直接外排；二是废水处理技术开发水平还不高；三是节约用水和废水治理的管理制度还不够完善。

（3）废渣处理。矿山废渣的处理主要是综合利用，即废渣减量汇入资源化、能源化。这是一项保护环境、保护一次原材料、促进增产节约的有效措施。总的来看，矿业废渣占全国固体废物总量的一半，但处置利用率最低，对矿山环境的影响大。从各类矿业看，煤炭、建材非金属采选业的废渣利用率较高，而黑色金属采选业的废渣处置率较低。

（4）土地复垦。土地复垦是采空区造成的地面沉陷、排土场、尾矿堆和闭坑后露天采场治理的最佳途径，不仅改善了矿山环境，还恢复大量土地，因而具有深远的社会效益、环境效益和经济效益。

（5）泥石流的防治。矿山泥石流通常发生在排土初期，随着排出的废弃物数量增加，排土场的边坡稳定性往往得以提高和加强，矿山泥石流也就逐渐减弱。对矿山泥石流防治的关键是预防。我国目前所采取的预防措施主要有：合理选择剥离物排弃场场址，慎重采用“高台阶”的排弃方法；清除地表水对剥离排弃物的不利影响；有计划地安排岩土堆置以及复垦等。对泥石流的治理，可采取生物措施（如植树、种草），但其时间长、见效慢。目前除加强排土场和尾矿库的管理外，大多采用工程治理措施，主要是拦挡、排导及跨越措施。

（6）岩溶塌陷的防治。我国对岩溶塌陷的防治工作开始于20世纪60年代，目前已有一套比较完整和成熟的方法。防治的关键是在掌握矿区和区域塌陷规律的前提下，对塌陷做出科学的评价和预测，即采取以早期预测、预防为主、治理为辅、防治相结合的办法。

1）塌陷前的预防采取如下主要措施：合理安排矿山建设总体布局；河流改道引流，避开塌陷区；修筑特厚防洪堤；控制地下水位下降速度和防止突然涌水，以减少塌陷的发生；建造防渗帷幕，避免或减少预测塌陷区的地下水位下降，防止产生地面塌陷；建立地面塌陷监测网。

2）塌陷后的治理措施主要有以下几种：塌洞回填；河流局部改道与河槽防渗；综合治理。

（7）矿山水均衡遭受破坏的防治。为防治和防止因疏排地下水而引起的对矿山地区水均衡的破坏和地面塌陷等环境问题，保护地下水资源，一些矿山采用防渗帷幕、防渗墙等工程，堵截外围地下水的补给，取得了显著的环境效益和经济效益。

7.1.1.2　*矿山环境的治理与保护措施*

A　*矿山环境的治理*

（1）固体废弃物的资源化。矿山尾矿、废石等固体废弃物治理的关键问题是综合利用。如果对其经济有效地综合利用，其数量就会减少，通过最终充填、掩埋处置，其危害就能消除。矿山固体废弃物的资源化是综合利用的基础和条件。

1）尾矿。我国矿产资源特点为伴生矿多、难选矿多、贫矿多、小矿多。我国矿山企业多，矿产资源是国民经济和社会发展的重要物质基础。我国正处在全面建设小康社会，加速工业化，对矿产资源需求强劲增长时期，产生了大量的尾矿。这些尾矿仍有大量可利用的矿产资源，通过先进技术可以从中提取有用资源，其他尾矿还可以作为井下充填料或路基填料等。尾矿虽然是矿产资源一次利用的废弃物，但是可以转化为有用的资源实现二次利用。

2）废石。矿山开采过程中产生了大量废石，实际上这些废石也是具有巨大价值的二次资源。要对这些废石进行综合治理，首先就地消化，尽可能地合理利用，化害为利。其次是采取防护措施，减少对环境的污染。这些废石可以用做建筑材料，回收有用金属及其他物质，修建道路及工业和民用建筑场地，用作露天采场及井下回采充填料。

（2）土地复垦。矿山的开发，必然要使矿区的自然环境遭到破坏。虽然露天开采与地下开采相比，具有很大的优势，但露天开采的结果是破坏了地面地形、地物的本来面貌，特别是对森林、绿色植物等植被的破坏，使水土流失，甚至引起气候的变迁。由于开采不但截断了地下水源，使有毒的金属离子暴露出来，而且在地表堆积着大量的废石、废渣、尾矿及形成了大片采空区凹地。特别是废弃的露天矿场，几乎是一片荒凉。

另外，地下开采的结果，使井下形成了许多采空区和空洞，特别是利用允许地表陷落的崩落法的矿山，将会给地表带来错位和沉陷的问题。

总之，随着矿床的开采必然会对地表产生破坏，并随着矿山资源的不断开采受破坏的面积越来越大。因此，应将废弃的矿山和正在开采的矿山进行土地恢复工作，为工业、农业、林业及其他行业提供可利用的土地及改善自然环境状态，避免矿山对环境的污染。

（3）矿山废水的无害化。我国是水资源贫乏的国家，人均水资源仅为世界平均水平的1/4。水资源短缺已经成为我国经济社会发展的主要制约因素之一。而在矿山开采过程中又会产生大量的矿山废水，其中包括矿坑水、露采场废水、选厂废水、尾矿库和废石场的淋滤水，这些水不仅白白浪费，而且更重要的是，它们的排放严重污染了地表水和地下水，危害环境。因此，矿山废水通过处理无害排放，予以利用，意义重大。

我国绝大部分有色矿山、部分铁矿山和贵金属矿山为原生硫化物矿床或含硫化物矿床，这些矿床无论露天开采还是地下开采，都会产生大量的硫化物或含硫化物的废石。堆存在废石场的这些废石在氧和水的作用下，风化、淋溶产生大量酸性废水。可以说，有色金属矿山以及含硫化物的贵金属矿山和铁矿山的开采，已成为对水体和生态环境造成污染最严重的行业之一。

B 矿山环境保护措施

矿山环境保护措施有：

（1）组织措施。主要是建立环境保护的管理机构和监测体系。目前，我国矿山环境保护机构的设置，根据矿山建设和生产过程中对环境污染的程度及企业规模的大小确定。一般大型矿山设置环保科，中小型矿山建立科或组。矿山企业中的环境保护人员主要包括矿山环保科研人员、环境监测人员、污水治理人员、矿山企业防尘人员、保护设备检修人员、矿区绿化人员和复垦造田人员等。

（2）经济手段。矿山企业环保设施的投资，是矿山基建总投资的一部分。根据目前矿山企业的生产情况，环保工程投资主要有三废处理设施、除尘设施、污水处理设施、噪声防治设施、绿化、放射性保护、环境监测设施和复垦造田等。投资的来源大致有以下几个方面：新建及改扩建项目的工程基建投资；主管部门和企业自筹资金；排污回扣费，即环保补助资金。环保工程投资的多少，根据矿山建设的客观条件和要求而定。环境保护和治理的资金来源还直接与企业的管理和经济效益有关。

（3）环保资金来源的政策性措施。为保护环境和治理污染，国务院和有关部门制定了《污染源治理专项基金有偿使用暂行办法》《关于工矿企业治理“三废”污染开展综合利用产品利润提留办法的通知》《关于环境保护资金渠道的规定的通知》等行政法规和部门规章，保证了环境保护与治理经费的重要来源。

（4）矿山环境保护有关的政策性法规及标准。经过30多年的发展，我国已经形成一系列与矿山环境保护有关的法律制度，其中主要有《中华人民共和国矿产资源法》《中华人民共和国环境保护法》《中华人民共和国水污染防治法》《中华人民共和国大气污染防治法》《中华人民共和国海洋环境保护法》以及《中华人民共和国土地管理法》等。

有关的矿山环境标准有《环境空气质量标准》（GB 3095—2012）、《声环境质量标准》（GB 3096—2008）、《地表水环境质量标准》（GB 3838—2002）、《工业炉窑大气污染物排放标准》（GB 9078—1996）、《一般工业固体废物贮存、处置场污染控制标准》（GB 18599—2001）等。

C　加强矿山环境保护的对策

加强矿山环境保护的对策有：

（1）正确处理矿产资源开发与环境保护的关系，切实加强矿山环境保护工作。矿业开发要正确处理近期与长远、局部与全局的关系，把矿产资源开发利用与环境保护紧密结合起来，实现矿业的持续健康发展。

矿产资源开发不得以牺牲环境为代价，避免走先污染后治理、先破坏后恢复的老路。采矿权人对矿山开发活动造成的耕地、草原、林地等破坏，应采取有力的措施进行恢复治理；对矿山产生的废气、废水、弃渣，必须按照国家规定的有关环境质量标准进行处置、排放；对矿山开发活动中遗留的坑、井、巷等工程，必须进行封闭或者填实，恢复到安全状态；对采矿形成的危岩体、地面塌陷、地裂缝、地下水系统破坏等地质灾害要进行治理。矿产资源开发要保护矿区周围的环境和自然景观。严禁在自然保护区、风景名胜区、森林公园、饮用水源地保护区内开矿。严格控制在铁路、公路等交通干线两侧的可视范围内进行采矿活动。西部矿产资源开发必须重视生态环境的保护和建设，防止矿产资源开发加剧生态环境恶化。

根据国家的方针政策，综合运用经济、法律和必要的行政手段，依法关闭产品质量低劣、浪费资源、污染严重、不具备安全生产条件的矿山。积极稳妥地关闭资源枯竭的矿山。资源开采为主的城市和大矿区，要因地制宜发展接续和替代产业。

（2）明确目标，科学规划，把矿山环境保护作为一项重要任务来抓。各地应结合当地工作实际，抓紧开展矿山环境调查与评价，制定矿山环境保护规划，并纳入当地的国民经济和社会发展计划。矿山企业是矿山环境保护与治理的直接责任人，要抓紧制定本企业矿山环境保护与治理规划，切实保护好矿山环境。

对开发造成的矿山环境破坏，应有计划、有步骤地进行治理，以使矿山及周围矿山城市的环境质量有明显改善，重点开发区的环境污染及生态环境恶化的状况基本得到控制。

（3）加强法规和制度化建设，全面推进矿山环境保护。各级人民政府要依据《中华人民共和国环境保护法》《中华人民共和国矿产资源法》《中华人民共和国土地管理法》等法律法规，结合本地区的实际情况，制定矿山环境保护管理法律法规、产业政策和技术规范，为加强矿山环境保护工作提供强有力的法律保障，使矿山环境保护工作尽快走上法制化的轨道。

要完善矿山环境保护的经济政策，建立多元化、多渠道的投资机制，调动社会各方面的积极性，妥善解决矿山环境保护与治理的资金问题。对于历史上由采矿造成的矿山环境破坏而责任人缺失的，各计划部门、财政部门应会同有关部门建立矿山环境治理资金，专项用于矿山环境的保护治理；对于虽有责任人的原国有矿山企业，矿山开发时间较长或已接近闭坑，矿山环境破坏严重，矿山企业经济困难无力承担治理的，由政府补助和企业分担；对于生产矿山和新建矿山，遵照"谁开发、谁保护""谁破坏、谁治理""谁治理、谁受益"的原则，建立矿山环境恢复保证金制度和有关矿山环境恢复补偿机制；各地政府要制定矿山环境保护的优惠政策，调动矿山企业及社会矿山环境保护与治理的积极性；鼓励社会捐助，积极争取国际资助，加大矿山环境保护与治理的资金投入。

（4）强化监督管理，严格控制矿山环境遭受破坏。矿山建设严格执行"三同时"制度，保证各项环境保护和治理措施、设施与主体工程同时设计、同时施工、同时投产。对措施不落实、设施未验收或验收不合格的矿山建设项目，不得投产使用；对强行生产的，国土资源主管部门要依法吊销采矿许可证。

各级人民政府要坚持预防为主、保护优先的方针，坚决控制新的矿山环境污染和破坏。对于新建和技术改造的矿山建设项目，严格执行环境影响评价制度。矿山环境影响评价报告必须设立矿山地质环境影响专篇，矿山环境影响评价报告书作为采矿申请人办理采矿许可证和矿山建设项目审批的主要依据。矿山申请建设用地之前必须进行地质灾害危险性评估，评估结果作为办理建设用地审批手续主要依据之一。各级资源环境行政主管部门要严格把关，确保矿山开采中环境不遭到破坏。

矿山企业对矿区范围的矿山环境实施动态监测，并向资源环境行政主管提供监测结果，对于采矿引起的突发性地质灾害要及时向当地政府和行政主管部门报告。

各级人民政府要加强矿山环境保护监督管理，在矿山企业年检中加强矿山环境的年检内容，对矿山环境破坏严重的企业，责令限期治理，并依法处罚。

（5）依靠科技进步和国际合作，提高矿山环境保护水平。要加强矿山环境保护的科学研究，着重研究矿业开发过程中引起的环境变化及防治技术，矿业三废的处理和废弃物回收与综合利用技术，采用先进的采、选技术和加工利用技术，提高劳动生产率和资源利用率。加强矿山环境保护新技术、新工艺的开发与推广，增加科技投入，促进资源综合利用和环境保护产业化。加强矿山生态环境恢复治理工作，不断提高生态环境破坏治理率。引进和开发适用于矿区损毁土地复垦和生态重建新技术，进行矿区生态重建科技示范工程研究，加大矿山环境治理与土地复垦力度，在一些工作开展早、基础条件好的矿区，选择不同类型、不同地区的大型矿业基地，针对矿产资源开发利用所造成的生态环境破坏问题，以可持续发展的观点，发展绿色矿业，建立绿色矿业示范区。应加强国际合作，大力培养人才，努力学习各国矿山环境保护的先进技术和经验，从而加强和改善我国矿山环境保护工作。

(6) 加强领导，共同推进矿山环境保护工作。要把加强矿山环境保护工作作为矿业开发的重要内容和紧迫任务，各级政府、资源环境管理部门都要充分认识这项工作的重要性和艰巨性，坚持不懈地抓下去。地方各级人民政府，应当对本辖区的矿山环境质量负责，采取措施改善矿山环境质量，省级政府要确定一位省级领导具体负责，坚持和完善各级政府对资源环境工作的目标责任制，建立矿山环境保护目标，做到责任到位，认真落实，并作为政绩考核内容之一。国务院各有关部门要加强协调与合作，共同做好矿山环境保护工作。国家环境保护总局要站在全局的高度，履行执法监督职能，做好综合协调；国土资源部负责矿山环境保护具体工作，在做好地质环境保护监督管理的同时，积极推进和组织矿山环境调查、规划和矿山地质灾害防治及土地复垦工作；各有关部门要密切配合，大力支持矿山环境保护工作。

D　我国环境保护的基本方针

我国是发展中国家，随着经济的发展，环境污染的问题日益突出，虽然环境污染并不是经济发展的必然结果，但是总结西方国家环境污染的经验教训，如果不采取有效措施，加强对环境的管理，其结果必然重踏西方工业发达国家先污染后治理的弯路。

世界上工业发达的国家在环境保护方面取得较大成就的主要经验是：

(1) 判定各种环境保护法律、政策，若有违反，给予经济和法律制裁。

(2) 普遍建立环境保护机构。

(3) 实行以环境规划为中心的环境管理体制。

我国党和政府对环保工作十分重视。《宪法》第十一条第三款规定：“国家保护环境和自然资源，防治污染和其他公害。”这就把保护环境、合理开发和充分利用自然资源作为我国现代化建设中的一项战略任务和基本国策。国家把环境污染和生态破坏与经济建设、城市建设和环境建设同步规划、同步实施、同步发展，力求经济效益、社会效益和环境效益统一起来。这是因为我国是一个人口众多的发展中国家，不但要发展现代化的工农业和国防科学技术，而且还应十分重视环境保护工作，否则就可能导致自毁家园、破坏生存条件的严重恶果。

(1)“预防为主”是我国环境保护的基本方针，是搞好科学的环境管理所必须采取的主要手段。所谓“预防为主”就是要防患于未然，要充分注意防止对环境和自然资源的污染和破坏；尽可能减少污染的产生，严格控制污染物进入环境；在新建、改建和扩建工程中有关环境保护的设施必须与主体工程同时设计、同时施工、同时投产。如果不执行“预防为主”的方针，其结果必然是先污染后治理的局面，污染容易，治理难，恢复更难，后患无穷。

(2)“全面规划、合理布局”是防治污染的关键。在制定矿山总体规划时，要把保护环境的目标、指标和措施同时列入规划，应该根据矿区的自然条件、经济条件做出环境影响评价，找出一种既能合理布局矿山企业，又能维持矿区及其附近的生态平衡，保证环境质量的最佳总体规划方案。矿山是采矿、选矿及冶炼的联合企业，而采矿本身又有露天开采和地下开采之分。因此，对新建矿山的设计和对老矿山的改造，要注意采矿、选矿、冶炼生产的合理布局，生产区和生活区的布局，井口工业场地的合理布局以及进风井、排风井的位置，废石场、废渣堆积场、尾矿坝、高炉渣、冶金渣等的堆放及布置位置。

此外，对于矿区的地形、地质、水源、风向等均应全面考虑，做到统筹兼顾、全面安排。

(3)“综合利用，化害为利”是消除污染的重要措施。工业“三废”特别是矿山选矿和冶炼的三废中，有益有害组分是在一起的，所以三废的处理和有益组分的回收是密切相关的。“废”与“宝”是相对的，有许多对环境造成污染的物质，弃之有害，收之为宝。我们应该在坚持执行“预防为主”的方针时，对于某些不可避免的污染物质一定要采取综合利用的方针，变废为宝。这样不但消除了污染，减轻了危害，而且回收了资源，得到更大的经济效益。国家对综合利用是采取鼓励的政策。《环保法》中指出，国家对企业利用废气、废水、废渣作主要原料生产的产品，给予减税、免税和价格政策上的照顾，盈利所得不上交，由企业用于治理污染和改善环境。

(4)“发动群众，大家动手”是环境保护工作的群众路线。环境保护工作既要有专门的专业队伍，更要发动群众，依靠群众。如植树造林、爱国卫生运动、加强企业管理、开展减少污染的技术改造、技术革新等都涉及每个人、每个方面，而且互相之间，各行各业都要紧密配合。只有把群众发动起来，人人重视和监督环境保护工作，并与专业队伍密切配合，才能取得显著成绩。《环保法》规定，公民对污染和破坏环境的单位和个人有权监督、检举和控告。被检举、控告的单位和个人不得打击报复。规定国家对保护环境有显著成绩和贡献的单位、个人给予表扬和奖励。

(5)“保护环境、造福人民”是环境保护工作的目的，就是为了造福人民和子孙后代，要克服那种“怕花钱、怕投资”等错误思想。有些领导不关心工人的生命安全，把发展生产与保护环境对立起来，他们不懂得环境保护是进行工业生产、发展经济不可缺少的条件以及环境保护方针的政策性和科学性。

总之，我们必须认真执行党和国家为我们制定的环境保护方针、政策，让富饶的祖国成为一个“清水蓝天、花香鸟语”的美丽乐园。

7.1.2　矿产资源的可持续发展

7.1.2.1　可持续发展理念

A　可持续发展的内涵

可持续发展理念既包括古代文明的哲理精华，又蕴含现代人类活动的实践总结，是对“人与自然关系”、“人与人关系”这两大主题的正确认识和完美的整合。它始终贯穿着“人与自然的平衡”、“人与人的和谐”这两大主线，并由此出发，不断探求“人类活动的理性规则、人与自然的协同进化、发展轨迹的时空耦合、人类需求的自控能力、社会约束的自律程度以及人类活动的整体效益准则和普遍认同的道德规范”等等，并理性地通过平衡、自制、优化、协调，最终达到人与自然之间的协同和人与人之间的公正。

可持续发展的含义丰富，涉及面很广。侧重于生态的可持续发展，其含义强调的是资源的开发利用不能超过生态系统的承受能力，保持生态系统的可持续性；侧重于经济的可持续发展，其含义则强调经济发展的合理性和可持续性；侧重于社会可持续发展，其含义则包含了政治、经济、社会的各个方面，是个广义的可持续发展含义。尽管其定义不同，表达各异，但其理念得到全球范围的共识，其内涵都包括了共同的基本原则。

(1) 公平性原则。所谓的公平性是指机会选择的平等性，即可持续发展不仅要实现当代人之间的公平，而且也要实现当代人与未来各代人之间的公平。从伦理上讲，未来各代人应与当代人一样有权力提出他们对资源与环境的需求，因为人类赖以生存的自然资源是有限的。这是可持续发展与传统发展模式的根本区别之一。

（2）持续性原则。资源环境是人类生存与发展的基础和条件，资源的持续利用和生态系统持续的保持，是人类社会可持续发展的首要条件。可持续发展要求人们根据可持续性的条件调整自己的生活方式，在生态可能的范围内确定自己的消耗标准。它从另一个侧面反映了可持续发展的公平性原则。

（3）和谐性原则。可持续发展要求具有和谐性，从广义上说，可持续发展的战略就是要促进人类之间及人类与自然界之间的和谐。如果每个人都能真诚地按“和谐性”原则行事，则人类与自然之间就能保持一种互惠共生的关系，也只有这样，可持续发展才能实现。

（4）需求性原则。传统发展模式所追求的目标是经济的增长，立足市场发展生产，忽视了资源的有限性，因此世界资源承受着前所未有的压力，环境在不断恶化，致使人类需求的一些基本物质不能得到满足。而可持续发展则坚持公平性和长期性，是立足于满足所有人的基本需求的发展，是强调人的需求而不是市场需求的发展。

B　可持续发展的目标

可持续发展理念的核心，在于正确规范两大基本关系，即人与自然之间的关系和人与人之间的关系。人与自然之间的相互适应和协同进化是人类文明得以可持续发展的“外部条件”；而人与人之间的相互尊重、平等互利、互助互信、自律互律、共建共享以及当代发展不危及后代的生存和发展等等，是人类得以延续的“内在条件”。唯有这种必要与充分条件的完整组合，才能真正地构建出可持续发展的理想框架，完成对传统思维定式的突破，可持续发展战略才有可能真正成为世界上不同社会制度、不同意识形态、不同文化背景的人们的共同发展战略。其具体表述如下：

（1）不断满足当代和后代人生产、生活的发展对物质、能量、信息、文化的需求。这里强调的是“发展”。

（2）代际之间按照公平性原则去使用和管理属于人类的资源和环境。每代人都要以公正原则担负起各自的责任。当代人的发展不能以牺牲后代人的发展为代价。这里强调的是“公平”。

（3）国际和区际之间应体现均富、合作、互补、平等的原则，去缩小同代之间的差距，不应造成物质上、能量上、信息上乃至心理上的鸿沟，以此去实现“资源—生产—市场”之间的内部协调和统一。这里强调的是“合作”。

（4）创造与“自然—社会—经济”支持系统相适宜的外部条件，使得人类生活在一种更严格、更有序、更健康、更愉悦的环境之中。因此，应当使系统的组织结构和运行机制不断地优化。这里强调的是“协调”。

事实上，只有当人类向自然的索取被人类给予自然的回馈所补偿、创造了一个“人与人”之间的和谐世界时，可持续发展才能真正被实现。

C　我国可持续发展战略

中国作为世界上人口最多的发展中国家，坚定地走可持续发展道路，把可持续发展作为国家基本战略，其核心内容是发展，要实现人口、资源、环境与经济社会发展的协调，实现经济和社会的可持续发展。

（1）可持续发展总体战略。从总体上论述了中国可持续发展的背景、必要性、战略与对策等。其内容包括：建立中国的可持续发展法律体系，通过立法保障社会各阶层参与可持续发展以及相应的决策过程；制定和推进有利于可持续发展的经济政策、技术政策和税收政策；加强现有信息系统的联网和信息共享，加强教育建设、人力资源开发与高科技能力等。

（2）社会可持续发展。其内容包括：控制人口增长、提高人口素质、引导民众采用新的消费和生活方式；在工业化、城市化过程中发展中小城市和小城镇、扩大就业容量、大力发展第三产业；加强城乡建设规划和合理利用土地；增强贫困地区自身经济发展能力，尽快消除贫困；建立与社会经济发展相适应的自然灾害防治体系等。

（3）经济可持续发展。其内容主要包括：利用市场机制和经济手段，推动可持续综合管理体系；推广清洁生产，发展环保产业；提高能源效率与节能，开发利用新能源和可再生能源。

（4）生态可持续发展。其内容包括：对重点区域和流域进行综合开发整治，完善生物多样性保护法规体系，建立和扩大国家自然保护区网络；建立全国土地荒漠化监测的信息系统，采用先进技术控制大气污染和防治酸雨；开发消耗臭氧层物质的替代产品和替代技术，大面积造林；建立有害废物处置与利用的法规及技术标准等。

7.1.2.2 我国矿产资源的开发

A 矿业开发的负效应

人类大规模开发矿产资源、推进现代科技进步的同时，也导致了矿区生态与环境的严重破坏。矿产开发带来的环境负效应十分严重，突出表现在以下几个方面：

（1）自然景观破坏，地质灾害严重。通常，矿产开发区在开采之前都是森林、草地或植被覆盖的山体，一旦开采后，植被消失，山体破坏，尾矿、废石堆置占用大量土地，严重破坏自然景观。与此同时，随着地下矿产开发的推进，还可能不断出现矿井突水、冒顶及地面塌陷、滑坡、泥石流等事故；遇到干旱多风季节，由尾砂库引发的沙尘暴也造成严重的地质灾害。

（2）土壤基质恶化，严重影响植物繁殖。重金属毒害是矿产开发地区普遍严重存在的问题，尾矿中有害成分对植物生长起着严重的抑制作用。尾矿的污染是高度酸化，高含量的重金属与强酸度，严重影响矿区周围的植被及农作物的繁殖。

（3）下游水质污染，毒害水栖生物和危及人畜用水安全。由于矿床开采过程中受污染水的任意排放，以及堆置固体废物受雨水的淋溶作用，重金属与有机化合物等有害物质随雨水渗入到矿区水系，污染下游水域。此外，由于矿床开采造成地下水的枯竭，以及矿坑水蓄水池的建立，都可能使水的渗透速度与方向发生根本变化，使下游水质受到污染，以致破坏水域生态环境，威胁人类健康。

（4）土壤结构恶化，生物多样性遭受破坏。矿区经过表土剥离和大型设备的重压，留下的是坚硬、板结的基质，极不利于植物生长和动物定居。

B 我国矿产资源开发现状

采矿是矿产资源开发和利用的前端工序。按照传统的认识，在矿床开采过程中，人们通常注重于矿床开采的经济活动，较少结合开采过程考虑矿床开采对自然环境的严重负面影响。往往在出现生态破坏和环境污染后再进行末端治理，较少按照矿产资源开采与生态环境相协调的理念，将矿床开采的各个工序作为一个系统从源头解决矿山环境污染问题。因而，我国因矿产资源开发利用造成了大量的土地受到破坏，排放的固体废料达工业行业排放固体废料总量的85%。矿山固体废料的排放占用了大量宝贵的土地，造成生态环境恶化，同时也造成大量有价金属与非金属资源的流失。特别是我国大多数矿山生产规模小，数量众多，技术水平差别大，较多矿山的环境保护工作滞后，矿山生态环境严重恶化。矿山的环境污染和破坏给当地自然生态环境、社会经济生活带来了很大的负面影响。可见，我国矿产资源开发与利用引发的环境破坏显著增加了地球环境的负荷，已成为亟待解决的重大课题。

（1）资源浪费。我国金属矿产资源的开采损失比较严重。我国金属矿产资源的综合利用率比国外先进水平低10%～20%。我国矿床的一个显著特点是共生、伴生矿床多，80%的矿床伴生多种有用组分，25%的铜、40%的金、25%的钼赋存于伴生矿床中。目前不少矿山废弃物中的伴生矿物的价值甚至高于主矿物的几倍至几十倍。大量的资源在采选过程中损失浪费，使人类可利用资源的紧缺程度进一步加剧。

（2）地表塌陷。采矿工业在索取资源的同时，因开采而在地下形成大量采空区，即矿石被回采后，遗留在地下的回采空间。无论是崩落采空区顶板，还是采空区失稳塌陷，都会造成地表和植被遭受破坏。矿山开采诱发的地面崩塌、滑坡、塌陷等地质灾害已十分普遍。

（3）排放废料。目前的采矿工业体系实际上是一个开采资源和排放废料的过程。矿业开发活动是向环境排放废弃物的主要来源，我国在矿产资源开发利用过程中产生的尾砂、废石、煤矸石、粉煤灰和冶炼渣已成为排放量最大的工业固体废弃物，占全国工业固体废弃物排放总量的85%。可见，现在的采矿工业模式显著增加了地球环境的负荷，不能满足可持续发展原则。

（4）安全隐患。矿床开采留下的采空区、排放的废石场和构筑的尾砂库带来严重的安全隐患。诸如采空区产生或诱发矿区塌陷、崩塌、滑坡、地震、矿井突水、顶板冒落等地质灾害，废石场引发泥石流以及尾砂库溃坝等灾害事故时有发生，严重威胁矿山正常生产和矿区人民的生命财产安全，导致大量人员伤亡和经济损失。

（5）缺乏有效的治理方法。人类在采矿工业的发展进程中已认识到矿产资源开采所引发的生态问题与环境问题，矿产资源的大量开发使人类的生存环境日趋恶化。近年来世界各国一直采取措施来治理污染和恢复生态。从长远来看，生产过程的末端治理治标不治本，并且所需的资金量巨大，废物料还必须进行最终处理。

7.1.2.3　我国矿产资源可持续发展

A　矿产资源可持续发展目标

合理使用、节约和保护资源，提高资源利用率和综合利用水平；建立重要资源安全供应体系和实施重要战略资源储备，最大限度地保证国民经济建设对资源的需要。在矿产资源利用上，进一步健全矿产资源法律法规体系；科学编制和严格实施矿产资源规划，加强对矿产资源开发利用的宏观调控，促进矿产资源勘查和开发利用的合理布局；进一步加强矿产资源调查评价和勘查工作，提高矿产资源保证程度；对战略性矿产资源实行保护性开采；健全矿产资源有偿使用制度，依靠科技进步和科学管理，促进矿产资源利用结构的调整和优化，提高资源利用效率；充分利用国内外资金、资源和市场，建立大型矿产资源基地和海外矿产资源基地；加强矿山生态环境恢复治理和保护；在矿产资源战略储备方面，建立战略矿产资源储备制度，完善相关经济政策和管理体制；建立战略矿产资源安全供应的预警系统；采用国家储备与社会储备相结合的方式，实施石油等重要矿产资源战略储备。

多年来，我国实施可持续发展战略成绩显著，主要表现在以下几个方面：普遍提高了公众的可持续发展意识；初步建立了可持续发展战略实施的组织管理体系；逐步将可持续发展战略纳入国民经济和社会发展计划；进一步加强了法制建设，建立和完善了可持续发展战略的法律法规；在经济、社会全面发展和人民生活水平不断提高的同时，人口过快增长的势头得到了控制；进一步加强了自然资源保护和生态系统管理，生态建设和环境污染整治步伐加快；进一步加强了资源保护、合理开发和资源综合利用水平；发展了环境保护产业；拓宽并加强了可持续发展领域的国际合作。

B *矿产资源可持续发展模式*

我国必须研究、确立并实施适合我国国情的矿产资源发展战略，以实现矿产资源可持续发展。我国成矿条件有利，金属矿产资源潜力大，特别是西部广大地区及东部深部地带的勘查程度低，找矿潜力大，只要加强勘查工作，并充分利用国外资源，我国完全可以改变当前矿产资源供应的严峻形势。

目前，国内金属矿产资源后备储量正处于危机状态。当务之急就是要进一步推进体制改革，按照市场需求和规划要求，有效有序地增加矿产资源的后备储量与资源量，并充分利用国外矿产资源。要实现金属矿产资源的可持续发展，必须采取适合国情的行之有效的政策与措施。

（1）加强勘查工作，增加储备量。在经济全球化、矿业全球化的今天，要树立矿产资源全球观。建立稳定、安全、经济、多元化的矿产资源供应体系。对于某些具有战略意义或储量不多的矿产，应优先利用国外资源。同时加大勘查力度，加强金属矿产勘查资金投入。以期获得足够的储备量，以免受制于人。

（2）建立市场机制，增加国家投入。在矿业发达国家，在矿产勘查、开发中引入市场机制，形成市场，并吸引企业、个人投资矿业，形成矿产勘查与开发自我发展的良性循环，这已是成功的经验，它符合矿业市场运转的规律。另外，政府应在政策和经济上给予支持，要建立国家矿产勘查风险基金制度，实行优惠的税收政策，鼓励和吸引社会资金投向矿产勘查与开发。

（3）充分利用国际市场。要充分发挥优势矿产的作用，对国际市场所需的我国优势矿产，在国内要保持一定供应期限的后备储量，由政府指导、监督、把关，协会组织有序生产，有节制出口，控制国际市场价格，并逐步增加深加工矿产品的出口，使资源优势充分转变为外汇优势。

要充分利用国外矿产资源。从国际矿业市场进口矿产品，在国外购买矿产地、矿山，与当地企业或国际矿业公司合资经营或独资勘查和开发，通过投资与受援国联合勘查和开发矿山等。要跟踪市场、研究对策、制定规划，促进我国的矿业发展。

(4) 寻找新型矿产，研究替代产品。为了人类社会及我国的可持续发展，必须致力于开拓、发现新的矿产资源和能源，充分利用水力、风力、潮汐、地热等能源，发展外太空领域。开拓国内矿产资源勘查研究的新领域的同时，大力开发替代金属原料的非金属矿产资源研究及开展大洋与极地矿产资源的勘查。

(5) 完善并认真实施法律法规。完善矿产资源法律法规，合理利用矿产资源。从1986年《中华人民共和国矿产资源法》公布实施以来，矿产资源的管理开始有法可依，找矿、开矿秩序有所好转。

7.1.2.4　发展生态型矿业

(1) 生态学观念。工业生态学能有效地解决矿床开采的负面问题，它是一个将工业体系模仿生物界的生态规则运行的类比概念，属于可持续发展科学范畴。工业生态学完全推翻了末端治理的传统观念，传统的工业体系是一些相互不发生关系的线形物质流的叠加，每一道制造工序都独立于其他工序。其运行方式，简单地说就是开采资源和抛弃废料，这是环境问题的根源。按照传统的工业体系不可能实现可持续发展，只有通过一种更为一体化的工业生产方式来代替简单化的传统生产方式，才能实现可持续发展，这就是工业生态系统。

为了将工业体系真正转变成为可持续的形态，就必须以完全循环的方式运行。在这种形态下，不再区分资源与废料。对一个有机体来说是废料的物质，但对另一个有机体却是资源，只有太阳能是来自外部的支援。矿产资源的开发必须走生态型开采、循环经济、可持续发展之路。

(2) 矿山环境问题新观念。环境问题的传统观念认为解决的方案是采取措施来治理环境，即末端治理。这是自20世纪60年代以来，工业化发达国家广泛采用的技术手段。但是，这些国家的经验表明，生产过程末端治理方法不是有效的解决方案。环境问题是工业生态学研究的一个方面。工业生态学认为，在节约资源的同时又减少污染源的处理成本是可能的。在一些情况下，运用工业生态学方法可以把费用昂贵的废料处理转变成企业的一个新的利益源，因为一道工序或一个企业所产生的废料物质，或许正是其他工序或企业所要购买或使用的原材料。

减轻采矿工业对自然环境的破坏，充分回收利用有限的矿产资源，是我国乃至世界范围内需要有计划地完成的一项重大环保任务和资源战略。工业生态学为全面解决环境污染和资源利用，以及提高企业的竞争力，提供了理论方法和实施策略。

针对矿床开采造成地表塌陷、排放尾砂、排放废石和浪费资源等四大危害，可以按照工业生态学的观念，通过重构生产系统，结合开采过程消除环境污染和生态破坏，使矿山工程与生态环境融为一体；并使采矿过程和谐地纳入自然生态系统物质循环利用过程，形成产品清洁生产、资源高效利用和废料循环利用为特征的生态经济发展形态。这样，就可以从根本上解决传统开采方式所带来的资源浪费、破坏生态、污染环境和安全隐患问题。

(3) 生态型开采模式。工业生态型开采模式的具体内涵，应考虑到矿产资源的不可再生，因而矿床开采必须充分回采利用和保护矿产资源；应考虑最大限度地减少矿山废石的产出量；应考虑最大限度地将矿山废石、尾砂或赤泥作为二次资源充分地利用起来，减少废料排放污染环境，消除地表塌陷保护人文环境与生态环境。

在经济因素方面，通过提高采矿回收率和降低采矿贫化率可以使矿山获得直接经济效益，特殊条件下可以减少地表构筑物搬迁或改造节省支出。

矿床开采给矿产资源和生态环境带来负面效应的四大主要危害源为资源损失、地表塌陷、排放废石、排放尾砂（赤泥）。其中第一项危及资源，后三项对生态环境造成重大危害。现代矿床开采应该研究符合生态型开采的参考方法和采矿工艺。

我们有理由相信，经过广大采矿技术人员、科研人员的努力，具备生态型开采、循环经济、可持续发展要求的采矿方法、采矿技术会相继成功并得到应用，为环境保护做出应有的贡献。

7.1.2.5 发展矿业循环经济

A 循环经济的特征

循环经济的主要特征可归纳如下：

（1）物质流动多重循环性。循环经济活动按自然生态系统的运行规律和模式，组织成为一个“资源－产品－再生资源”的物质反复循环流动的过程，最大限度地追求废弃物的零排放。循环经济的核心是物和能的闭环流动。

（2）科学技术先导性。循环经济的实现是以科技进步为先决条件的。依靠科技进步，积极采用无害或低害新工艺、新技术，大力降低原材料和能源的消耗，实现少投入、高产出、低污染。对污染控制的技术思路不再是末端治理，而是采用先进技术实施全过程的控制。

（3）生态、经济、社会效益的协调统一性。循环经济把经济发展建立在自然生态规律的基础上，在利用物质和能量的过程中，向自然界索取的资源最小化，向社会提供的效用最大化，向生态环境排放的废弃物趋零化，使生态效益、经济效益和社会效益达到协调统一。

（4）清洁生产的引导性。清洁生产是循环经济在企业层面的主要表现形式，生产全过程污染控制的核心，就是把环境保护策略应用于产品的设计、生产和服务中，通过改善产品设计的工艺流程，尽可能不产生有害的中间产物，同时实现废物（或排放物）的内部循环，以达到污染最小化及节约资源的目的。

（5）全社会参与性。推行循环经济是集经济、科技与社会于一体的系统工程，它需要建立一套完备的办事规则和操作规程，并有督促其实施的管理机制。要使循环经济得到发展，光靠企业的努力是不够的，还需要政府的财力和政策支持，需要消费者的理解和支持，才能使经济社会整体利益最大化。

B 矿业循环经济模式

最近十年，国内外循环经济的实践取得了重要进展。我国不少大中型企业在循环经济理论的驱动下，创造出各种适合实情、可操作、有实效的循环经济模式。

（1）企业内部循环型。其主要做法是在企业内部贯彻清洁生产，使资源在各生产环节之间循环使用。按照这种模式运作的矿山企业在开采阶段必须精心设计，以减少采矿损失，提高回采率；对不同品级的矿石应合理规划，贫富兼采；采出废石应当尽量回填，破坏的土地应该复垦绿化；尾矿回填井下或用作建材。在选冶阶段，需要不断根据矿石特征调整工艺，采用先进技术提高选冶回收率，强化共生伴生组分的综合回收。

（2）企业自身延伸型。企业通过自身产业延伸，将废物作为再生资源包容在延伸后的企业内部加以消化，使经济总量扩大。

（3）企业资源交换型。在多种矿产的集中区，各产业部门分别建立了各自的矿山和矿产品加工企业，形成了区域性矿业群体。企业间交叉供应不同的产品或副产品，作为原料、技术和工艺互为补充，最大限度地利用矿产资源。

（4）产业横向耦合型。矿业与发电、化工、轻工、建材等不同产业部门横向耦合，组成生态工业网络。矿产资源在网内流转、复合、再生，最终大部分或全部被消化吸收。由于网络由不同产业的企业构成，具有广泛的材料需求和完备的加工能力，因此对矿产资源开发利用的程度较单一矿业要深广得多。

（5）区域资源整合型。即将矿业全面纳入社会循环经济系统，与区域社会经济融为一体。在区域统筹规划下，通过物质、水系统、能源、信息的集成，各类资源的整合，构建区域性（区、市、省经济区）循环经济系统。矿业不仅与工业发生关系，还介入农牧业、环保业、旅游业及公共事业，为社会提供矿产品、材料、能源、水、气与服务。将废弃矿井开发为多种用途的场所，恢复生态的矿山成为旅游和科教的景点。矿业与整个社会经济进入可持续发展的态势。

上述几种模式代表着循环经济发展的不同层次：企业内部循环属于微循环，是整个循环经济的基础；企业群体之间的耦合，是循环经济的主要组成部分；社会整合则标志着循环经济发展到了较高阶段。矿业纳入循环经济后，将作为有机整体的一部分参与社会的新陈代谢，吐故纳新，保持持久的生命力。矿业纳入循环经济，矿产资源企业不能组成闭合大循环、只能形成循环链和循环网，实现矿产资源循环利用，必须依靠其他产业的联动与支持。

将矿业纳入循环经济是我国产业结构调整的一部分，是发展矿业、加快建设资源节约型、环境友好型社会的重要战略举措。

7.2 矿山企业环境保护法律法规与标准

7.2.1 中华人民共和国环境保护法律

7.2.1.1 中华人民共和国环境保护法

《中华人民共和国环境保护法》共六章，包括总则、环境监督管理、保护和改善环境、防治环境污染和其他公害、法律责任和附则。主要内容有：（1）适用范围包括：大气、水、海洋、土地、矿藏、森林、草原、野生生物、自然遗迹、人文遗迹、自然保护区、风景名胜区、城市和乡村等。该法规定应防治的污染和其他公害有废气、废水、废渣、粉尘、恶臭气体、放射性物质以及噪声、振动、电磁波辐射等。(2) 通过规定排污标准，建立环境监测、防污设施建设三同时，交纳超标准排污费等制度，保护和改善生活环境与生态环境，防治污染和其他公害。

《中华人民共和国环境保护法》，1989 年 12 月 26 日第七届全国人民代表大会常务委员会第十一次会议通过，1989 年 12 月 26 日中华人民共和国主席令第二十二号公布施行。并由中华人民共和国第十二届全国人民代表大会常务委员会第八次会议于 2014 年 4 月 24 日修订通过。

7.2.1.2 中华人民共和国水污染防治法

《中华人民共和国水污染防治法》1984 年 5 月 11 日第六届全国人民代表大会常务委员会第五次会议通过，根据 1996 年 5 月 15 日第八届全国人民代表大会常务委员会第十九次会议《关于修改〈中华人民共和国水污染防治法〉的决定》修正。《中华人民共和国水污染防治法》是为了防治水污染，保护和改善环境，保障饮用水安全，促进经济社会全面协调可持续发展而制定的法规。由中华人民共和国第十届全国人民代表大会常务委员会第三十二次会议于 2008 年 2 月 28 日修订通过，自 2008 年 6 月 1 日起施行。

《中华人民共和国水污染防治法》共有八章，第一章总则，第二章水污染防治的标准和规划，第三章水污染防治的监督管理，第四章水污染防治措施（一般规定、工业水污染防治、城镇水污染防治、农业和农村水污染防治、船舶水污染防治），第五章饮用水水源和其他特殊水体保护，第六章水污染事故处置，第七章法律责任，第八章附则。本法适用于中华人民共和国领域内的江河、湖泊、运河、渠道、水库等地表水体以及地下水体的污染防治。

根据《中华人民共和国水污染防治法》，国务院制定了《中华人民共和国水污染防治法实施细则》，2000 年 3 月 20 日国务院总理朱镕基发布第 284 号国务院令，发布《中华人民共和国水污染防治法实施细则》，并从自发布之日起施行。

7.2.1.3 中华人民共和国大气污染防治法

全国人大常委会在 1987 年制定了《中华人民共和国大气污染防治法》，1995 年对这部法律作了修订，时隔五年，在 2000 年再次对这部法律进行了修订，并于 2000 年 9 月 1 日起施行。

这部法律对大气污染防治的监督管理体制、主要的法律制度、防治燃烧产生的大气污染、防治机动车船排放污染以及防治废气和恶臭污染的主要措施和法律责任等均做了较为明确、具体的规定，重要的制度有大气污染物排放总量控制和许可证制度、污染物排放超标违法制度、排污收费制度。《中华人民共和国大气污染防治法》共七章六十六条，第一章总则，第二章大气污染防治的监督管理，第三章防治燃煤产生的大气污染，第四章防治机动车船排放污染，第五章防治废气、尘和恶臭污染，第六章法律责任，第七章附则。

7.2.1.4 中华人民共和国固体废物污染环境防治法

《中华人民共和国固体废物污染环境防治法》1995 年 10 月 30 日第八届全国人民代表大会常务委员会第十六次会议通过。1995 年 10 月 30 日中华人民共和国主席令第 58 号公布自 1996 年 4 月 1 日施行。2004 年中华人民共和国第十届全国人民代表大会常务委员会对《中华人民共和国固体废物污染环境防治法》进行了修订，并由中华人民共和国第十届全国人民代表大会常务委员会第十三次会议于 2004 年 12 月 29 日通过，修订后的《中华人民共和国固体废物污染环境防治法》自 2005 年 4 月 1 日起施行。

《中华人民共和国固体废物污染环境防治法》共六章九十一条，适用于中华人民共和国境内固体废物污染环境的防治。固体废物污染海洋环境的防治和放射性固体废物污染环境的防治不适用本法。第一章总则，第二章固体废物污染环境防治的监督管理，第三章固体废物污染环境的防治，第四章危险废物污染环境防治的特别规定，第五章法律责任，第六章附则。

7.2.1.5　中华人民共和国环境影响评价法

《中华人民共和国环境影响评价法》，简称《环评法》，是为了从根本上、全局上和发展的源头上注重环境影响、控制污染、保护生态环境，及时采取措施，减少后患。规划环境影响评价最重要的意义，就是找到了一种比较合理的环境管理机制，充分调动了社会各方面的力量，可以形成政府审批，环境保护行政主管部门统一监督管理，有关部门对规划产生的环境影响负责，公众参与，共同保护环境的新机制。

《中华人民共和国环境影响评价法》由中华人民共和国第九届全国人民代表大会常务委员会第三十次会议于2002年10月28日通过，自2003年9月1日起施行。

《中华人民共和国环境影响评价法》共五章三十八条，为了实施可持续发展战略，预防因规划和建设项目实施后对环境造成不良影响，促进经济、社会和环境的协调发展，制定本法。本法所称环境影响评价，是指对规划和建设项目实施后可能造成的环境影响进行分析、预测和评估，提出预防或者减轻不良环境影响的对策和措施，进行跟踪监测的方法与制度。第一章总则，第二章规划的环境影响评价，第三章建设项目的环境影响评价，第四章法律责任，第五章附则。

7.2.1.6　中华人民共和国矿产资源法

《中华人民共和国矿产资源法》是为了发展矿业，加强矿产资源的勘查、开发利用和保护工作，保障社会主义现代化建设的当前和长远的需要，根据《中华人民共和国宪法》而制定的。1986年3月19日第六届全国人民代表大会常务委员会第十五次会议通过。1996年全国人民代表大会常务委员会对《中华人民共和国矿产资源法》进行了修订，1996年8月29日第八届全国人民代表大会常务委员会第二十一次会议通过，自1997年1月1日起施行。

《中华人民共和国矿产资源法》共七章五十三条，在中华人民共和国领域及管辖海域勘查、开采矿产资源，必须遵守本法。第一章总则，第二章矿产资源勘查的登记和开采的审批，第三章矿产资源的勘查，第四章矿产资源的开采，第五章集体矿山企业和个体采矿，第六章法律责任，第七章附则。

国务院根据《中华人民共和国矿产资源法》制定了《中华人民共和国矿产资源法实施细则》，1994年3月26日第152号国务院令发布，自发布之日起施行。

7.2.1.7　中华人民共和国森林法

《中华人民共和国森林法》于1984年9月20日第六届全国人民代表大会常务委员会第七次会议通过，又根据1998年4月29日第九届全国人民代表大会常务委员会第二次会议《关于修改〈中华人民共和国森林法〉的决定》修正。

《中华人民共和国森林法》是为了保护、培育和合理利用森林资源，加快国土绿化，发挥森林蓄水保土、调节气候、改善环境和提供林产品的作用，适应社会主义建设和人民生活的需要而制定。在中华人民共和国领域内从事森林、林木的培育种植、采伐利用和森林、林木、林地的经营管理活动，都必须遵守本法。本法共有七章，第一章总则，第二章森林经营管理，第三章森林保护，第四章植树造林，第五章森林采伐，第六章法律责任，第七章附则。

国务院根据《中华人民共和国森林法》，制定了《中华人民共和国森林法实施条例》，2000 年 1 月 29 日发布，并于 2016 年 2 月 6 日进行了修正，自发布之日起施行。

7.2.1.8 中华人民共和国土地管理法

《中华人民共和国土地管理法》指对国家运用法律和行政的手段对土地财产制度和土地资源的合理利用所进行管理活动予以规范的各种法律规范的总称。我国制定本法的目的是：为了加强土地管理，维护土地的社会主义公有制，保护、开发土地资源，合理利用土地，切实保护耕地，促进社会经济的可持续发展。

《中华人民共和国土地管理法》是 1986 年 6 月 25 日第六届全国人民代表大会常务委员会第十六次会议通过。1998 年 8 月 29 日第九届全国人民代表大会常务委员会第四次会议修订并通过，2004 年中华人民共和国主席胡锦涛发布主席令根据《全国人民代表大会常务委员会关于修改〈中华人民共和国土地管理法〉的决定》已由中华人民共和国第十届全国人民代表大会常务委员会第十一次会议于 2004 年 8 月 28 日通过，自公布之日起施行。

《中华人民共和国土地管理法》共八章，第一章总则，第二章土地的所有权和使用权，第三章土地利用总体规划，第四章耕地保护，第五章建设用地，第六章监督检查，第七章法律责任，第八章附则。

《中华人民共和国土地管理法实施条例》是根据《中华人民共和国土地管理法》制定的，明确指出国家依法实行土地登记发证制度。依法登记的土地所有权和土地使用权受法律保护，任何单位和个人不得侵犯。《中华人民共和国土地管理法实施条例》经 1998 年 12 月 24 日国务院第十二次常务会议通过，自 1999 年 1 月 1 日起施行。

7.2.1.9 中华人民共和国水法

《中华人民共和国水法》是为了合理开发、利用、节约和保护水资源，防治水害，实现水资源的可持续利用，适应国民经济和社会发展的需要而制定的法规。《中华人民共和国水法》由中华人民共和国第九届全国人民代表大会常务委员会第二十九次会议于 2002 年 8 月 29 日修订通过，自 2002 年 10 月 1 日起施行。

《中华人民共和国水法》共八章，在中华人民共和国领域内开发、利用、节约、保护、管理水资源，防治水害，适用本法。本法所称水资源，包括地表水和地下水。第一章总则，第二章水资源规划，第三章水资源开发利用，第四章水资源、水域和水工程的保护，第五章水资源配置和节约使用，第六章水事纠纷处理与执法监督检查，第七章法律责任，第八章附则。

7.2.1.10　《中华人民共和国水土保持法》

《中华人民共和国水土保持法》是1991年6月29日第七届全国人民代表大会常务委员会第二十次会议通过。中华人民共和国第十一届全国人民代表大会常务委员会第十八次会议于2010年12月25日修订通过了新的《中华人民共和国水土保持法》，自2011年3月1日起施行。

《中华人民共和国水土保持法》共七章，为了预防和治理水土流失，保护和合理利用水土资源，减轻水、旱、风沙灾害，改善生态环境，保障经济社会可持续发展，制定本法。在中华人民共和国境内从事水土保持活动，应当遵守本法。第一章总则，第二章规划，第三章预防，第四章治理，第五章监测和监督，第六章法律责任，第七章附则。

国务院根据《中华人民共和国水土保持法》制定了《中华人民共和国水土保持法实施条例》，于1993年8月1日国务院令第120号发布施行。

7.2.1.11　国家突发环境事件应急预案

《国家突发环境事件应急预案》指加强对环境事件危险源的监测、监控并实施监督管理，建立环境事件风险防范体系，积极预防、及时控制、消除隐患，提高环境事件防范和处理能力，尽可能地避免或减少突发环境事件的发生，消除或减轻环境事件造成的中长期影响，最大程度地保障公众健康，保护人民群众生命财产安全。针对不同污染源所造成的环境污染、生态污染、放射性污染的特点，实行分类管理，充分发挥部门专业优势，使采取的措施与突发环境事件造成的危害范围和社会影响相适应。

《国家突发环境事件应急预案》由国务院在2014年12月29日颁布并实施，主要内容包括：第一章总则，第二章组织指挥体系，第三章监测预警和信息报告，第四章应急响应，第五章后期工作，第六章应急保障，第七章附则。

7.2.2　矿山企业环境保护标准

7.2.2.1　《大气环境质量标准》

《大气环境质量标准》于1982年4月6日国务院环境保护领导小组发布，1982年8月1日实施。为控制和改善大气质量，创造清洁适宜的环境，防止生态破坏，保护人民健康，促进经济发展而制订。适用于全国范围的大气环境。

为贯彻《中华人民共和国环境保护法》和《中华人民共和国大气污染防治法》，保护和改善生活环境、生态环境，保障人体健康，2012年3月2日环境保护部发布关于实施《环境空气质量标准》（GB 3095—2012）的通知。发布了国家环保部新修订的《环境空气质量标准》，本标准规定了环境空气功能区分类、标准分级、污染物项目、平均时间及浓度限值、监测方法、数据统计的有效性规定及实施与监督等内容。

7.2.2.2　《地表水环境质量标准》

《地表水环境质量标准》（GB 3838—2002）首次发布为1983年，1988年第一次修订，2002年6月1日第二次修订并实施。为贯彻执行《中华人民共和国环境保护法》和《中华人民共和国水污染防治法》，控制水污染，保护水资源，保障人体健康，维护生态平衡，制定本标准。本标准将标准项目划分为基本项目和特定项目。基本项目适用于全国江河、湖泊、运河、渠道、水库等具有使用功能的地表水水域，是满足规定使用功能和生态环境质量的基本水质要求。特定项目适用于特定地表水域特定污染物的控制，由县级以上人民政府环境保护行政主管部门根据本地环境管理的需要自行选择，作为基本项目的补充指标。

本标准项目共计 75 项，其中基本项目 31 项，以控制湖泊水库富营养化为目的的特定项目 4 项，以控制地表水Ⅰ、Ⅱ、Ⅲ类水域有机化学物质为目的的特定项目 40 项。

本标准与《海水水质标准》（GB 3097—1997）均为水环境质量标准。与近海水域相连的地表水河口水域，按功能执行《地表水环境质量标准》的相应类别，近海功能区执行《海水水质标准》的相应类别。

各级环境保护行政主管部门应根据《地表水环境质量标准》对各类水域进行监督管理。对批准划定的单一渔业保护区、鱼虾产卵场水域按《渔业水质标准》（GB 11607—89）进行管理。对城市污水、工业废水等直接用于农田灌溉用水的水质按《农田灌溉水质标准》（GB 5084—2005）进行管理。

7.2.2.3 《污水综合排放标准》

《污水综合排放标准》（GB 8978—1996）是为满足水环境标准的要求，对排污浓度、数量所规定的最高允许值。水污染物排放标准实行浓度控制与总量控制相结合的原则。《中华人民共和国水污染防治法》规定，国家污染物排放标准由国务院环境保护部门根据国家水环境质量标准和国家经济、技术条件制定。各省（区）对不能达到质量标准的水体，可以制定严于国家污染物排放标准的地方污染物排放标准，并报国务院环境保护部门备案。

7.2.2.4 《土壤环境质量标准》

《土壤环境质量标准》（GB 15618—1995）由中华人民共和国环境保护部 1995 年 1 月颁布，1996 年 3 月实施。土壤环境质量标准是土壤中污染物的最高允许浓度。污染物在土壤中的残留积累，以不致造成作物的生育障碍、在籽粒或可食部分中的过量积累（不超过食品卫生标准）或影响土壤、水体等环境质量为界限。为贯彻《中华人民共和国环境保护法》防止土壤污染，保护生态环境，保障农林生产，维护人体健康，制定本标准。本标准按土壤应用功能、保护目标和土壤主要性质，规定了土壤中污染物的最高允许浓度指标值及相应的监测方法。本标准适用于农田、蔬菜地、茶园、果园、牧场、林地、自然保护区等地的土壤。

《土壤环境质量标准》的主要内容包括：一主题内容与适用范围，二术语，三土壤环境质量分类和标准分级，四标准值，五监测，六标准的实施。

7.3 矿山环境保护的防治技术

矿产资源是国民经济和社会发展的重要物质基础。中国 95% 以上的能源、80% 以上的工业原材料和70%以上的农业生产资料都来自于矿产资源。建国60年来，特别是改革开放以来，中国矿业发展迅速，为促进经济繁荣和社会进步做出了巨大贡献。但由于发展方式粗放，矿产资源在开发过程中也造成了严重的环境污染和生态破坏。据不完全统计，到2008年底全国因采矿活动占用、破坏的土地面积达332.5万公顷，其中地面塌陷面积43.9万公顷，固体废弃物的累计积存量353.3亿吨，2008年矿山废水排放量48.9亿吨。

当前，中国已进入全面建设小康社会的新阶段，随着经济社会的快速发展，对矿产资源的需求量持续增长，矿山生态环境保护的压力也越来越大。按照科学发展的总体要求，我们必须坚持“在保护中开发、在开发中保护”的方针，完善制度，加强监管，推动治理，严格保护，努力将矿产资源开发利用对生态环境的影响降低到最低程度，促进矿产资源开发利用与矿山生态环境保护的协调发展。

7.3.1　矿产资源开发的原则与技术要求

7.3.1.1　矿产资源开发的环保原则

（1）矿产资源的开发应贯彻“污染防治与生态环境保护并重，严格控制矿产资源开发对矿山环境的扰动和破坏，最大限度地减少或避免矿山开发引发的矿山环境问题。生态环境保护与生态环境建设并举；以及预防为主、防治结合、过程控制、综合治理”的指导方针。

（2）矿产资源的开发应推行循环经济的“污染物减量、资源再利用和循环利用”的技术原则，具体包括：

1）发展绿色开采技术，实现矿区生态环境无损或受损最小；

2）发展干法或节水的工艺技术，减少水的使用量；

3）发展无废或少废的工艺技术，最大限度地减少废弃物的产生；

4）矿山废物按照先提取有价金属、组分或利用能源，再选择用于建材或其他用途，最后进行无害化处理处置的技术原则。

（3）禁止进行开发的区域有：

1）禁止在依法划定的自然保护区（核心区、缓冲区）、风景名胜区、森林公园、饮用水水源保护区、重要湖泊周边、文物古迹所在地、地质遗迹保护区、基本农田保护区等区域内采矿。

2）禁止在铁路、国道、省道两侧的直观可视范围内进行露天开采。

3）禁止在地质灾害危险区开采矿产资源。

4）禁止土法采、选冶金矿和土法冶炼汞、砷、铅、锌、焦、硫、钒等矿产资源开发活动。

5）禁止新建对生态环境产生不可恢复利用的、产生破坏性影响的矿产资源开发项目。

6）禁止新建煤层含硫量大于3%的煤矿。

（4）限制进行开发的区域有：

1）限制在生态功能保护区和自然保护区（过渡区）内开采矿产资源。

生态功能保护区内的开采活动必须符合当地的环境功能区规划，并按规定进行控制性开采，开采活动不得影响本功能区内的主导生态功能。

2）限制在地质灾害易发区、水土流失严重区域等生态脆弱区内开采矿产资源。

7.3.1.2 矿产资源开发的环保要求

（1）矿产资源开发应符合国家产业政策要求，选址、布局应符合所在地的区域发展规划。

（2）矿产资源开发企业应制定矿产资源综合开发规划，并应进行环境影响评价，规划内容包括资源开发利用、生态环境保护、地质灾害防治、水土保持、废弃地复垦等。

（3）在矿产资源的开发规划阶段，应对矿区内的生态环境进行充分调查，建立矿区的水文、地质、土壤和动植物等生态环境和人文环境基础状况数据库。同时，应对矿床开采可能产生的区域地质环境问题进行预测和评价。

（4）矿产资源开发规划阶段还应注重对矿山所在区域生态环境的保护。

7.3.1.3 矿产资源开发的技术要求

（1）应优先选择废物产生量少、水重复利用率高、对矿区生态环境影响小的矿产资源进行采、选矿生产工艺与技术。

（2）应考虑低污染、高附加值的产业链延伸建设，把资源优势转化为经济优势。

提倡煤—电、煤—化工、煤—焦、煤—建材、铁矿石—铁精矿—球团矿等低污染、高附加值的产业链延伸建设。

（3）矿井水、选矿水和矿山其他外排水应统筹规划、分类管理、综合利用。

（4）选矿厂设计时，应考虑最大限度地提高矿产资源的回收利用率，并同时考虑共生、伴生资源的综合利用。

（5）地面运输系统设计时，宜考虑采用封闭运输通道运输矿物和固体废物。

7.3.2 矿山环境保护的方针政策

矿山企业要从促进经济社会和环境协调发展的战略高度，坚持“预防为主，防治结合”的原则，坚持“在开发中保护，在保护中开发”的原则，坚持“边生产，边治理”的原则，坚持“依靠科技进步，发展循环经济，建设绿色矿业”的原则，作好矿山环境保护工作。

矿山环境保护与综合治理的地域范围，不仅限于矿山开采区，还应包括受矿业活动影响的地区。尤其是地下开采的大型矿山，即使地面未被矿山开采所占用，但受矿山开采影响已经产生的环境问题，也应列入矿山环境保护与综合治理的范围。

从矿产资源开发利用的全过程加强矿山生态环境的监管。按照“预防为主”的方针，对新建矿山严格执行环境影响评价和“三同时”制度，从源头防止矿山环境污染和生态破坏；对投产矿山实行“过程控制”，加强其生产过程中的生态环境监察及监测，并落实矿山生态环境恢复治理保证金制度，督促企业加强污染防治和生态恢复；对关闭矿山要做好闭坑后矿山生态环境修复治理工作。

加强矿山生态环境保护的科学研究，着重研究矿产资源开发过程中引起的生态环境变化及防治技术，引进先进生产技术、方法与设备，提高资源利用效率，减少矿山废弃物的排放量；加强矿业“三废”的处理和废弃物回收与综合利用的研究，采用先进的采矿、选矿技术和加工利用技术。鼓励矿山废弃物资源化利用研究与开发，建立多元化的矿产资源可持续供应体系。鼓励新技术、新工艺的开发与推广，增加科技投入，促进资源综合利用和生态环境保护产业化。

新建、扩建的矿山，其矿山环境保护与综合治理方案的内容和深度应与矿山建设的主体工程所处的阶段要求相适应，同时，矿山开发规划、开发设计、矿山基建、采矿选矿技术、废弃地复垦等开发环节应符合《矿山生态环境保护与污染防治技术政策》的要求。

新建和已投产的矿山企业必须就矿区土地、植被资源占用和破坏问题（土地利用现状改变、地貌景观破坏、水土流失、土地沙化、盐碱化、土壤污染）、矿区水均衡破坏问题、水污染问题（地下水水位下降、水资源枯竭、地下水地表水污染）、矿山地质灾害（崩塌、滑坡、泥石流、地面开采沉陷、地面岩溶塌陷、地面沉降、地裂缝以及边坡稳定性）等，做好评估、治理工作。

7.3.3 矿山环境保护的总体要求

对于矿山企业环境影响要进行评估，设计环境保护措施，学习和引进矿山环境保护的先进技术和经验，提高矿山环境保护水平，对具有重要价值的地质遗迹和人文古迹，应采取有效措施予以保护。

具体环境保护要求有：

(1) 对采矿活动所产生的固体废物，应使用专用场所堆放，并采取有效措施防止二次环境污染及诱发次生地质灾害。

(2) 应根据采矿固体废弃物的性质、贮存场所的工程地质情况，采用完善的防渗、集排水措施，防止淋溶水污染地表水和地下水。

(3) 宜采用水覆盖法、湿地法、碱性物料回填等方法，预防和降低废石场的酸性废水污染。

(4) 采取有效措施提高废弃物的综合利用率。

(5) 采取地下帷幕注浆隔水、地表防渗或污水处理等措施避免或减轻对水资源、水环境的破坏。

(6) 采取工程措施和生物措施控制或避免矿山地质灾害的发生、发展。

7.3.3.1 *新建矿山的要求*

(1) 遵循“以人为本”的原则，切实做到矿山生产区和生活区分离、城区和矿区分离，确保人居环境的安全，提高人居环境的质量。

(2) 选择合理的开采工艺和方法最大限度地减少或避免矿山环境问题的发生。

(3) 要对废弃物（排）放、堆存造成的矿山环境问题制订预防性环境保护措施。

(4) 明确所执行的环境质量标准和污染物排放标准。

(5) 制定矿山环境问题监测方案，实施对矿山环境问题的动态监测。

7.3.3.2 *已投产矿山的要求*

(1) 根据矿山生产实际情况，采取边开采边治理的方式，及时开展矿山环境恢复治理工作。

（2）对于露天开采的矿山，宜采取内排和剥离—排土—造地—复垦一体化技术。

（3）严禁采用渗井、废坑、废矿井或用净水稀释等手段存放、排放有毒、有害的废水。

（4）对存放含有有毒、有害物质的废水和废液的淋浸池、贮存池、沉淀池必须制定防水、防渗漏、防流失等措施。

（5）矿石、废碴土的堆放要有序、合理，要明确边坡稳定角，必要时应采取加固措施。

（6）露天矿山开采应根据地层条件，选择合理的坡角范围以避免崩塌、滑坡、地裂缝的发生。

（7）对地下开采的固体矿山，应提出预留矿柱、矿墙或采用充填开采法将固体废渣及时回填。

（8）地下液体矿产开采，应确定允许开采量，或加大回灌量。

7.3.3.3　*拟闭坑矿山的要求*

（1）对矿产开发过程中的坑、井、巷道等闭坑后必须预先做出封闭或者填实方案，切实预防遗留问题的发生。

（2）对存在滞后隐患的矿山环境问题，应设计跟踪监测方案，根据监测资料分析预测其变化趋势，及时采取防治措施。

7.3.4　矿山环境保护的技术要求

7.3.4.1　*采矿环保技术要求*

（1）鼓励采用的采矿技术有：

1）对于露天开采的矿山，宜推广剥离—排土—造地—复垦一体化技术。

2）对于水力开采的矿山，宜推广水重复利用率高的开采技术。

3）推广应用充填采矿工艺技术，提倡废石不出井，利用尾砂、废石充填采空区。

4）推广减轻地表沉陷的开采技术，如条带开采、分层间隙开采等技术。

5）对于有色、稀土等矿山，宜研究推广溶浸采矿工艺技术，发展集采、选、冶于一体，直接从矿床中获取金属的工艺技术。

6）加大煤炭地下气化与开采技术的研究力度，推广煤层气开发技术，提高煤层气的开发利用水平。

7）在不能对基础设施、道路、河流、湖泊、林木等进行拆迁或异地补偿的情况下，在矿山开采中应保留安全矿柱，确保地面塌陷在允许范围内。

（2）矿坑水的综合利用和废水、废气的处理技术有：

1）鼓励将矿坑水优先利用为生产用水，作为辅助水源加以利用。

在干旱缺水地区，鼓励将外排矿坑水用于农林灌溉，其水质应达到相应标准要求。

2）宜采取修筑排水沟和引流渠、预先截堵水、防渗漏处理等措施，防止或减少各种水源进入露天采场和地下井巷。

3）宜采取灌浆等工程措施，避免和减少采矿活动破坏地下水均衡系统。

4）研究推广酸性矿坑废水、高矿化度矿坑废水和含氟、锰等特殊污染物矿坑水的高效处理工艺与技术。

5）积极推广煤矿瓦斯抽放回收利用技术，将其用于发电、制造炭黑、民用燃料、制造化工产品等。

6）宜采用安装除尘装置、湿式作业、个体防护等措施，防治凿岩、铲装、运输等采矿作业中的粉尘污染。

（3）固体废物贮存和综合利用技术有：

1）对采矿活动所产生的固体废物，应使用专用场所堆放，并采取有效措施防止二次环境污染及诱发次生地质灾害。

①应根据采矿固体废物的性质、贮存场所的工程地质情况，采用完善的防渗、集排水措施，防止淋溶水污染地表水和地下水；

②宜采用水覆盖法、湿地法、碱性物料回填等方法，预防和降低废石场的酸性废水污染；

③煤矸石堆存时，宜采取分层压实、黏土覆盖、快速建立植被等措施，防止矸石山氧化自燃。

2）大力推广采矿固体废物的综合利用技术。

①推广表外矿和废石中有价元素和矿物的回收技术，如采用生物浸出—溶剂萃取—电积技术回收废石中的铜等；

②推广利用采矿固体废物加工生产建筑材料及制品技术，如生产铺路材料、制砖等；

③推广煤矸石的综合利用技术，如利用煤矸石发电、生产水泥和肥料、制砖等。

7.3.4.2　选矿环保技术要求

（1）鼓励采用的选矿技术有：

1）开发推广高效无（低）毒的浮选新药剂产品。

2）在干旱缺水地区，宜推广干选工艺或节水型选矿工艺，如煤炭干选、大块干选抛尾等工艺技术。

3）推广高效脱硫降灰技术，有效去除和降低煤炭中的硫分和灰分。

4）采用先进的洗选技术和设备，推广洁净煤技术，逐步降低直接销售、使用原煤的比率。

5）积极研究推广共生、伴生矿产资源中有价元素的分离回收技术，为共生、伴生矿产资源的深加工创造条件。

（2）选矿废水、废气的处理技术有：

1）选矿废水（含尾矿库溢流水）应循环利用，力求实现闭路循环。未循环利用的部分应进行收集，处理达标后排放。

2）研究推广含氰、含重金属选矿废水的高效处理工艺与技术。

3）宜采用尘源密闭、局部抽风、安装除尘装置等措施，防治破碎、筛分等选矿作业中的粉尘污染。

（3）尾矿的贮存和综合利用技术有：

1）应建造专用的尾矿库，并采取措施防止尾矿库的二次环境污染及诱发次生地质灾害。

①采用防渗、集排水措施，防止尾矿库溢流水污染地表水和地下水；

②尾矿库坝面、坝坡应采取种植植物和覆盖等措施，防止扬尘、滑坡和水土流失。

2）推广选矿固体废物的综合利用技术。

①尾矿再选和共伴生矿物及有价元素的回收技术；

②利用尾矿加工生产建筑材料及制品技术，如作水泥添加剂、尾矿制砖等；

③推广利用尾矿、废石作充填料，充填采空区或塌陷地的工艺技术；

④利用选煤煤泥开发生物有机肥料技术。

7.3.4.3 废弃土地复垦技术

（1）矿山开采企业应将废弃地复垦纳入矿山日常生产与管理，提倡采用采（选）矿—排土（尾）—造地—复垦一体化技术。

（2）矿山废弃地复垦应做可垦性试验，采取最合理的方式进行废弃地复垦。

对于存在污染的矿山废弃地，不宜复垦作为农牧业生产用地；对于可开发为农牧业用地的矿山废弃地，应对其进行全面的监测与评估。

（3）矿山生产过程中应采取种植植物和覆盖等复垦措施，对露天坑、废石场、尾矿库、矸石山等永久性坡面进行稳定化处理，防止水土流失和滑坡。

废石场、尾矿库、矸石山等固废堆场服务期满后，应及时封场和复垦，防止水土流失及风蚀扬尘等。

（4）鼓励推广采用覆岩离层注浆，利用尾矿、废石充填采空区等技术，减轻采空区上覆岩层塌陷。

（5）采用生物工程进行废弃地复垦时，宜对土壤重构、地形、景观进行优化设计，对物种选择、配置及种植方式进行优化。

7.3.5 矿山生态环境的治理

7.3.5.1 矿区泥石流的治理

（1）矿区泥石流是老矿区比较多发的一种地质灾害，是由于人为采矿活动制造的矿渣、山皮土、尾矿泥（沙）等未能科学有序存放所致。防治矿区泥石流灾害主要应从两方面着手：一是消除或固化泥石流物源；二是消除泥石流的激发条件——水源条件。

（2）新建矿山要事先设计出废渣弃土的安全存放地带，修建规范的尾矿泥（沙）库，杜绝泥石流物源的乱堆滥放。

（3）已有废渣弃土的生产矿山，应采取相应的工程措施。例如，将杂乱分布在坡岗上的泥石流物源填入沟谷中，造田复垦；在大量泥石流物源存在的沟谷下端，修筑拦沙坝。

（4）疏浚矿区排水系统，使暴雨洪流避开废渣弃土地段；必须经过物源地段时，应修筑排洪明渠，设计流量应能承受百年一遇的洪流，并同时做好护坡控制水土流失。

7.3.5.2 山体滑坡的治理

（1）矿区滑坡灾害防治措施要根据成因确定。矿区山体滑坡可划分为采矿诱发型滑坡和降雨采动复合型滑坡。治理措施有：优化采矿方案；降低坡高和坡角；加固抗滑桩、锚索（杆）等；在主滑段削方减载；在有效部位建设阻挡工程；设计相应的排水、防水工程。

（2）根据滑坡的危险程度和防治目标（安全标准）、滑坡规模，进一步确定工程强度和工程量，设计锚固工程、抗滑桩、排水系统、抗滑挡墙和截水沟等。

（3）在滑坡防治工程方案中，应注意避免施工中的扰动作用，例如抗滑挡墙施工中的通槽开挖。

（4）抗滑挡墙一般采用混凝土结构治理中小型滑坡。

（5）抗滑桩一定要保证桩身有足够的强度和锚固深度，桩高和桩间距要根据滑坡体的规模、滑动层的厚度设计。抗滑桩施工方法主要有打入法、钻孔法、挖孔法三种。

（6）基岩完整、具有软弱结构面的滑坡，宜采用锚固方式进行治理。

（7）设计锚固方法应根据滑坡体的规模、岩性、危险程度、发展阶段据实测算选择。

7.3.5.3　*开采沉陷的治理*

（1）开采沉陷灾害的治理，要统筹考虑开采沉陷与地裂缝的内在关系。要防治结合，综合整治。

（2）地下坑硐已废弃的采空区出现地面沉降、地裂缝时，应采取地下回填废渣，减缓地面沉降速度；为制止地面塌陷形成，可通过地面裂缝灌注尾矿砂浆（或水泥砂浆），加快充填废渣的固化。

（3）地下坑道尚在使用阶段，地面出现地裂缝或沉降迹象时，应果断对地裂缝发育地段采取灌浆、密实等措施，并在地下坑道采取防塌措施。

（4）地下坑硐已废弃，地表形成塌陷但规模不大时，则应采取由地面自外向内将废渣填入下部，中上部用细粒尾矿充填，为覆绿打好基础。

（5）地下坑硐已废弃，地面塌陷规模巨大，难以治理的特殊地段，可圈定为矿山地质灾害监测研究特区。方案中要在确保安全的前提下，划定出禁入区、监测区，修建环灾栅栏和观测道路。

7.3.5.4　*矿区岩溶塌陷的治理*

（1）制定岩溶塌陷治理方案前必须查明岩溶塌陷的成因以及与地下采矿坑道排水活动之间的关联。

（2）应采用地球物理探测方法（电法、声纳法等）探明岩溶塌陷的范围、规模、地下形态和深度。

（3）岩溶塌陷区地下无采矿设施（巷道、斜井等），塌陷区非农田且有良好的蓄水条件时，可以发展蓄水养殖或储水用于农业灌溉。

（4）塌陷区原为可耕地，宜回填造地，重建植被体系。

（5）岩溶塌陷区有巷道等地下采矿设施，应按有关规定采取防护工程措施，进行专项设计治理。

（6）岩溶塌陷治理，应充分考虑矿坑供水、排水和环境保护相结合，采取相应措施，从源头上控制塌陷的发展，合理利用水资源，改善矿区环境。

7.3.5.5 危、损尾矿库（坝）的治理

（1）矿山企业需按国家有关矿山设计规范，根据其生产规模，设计与之匹配的尾矿库（坝）及配套建筑设施，并在试生产阶段即建成投入使用。对于矿山开采技术方案中缺少尾矿库（坝）建设方案的采选企业，限期补做。

（2）对于出现潜在隐患和明显破损缺陷的尾矿库（坝），应区别情况有针对性地采取补救措施：

1）尾矿库容接近极限，应新建尾矿库或扩容，并采取措施对原尾矿库进行抑尘、覆土和恢复植被。

2）坝体基础渗漏，需及时采取桩基础或灌浆等工程措施抢救危坝。

3）坝体护坡易垮塌，可以适度削坡，重新砌护。

4）疏通或修建沿坝排水沟，播种灌草保护带，防止漏水引发滑坡和水土流失。

7.3.5.6 固体废弃物堆放场的治理

（1）采矿剥离废石、废矿渣无序堆放形成的各类松散物质构成的不稳定边坡的治理措施有：

1）降低坡高、坡角（坡角要小于30°）。

2）边坡加固、衬砌护坡。

3）在有效部位建设阻挡工程。

4）设计相应的排水、防水工程。

（2）废石、废矿渣堆积台面整治，可根据废渣的类型及块（粒）度，将粗粒或大块的铺垫在下部，碾压密实，逐层向上回填。

（3）将含不良成分的岩土堆放在深部，品质适宜的土层包括易风化性岩层安排在上部，富含养分的土层宜安排在排土场顶部或表层。

（4）整治好的平台和边坡，应覆盖土层，充分利用工程前收集的表土覆盖于表层。在无适宜表土覆盖时，用不致造成污染的其他物料覆盖。覆盖土层厚度应根据场地用途确定。

（5）煤矸石堆治理应采取分层压实、黏土覆盖、快速建立植被等措施，防止矸石山氧化自燃。

（6）在采矿剥离物含有毒有害或放射性成分时，必须用碎石深度覆盖，不得露于边坡处，并应有防渗措施，然后再覆盖土壤。

7.3.5.7 水均衡破坏、水污染的治理

（1）论证矿产资源开发对地下水资源的影响。

（2）矿坑排水、选矿废水、生活废水排放可能造成污染的，需建立污水处理工程。

（3）污水处理工程要根据矿区内的排污量，结合周围社区污水处理能力，通盘考虑。

（4）污水处理工程的选址、规模、工艺技术应参照有关工程设计、施工规范执行。

（5）采取修筑排水沟、引流渠、防渗漏处理等措施，防止或减少地下水污染。

（6）受污染的地下水可以采用“抽污补净”的方式，在下游抽出被污染的地下水，

而在上游回灌干净的地表水。

（7）采取灌浆等工程措施，避免和减少采矿活动破坏地下水均衡系统。

（8）矿区内的工业垃圾和生活垃圾的处理，应参照《城市生活垃圾焚烧处理工程项目建设标准》和《城市生活垃圾卫生填埋技术规范》结合矿区实际情况进行处理，防止造成二次污染。

7.3.5.8　露天矿不稳定边坡的治理

（1）不稳定边坡治理包括矿山范围内天然不稳定原生边坡治理和残山不稳定基岩边坡治理。

（2）原生的岩土性状松散，边坡陡直，大于安全稳定坡角时，采取削坡措施，使边坡达到稳定状态。具体坡角选取，一般应采用当地同一岩性边坡，稳定坡角的经验值或现场实测值。

（3）构造破碎造成的岩层边坡失稳，首先采取避让措施，撤离危险区的一切设施、人员，划定标示出危险范围，严禁进入；其次，采取人为爆破措施，清除危岩，消除隐患。

（4）边坡加固。

1）用非爆破法清除表面松动浮石，对软弱岩体或高度破碎的裂隙岩体进行表面支护。

2）对造成边坡变形增大的张开型岩石裂隙和软弱层面，可采用注浆加固。

3）对于地质条件易造成滑坡或小范围岩层滑动的岩体，须采用抗滑桩、挡石坝等方法治理。

4）对深部（10～100m）开裂、体积较大的危岩，宜采用深孔预应力锚索、长锚杆进行加固。

5）对于岩质较软、岩石风化严重、易造成小范围塌方的边坡，削坡后低处宜用挡土墙支挡，高处可采用框格式拱墙护坡。

（5）边坡高度超过20m时应设置3m左右的宽平台，形成台阶形，沿台阶应设横向排水沟。

（6）梯级边坡中的台面应微向内倾，以起蓄水防边坡冲刷作用。

（7）边坡工程应结合工程地质、水文地质条件及降雨条件，制定地表排水、地下排水或两者相结合的方案。

（8）为减少地表水渗入边坡坡体内，应在边坡潜在崩滑区边界以外的稳定斜坡面上设置截水排水沟，边坡表面应设地表排水系统。

（9）边坡工程应设泄水孔。

（10）矿区天然边坡应因地制宜进行适当改造，在改造中应珍惜已有植被，采用鱼鳞坑的栽种方式，如石质山坡，应采取补土、换土措施确保植树成活率。

7.3.5.9　矿区土地复垦

（1）矿区土地复垦程序。它包括工程整治和生物复垦两个阶段。

（2）复垦土地利用方向。应根据周围环境和矿区土地的自身条件，可以选择复垦成农地、林地、居住地和工业用地、养鱼场和娱乐用地等。

（3）工程复垦技术。根据采矿后形成废弃地、占用破坏地的地形、地貌现状，按照规划的新复垦地利用方向的要求，并结合采矿工程特点，对破坏土地进行顺序回填、平整、覆土及综合整治，其核心是造地。常用的工程复垦技术有就地整平复垦、梯田式整平复垦、挖深垫浅式复垦和充填法复垦技术等。

（4）生物复垦技术。它包括快速土壤改良、植被恢复、生态工程、耕地工艺、农作物和树种选择等。

（5）土壤改良。矿区土壤培肥要通过采取各种培肥措施，加速复垦地的生土熟化。地表有土型的土壤培肥，主要是通过施有机肥、无机肥和种植绿色植物等措施，实现土壤培肥，地表无土型培肥，一般用易风化的泥岩和砂岩混合的碎砾作为土体，调整其比例，在空气中进行物理和化学风化，同时种植一些特殊的耐性植物进行生物风化，以达到土壤熟化的目的。微生物培肥技术，是利用微生物和化学药剂或微生物和有机物的混合剂，对贫瘠土地进行熟化和改良，恢复其土壤肥力。

7.3.5.10 植被重建

（1）植被选择。植被重建应遵循“因地制宜，因矿而异”的原则，在树种、草皮的种属选择、工艺的采选上要与矿区所处的地理位置、气候条件、土石环境相匹配，以确保植被重建的成效。广泛进行适宜的植被品种资源调查，选择可行性好的品种，在实验室进行抗逆性能筛选；选出的植物品种应有较强的固氮能力、根系发达、生长快、产量高、适应性强、抗逆性好、耐贫瘠等。在三北干旱寒冷地区选择乔、灌、草的种属时，应尽量选取耐旱、耐寒、抗病虫害性能强，易于成活的品种；南方则应选择喜湿、耐热、生命力强的品种。同时兼顾经济效益，具体树种参照当地林业部门的有关规范优选。选择草类、灌木、乔木种属时，尽量兼顾经济、环境、社会综合效益，优选已被实践证明的、易养、易管、易活的种属。

（2）边坡覆绿。岩石边坡可采用挂网客土喷播和草包技术，土质边坡可采用直接播种或植生带、植生垫、植生席等技术，土石混合边坡可采用草棒技术、普通喷播或穴栽灌木等技术。

（3）平地覆绿的方法主要有：

1）直接种植灌草，在保持覆盖土层不小于30mm的地面上，直接种植灌木和草本植物种子，形成与周边生态相适应的草地。

2）直接植树造林，在保持覆盖土层不小于50mm的地面上，根据实际状况和规划要求直接种植经济林、生态林或风景林。

（4）覆绿技术分为以下几种：

1）直接种植灌草，在有一定厚度土层的坡面上，直接种植灌木和草本植物种子。

2）穴植灌木、藤本，结合工程措施沿边坡等高线挖种植穴（槽），利用常绿灌木的生物学特点和藤本植物的上爬下挂的特点，按照设计的栽培方式在穴（槽）内栽植。

3）普通喷播，坡面平整后，将种子、肥料、基质、保水剂和水等按一定比例混合成泥浆状喷射到边坡上。

4）挂网客土喷播，利用客土掺混黏结剂和固网技术，使客土物料紧贴岩质坡面，并通过有机物料的调配，使土壤固相、液相、气相趋于平衡，创造草类与灌木能够生存的生态环境，以恢复石质坡面的生态功能。该技术适用于花岗岩、砂岩、砂页岩、片麻岩、千枚岩、石灰岩等母岩类型所形成的不同坡度的硬质石坡面。

（5）养护管理。后期养护管理包括喷水养护、追施肥料、病虫害防治、防除有害草种与培土补植。

植被的喷灌，可根据植物需水情况，直接喷灌；或在坡顶修筑蓄水池，汇集雨水，并用动力设备从坡脚输送补充水，利用坡顶水池自流，采用喷头方式进行喷灌。

对坡度大、土壤易受冲刷的坡面，暴雨后要认真检查，尽快恢复原来平整的坡面。部分植物死亡，应及时补植。补植的苗木或草皮，要在高度（为栽植后高度）、粗度或株丛数等方面与周围正常生长的植株一致，以保证绿化的整齐性。

7.4　改进采矿方法、推进环境保护

7.4.1　空场法、崩落法的环境保护

7.4.1.1　空场法、崩落法的环境危害

地下采矿需要疏干地下水，需要将地下水和生产用水排往地表，使地下水位大幅度下降，降落漏斗半径可达几十公里。造成地下水的严重浪费，改变了原有的水文地质条件，由稳态转为非稳态，造成地面不均匀沉降，使地面发生塌陷及裂缝，迫使大气降水直接与地下水混合，使地下水遭到污染，不能直接饮用。水位下降，还造成房屋、道路开裂，农田无法耕种。

此外，空场法、崩落法对环境的危害还有地表塌陷、排放废料、安全隐患、自然景观的破坏和严重的地质灾害、污染下游水质、毒害水栖生物以及危及人畜用水安全等。

7.4.1.2　空场法、崩落法环境保护措施

（1）生态型开采模式。按照工业生态学的基本观点，工业生态型开采模式可描述为：以采矿活动为中心，将矿区资源利用、人文环境、生态环境和经济因素相互联系起来，构成一个有机的工业系统；在采矿过程中，以最小的排放量和对地表生态的破坏量为代价，获取最大的资源量和企业经济效益；在采矿活动结束后，通过最少的末端治理使矿山工程与生态环境融为一个整体。

（2）采用充填采矿法开采。近年来按照工业生态型开采模式，并结合矿床开采工艺控制和消除危害源理论，通过采用保护性充填采矿工艺与技术最大限度地回采矿产资源，并保护地表不塌陷；通过低成本大量利用废石与尾砂（赤泥）的矿山充填技术，在开采过程中实现固体废料少排放或零排放，实现生态型开采、循环经济、可持续发展。

（3）科学采矿加强环境保护。矿业开发模式从粗放式经营向集约化经营转变，发展现代装备技术，实行科学采矿、安全生产，减少资源浪费；坚持以人为本，促进矿产资源开发利用与生态建设和环境保护协调发展。

（4）采用循环经济模式。

7.4.2 充填采矿法的环境保护

7.4.2.1 地下充填采矿的危害

任何采矿方法都有其局限性，充填法虽然能克服空场和崩落法的某些不足，但也不能完全解决采矿的环境危害。地下充填采矿仍会产生如下危害：

（1）地下水、地表水环境的破坏。采矿就会疏干矿床抽取地下水，形成疏干漏斗，使地下水位下降、井泉减少，甚至地面沉降、库底渗漏、岩溶塌陷，也会使地下水与地表水渗透，导致地下水遭到污染。

地面堆积排弃物废石及尾矿，占用农田、草原，经雨水淋滤、风吹形成二次污染。将有毒有害物质携带进入地表及空气，污染地下水源及周围环境，造成土壤污染、植被损坏、土壤荒漠化。

（2）污染大气环境。采矿过程中井下排出污风，车辆排放尾气，废石堆、尾矿库风化形成的粉尘在风吹下形成尘暴，破坏区域大气环境质量，影响周边植被，危害人及动物身体健康。如堆放的尾矿、废石堆有放射性，则会对人及动物造成损害。

（3）占用土地、破坏植被。虽然地下开采，但在地表仍需布置采矿选矿工业场地，修筑道路。矿山开采不同程度地占用大量农田或草原，也会使地面植被严重破坏。充填采矿法有时需要开采砂石作为充填材料，需要破坏山体植被，揭露岩体，开采还会产生粉尘及噪声。

（4）地质灾害。采矿由于开挖井巷，改变了稳定的地质条件，使地质结构、岩体构造遭到破坏，引发地面沉降、地面道路房屋开裂、发生滑坡泥石流。使地上、地下的生态系统出现紊乱，破坏生态平衡。

（5）充填隐患。充填采矿法的显著特色是需要充填大量充填料，充填要求这些充填料及其添加剂中不能含有有用成分和有毒有害成分，并且物理化学性质稳定。一旦出现意外，会浪费国家矿产资源、污染地下水，充填体不能发挥充填功效。

7.4.2.2 充填法采矿的生态功能

常规的矿山充填只是作为采矿工艺或空区处理的一个工序，主要从经济目标或技术目标出发。事实上，矿山充填尤其是能充分利用矿山固体废料的矿山胶结充填，不但能在复杂条件下充分地回采矿产资源，而且能够减少矿山固体废料的排放和保护地表不受破坏。矿山充填具有四大主要的工业生态功能，分别为提高资源利用率、储备远景资源、防止地表塌陷和充分利用固体废料。

（1）充分回采矿石资源。矿山充填的首要任务之一是充分回采矿石。众所周知，矿产资源相对于人类是不可再生的，充分利用矿产资源已是当代人的首要任务。另外，对于一些高品位矿床的开采，从矿山企业的经营目标出发，也应该尽可能提高回采率，以便使矿山获取更好的经济效益。

（2）远景资源保护。随着可持续发展战略在全球范围内的推行，矿产资源的合理开发不再仅仅局限于充分回收当代技术条件下可供利用的资源，而应该充分考虑到远景资源能得到合理保护。当代采矿体的围岩极有可能是远景资源，能在将来得到应用。但按照目前通常的观念，这些远景资源是不计入损失范畴的，因为它们在现有技术条件下不能被利用，或根本还不能被认识到将来的工业价值。因而，在当代采矿活动中很少考虑远景资源在将来的开发利用，事实上在远景资源还不能被明确界定的条件下也难以综合规划。因此，在开发当代资源的过程中，远景资源往往受到极大破坏，如崩落范围的远景资源就很难被再次开发，或即使能开发也增加了很大的技术难度。

（3）防止地表塌陷。用充填法开采矿床时，回采空间随矿石的采出而被及时充填，是保护地表不发生塌陷、实现采矿工业与环境协调发展的最可靠的技术支持。

（4）充分利用矿山固体废料。目前的工业体系实际上是一个获取资源和排放废料的过程。采矿活动是向环境排放废弃物的主要来源，其排放量占工业固体废料排放量的80%～85%。可见，现在的采矿工业模式显著增加了地表环境的负荷，不能满足可持续发展战略。采用自然级配的废石胶结充填、高浓度全尾砂胶结充填和赤泥胶结充填技术，不但具有充填效率高、可靠性高和采场脱水量少的工艺性能，可输性好和流动性好的物料工作性能，胶凝特性优良的物理化学性能，充填体抗压强度高和长期效应稳定的力学性能等，而且能够充分利用矿山废石和尾砂（或赤泥）。因此，矿山充填可以将矿山废弃物作为资源被重新利用，达到尽可能地减少废料排放量的目标。

7.4.3 地下采矿环境保护措施

（1）依靠科学采矿，开发采矿新技术、新工艺。采矿与环境保护是对立统一的关系。采矿或多或少会造成环境破坏，矿山环境治理保护应标本兼治，从采选工艺技术入手，尽可能在矿山的开采、加工和使用过程中限制和减少对矿山环境的破坏与污染。大力开发利用矿山废料，维护矿山生态环境的平衡与稳定。在采矿方法方面应加强研究，开发新技术、新工艺，充填法采矿法的应用就充分利用了矿山废弃物进行充填料的配制，减少并解决了废石地表堆积、运输、污染等问题，对矿山的环境保护、采矿与环境协调发展起到了积极的推动作用。

（2）研究和探索地下水防治与保护的新方法。加大科研投入、加大研究力度，研究地下水防治新方法，争取做到矿床不疏干、地表不塌陷、建筑不搬迁、河流不改河、井下不还水的地下水治理新技术。利用注浆补漏堵水技术达到不疏干。不疏干就可以保持稳定的生态系统环境，也就可以实现不还水、不搬迁。采空区充填可以控制地面不塌陷，而不塌陷就可以不改河。实现“五不”的防治水目标，矿山环境就可以得到保护。

（3）科学采矿，合理利用资源。改进选矿工艺，提高水循环利用，减少污染，加大矿山污水处理的投入，提高生产用水的循环利用。综合利用尾矿，治理生态环境，提高经济效益，采空区充填是直接利用尾矿的有效途径之一，建材研究也是确保矿山持续发展、解决地面排弃物污染的有效途径。

（4）健全法律法规体系，重视矿山环境保护。采矿带来的环境问题，制约着矿山经济发展和可持续发展。因此，在矿山已有环境保护管理措施的基础上，进一步完善矿产资源开发与环境保护管理制度，将环境保护渗透到项目设计和方案实施的过程中，将环境保护作为指导方针贯彻始终，使不可避免的环境影响控制在最小限度，同时制定补救措施。做好矿山环境监测及管理工作，提高环境保护管理水平。充分利用矿山废石，回填地面因采空区形成的塌陷坑，种植花草树木进行绿化，将矿山废石进行二次开发、加工，使之成为新的资源，既减少占地与污染，又创造了较好的社会效应。

(5) 建立法律及经济约束机制。建立法律的约束机制，对矿山生产建设过程中造成环境污染破坏的管理者追究法律责任。建立经济约束机制，政府通过征收排污费、排污权交易、押金制度等迫使企业做好污染防治和生态保护，推行排污与治理分离制度，推进专业性环境保护组织的发展，将环境保护的责任纳入政府管理、可靠控制的范畴，促进矿业经济可持续发展。

7.5 露天采矿环境保护

7.5.1 露天采矿对环境的影响

(1) 水体污染破坏。露天采掘直接破坏大量土地，各类废石、废渣、尾矿的堆放也侵占大量土地。矿山表土剥离通常忽略了对可耕种土壤的保存，导致严重的水土流失；地表植被破坏后，受风力水力的侵蚀加剧，大片土地出现沙化。此外，矿山生产排出的废水污染侵蚀着矿区周围的土地，导致大片农田荒芜损毁。

露天采矿对水环境系统的破坏也非常严重。采矿废渣（排土场）、尾矿（尾矿库）暴露在大气中，往往造成矿区附近的地表水体遭受污染，甚至无法饮用、灌溉。另外，采场内疏干排水改变了地下水自然流场及补、排条件，打破了大气降水、地表水、地下水的均衡转化，常常形成以采区为中心的大面积降落漏斗，造成泉眼干涸、水源枯竭。

(2) 地质灾害。地面及边坡开挖影响山体、斜坡稳定，导致岩（土）体变形，诱发崩塌和滑坡等地质灾害。矿山排放的废石常堆积于山坡或沟谷，在暴雨诱发下极易发生泥石流，形成危害人民生命及财产的地质灾害。

(3) 大气污染。露天采场生产因大量使用大型移动式机械设备和大爆破，使矿内空气产生一系列尘毒污染，如爆破和采用柴油机为动力的设备等。常见的污染物质主要有粉尘、有害有毒气体和放射性气溶胶。由于生产工序的不同，产尘量与所用的机械设备类型、生产能力、岩石性质、作业方法及自然条件等许多因素有关。露天开采强度大，机械化程度高，受地面气象条件影响，产生的气体常具突发性，如爆破。不利的气象条件及不良的自然通风方式，甚至可使局部污染扩散全矿，使大气污染。选矿生产过程中产生的大量粉尘和有毒物质，也是矿区大气污染的重要因素，在自然及运输车辆产生的风流作用下，会将尾矿粉直接扬起，使大气中粉尘浓度非常高，严重污染矿区空气。此外，矿区繁忙的交通运输产生的富含重金属物质的废气，矿区冶炼厂、烧结厂、电厂产生的浓烟以及矿区燃煤产生的有害物质，均造成矿区大气的污染。

7.5.2 露天采矿生产期环境保护

露天采矿和地下开采相比，对环境的污染破坏突出表现在排土场对水体的污染、排土场的地质灾害、大揭露敞开式开采方式产生粉尘等，下面着重从露天采矿的角度阐述对环境的破坏及治理措施。

7.5.2.1 粉尘的产生与降尘

(1) 钻孔产尘与降尘。钻机产尘量占该生产设备总产尘量的第二位。钻机孔口附近工作地带在没采取防尘措施时，粉尘浓度平均为448.9mg/m³，最高达到1373mg/m³。钻机司机室粉尘浓度平均为20.8mg/m³，最高达79.4mg/m³。这还是在潮湿季节测定的，大风干燥季节更为严重。

一台牙轮钻机当穿孔速度为0.05m/s时，只10～15μm的微细粉尘一项的产生量，每秒就多达3kg之多，在风流作用下可污染露天开采大片地区，即便远离钻机的地方，空气中粉尘浓度也远超卫生标准。

根据牙轮钻机的产尘特点及露天开采区的气温和供水条件，目前采用的除尘措施可以分为干式捕尘、湿式除尘及干湿结合除尘三种方式。选用时要因时因地制宜。

干式捕尘以布袋过滤为末级的捕尘系统为最好。布袋的清灰方式有机械振打和压气脉冲喷吹。我国以后者为主，布袋过滤辅之以旋风除尘器为前级，并于孔口罩内捕获大粒径粉尘及小碎岩屑的多级捕尘系统为最好。布袋除尘不影响牙轮钻机的穿孔速度和钻头寿命，使用方便。但是，其辅助设备较多，维护麻烦，且能造成积尘灰堆的二次飞扬，这是其不足之处。

湿式除尘主要是气水混合除尘，该方式设备简单，操作方便，能保证作业场所达到国家卫生标准。但是，寒冷地区必须防冻，而且有降低穿孔速度和影响钻头寿命的缺点。

干湿结合除尘，是往钻孔中注入少量水而使细粒粉尘凝聚，并用离心捕尘器收捕粉尘，或采用洗涤器、文氏管等湿式除尘器与干式捕尘装置串联使用的一种综合除尘方式。

潜孔钻机产尘量比牙轮钻机稍小，但也有一定数量的粉尘产生。潜孔钻机除尘的原理与方法基本与牙轮钻机相同，分为干式、湿式两种。干式除尘直接对孔中吹出的尘气混合物分离、捕集；湿式除尘用气水混合物供给冲击器，在孔内湿润岩粉，使之成为湿的岩粉球团排出孔外。

干式除尘多用孔口捕尘罩，该罩顶部与定心环相连；旁侧排尘管管口装有胶圈，它可在沉降箱侧壁上自由滑动，借助风机在箱内形成负压，可使之紧贴在沉降箱吸风口上而不致漏风。在更换钻头时只需升降定心环，捕尘罩便能随之起落。

湿式除尘的方法是：凿岩时从注水操纵阀输入的压气推动注水活塞移动，打开水路，从水泵输入的压力水由喷嘴喷出，被冲击器操纵阀输入的压气吹成雾状，形成气水混合物进入冲击器，使岩粉形成湿润球团排至捕尘罩。

（2）铲装产尘与降尘。电铲产尘量与采掘的矿石的相对密度、湿度以及铲斗附近的风速等因素有关。一般矿山的电铲产尘强度为400～2000mg/s。

露天铁矿所用电铲多为4m³的铲斗，当爆堆干燥时，铲装过程产尘量占总产尘量的第三位。电铲司机室内的粉尘来源一是铲装过程所产粉尘沿门窗缝隙窜入；二是室内二次扬尘。电铲司机室采取两级除尘净化措施以后，室内平均粉尘浓度可降到1～2mg/m³。

用喷雾洒水办法抑制露天开采中的装矿、卸矿时的粉尘飞扬，只对20～30μm的大颗粒粉尘有较高的效果，对小于5μm的呼吸性粉尘则无能为力。

在喷雾的水中加湿润剂可提高捕获较细颗粒粉尘的效率。湿润剂不仅能加强水的湿润能力，且能侵入粉尘内部，导致小颗粒相互凝聚，以最少的水量获得最大的湿润效果。充电水雾抑尘也取得了良好的效果。由于工业性粉尘有荷电性质，研究表明，小于3μm的粉尘带有负电荷，故利用与粉尘极性相反的静电水雾使呼吸性粉尘凝并及沉降。即使用静电喷涂的喷枪，用3万伏高压电使水离子化，每分钟流水量为28.2L。测尘结果表明，用带有正电荷的水可使呼吸性粉尘浓度显著下降。

（3）运输产尘与降尘。运矿汽车往返于露天阶段路面，其产尘量的大小与路面种类、路面上积尘多少、季节干湿、有无雨雪以及汽车行驶速度等因素有关。据测定，运矿汽车产尘强度为620～3650mg/s。运矿汽车在行驶过程中，其产尘量占全矿采、装、运等生产设备总产尘量的91.33%，居于首位。它是污染露天开采区空气的主要尘源，并造成了全矿空气的总污染。

露天开采的行车公路上经常沉积大量粉尘，当大风或干燥天气和汽车运行时，尘土弥漫，粉尘飞扬，汽车通过的瞬间，空气中的粉尘浓度高达几十甚至几百毫克/立方米。

国内外路面除尘的最简易办法就是用洒水车喷洒路面。英国露天开采的研究表明，要使路面粉尘不再飞扬，除非使道路上的尘土含水量占10%以上，而路面粉尘干燥的速度主要取决于空气的湿度和风速。若遇到干旱的大风天气，洒水后极易蒸发，往往事倍而功半。

露天开采运输道路的防尘有三种措施，分别为洒氯化钙、涂沥青和喷化学粘尘剂。长期使用结果认为，氯化钙容易腐蚀车胎，而沥青的粘尘作用时间又较短。近年研制成一种石油树脂冷水乳剂，作为路面涂尘中化学粘尘剂用，其效果较好。喷洒石油沥青、乳胶化沥青进行路面防尘在国外获得较好效果。例如美国某露天铜矿将一定量的沥青液装入水车的水箱中，然后按比例注水，配制成5%或10%的乳胶状沥青溶液。由于装水时水流的冲击，形成乳状，在水车奔驰颠簸过程中又充分混合成胶体，其小球直径为2.5μm，具有缓凝和黏着力强的特点。该矿喷洒乳胶沥青后，路面形成0.8mm厚的沥青层，不仅防止了粉尘飞扬，而且路面光滑、减少了维修。这种路面虽能经受50mm降雨量的阵雨冲刷，但却不能抗御持续2～3天的毛毛细雨的浸蚀。由于沥青有碍矿石浮选，所以该法只适用于露天开采外到卸石场的一段路面上，而不适用于采场路面。

（4）排土场产尘与降尘。据统计，推土机的产尘强度变化于250～2000mg/s之间，这取决于矿岩的含湿量、空气湿度及露天工作地点的风流速度。二次凿岩爆破大块是采矿的重要辅助工序，尽管浅孔凿岩机产尘量比露天大型机械低得多，但其工作地点接近电铲和汽车路面，有与这些生产过程相互影响的作用，所以二次凿岩区的空气中的粉尘浓度也相当可观，干式凿岩时粉尘浓度可高达100～220mg/m^3。

露天开采堆放剥离土石沟排土场、矿石堆、尾矿堆也是露天开采尘源之一。为避免矿石和废石堆的粉尘污染露天环境，在进行露天开采设计时应选好地址。可以利用自然低凹地形，并与平整土地和复田计划相结合。无凹地可利用时，也要使废石堆远离生活区并种植松树林防风。除此以外，对废石堆应采用喷洒大量水流和使用覆盖剂以形成覆盖层。覆盖剂不仅要求能使废石堆表面形成一层硬壳，而且要求能经得起风吹、雨淋、日晒，还要求喷洒量小、原料充足、价格便宜以及没有二次污染。

7.5.2.2　预防排土场地质灾害

露天采矿除上述的粉尘污染环境外还有排土场滑坡：因松散固体大规模错动、滑移对环境造成的破坏性危害；排土场泥石流：液固相流体流动对环境形成的破坏性危害。

（1）排土场滑坡。排土场滑坡是排土场灾害中最为普遍、发生频率最高的一种，按其产生机理又分为排土场与基底接触面滑坡、排土场沿基岩软弱层滑坡和排土场内部滑坡三种类型。

排土场内部的滑坡（图 7－1(a)），基底岩层稳固，由于岩土物料的性质、排土工艺及其他外界条件（外载荷和雨水等）所导致的排土场滑坡，其滑动面出露在边坡的不同高度。

当排弃的是大块坚硬岩石，其压缩变形较小，排土场比较稳定。若岩石破碎，含较多的砂土，并具有一定湿度时，新堆置的排土场边坡角较陡（38°～42°），随着排土场高度增加继续压实和沉降，排土场内部出现孔隙压力的不平衡和应力集中区。孔隙压力降低了潜在滑动面上的摩擦阻力，因而可能导致滑坡。在边坡下部的应力集中区产生位移变形或边坡鼓出，然后牵动上部边坡开裂和滑动，最后形成抛物线形的边坡面，即上部陡、下部缓，以直线度量的边坡角通常为 25°～32°。

排土场内部的滑坡多数与物料的力学性质有关，如含有较多的土壤或风化软弱岩石；当排土场受大气降雨或地表水的浸润作用，将使排土场的稳定状态迅速恶化。

沿基底接触面的滑坡（图 7－1(b)），当山坡形排土场的基底倾角较陡，排土场与基底接触面之间的抗剪强度小于排土场的物料本身的抗剪强度时，便易产生沿基底接触面的滑坡。如基底上有一层腐殖土或在矿山剥离初期排弃的表土和风化层，堆置在排土场的底部而形成了软弱夹层。若遇到雨水和地下水的浸润，便会促进滑坡的形成。

软弱基底鼓起引起的排土场滑坡（图 7－1(c)），当排土场坐落在软弱基底上时，由于基底承载能力低而产生滑移，并牵动排土场的滑坡。

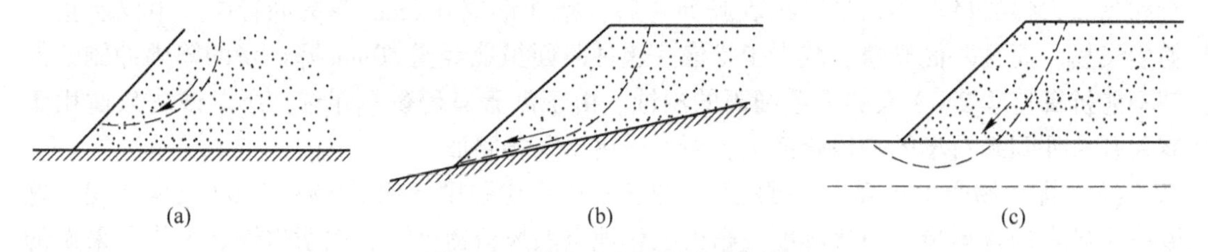

图 7－1　排土场滑坡类型示意图
(a) 排土场内部的滑坡；(b) 沿基底接触面的滑坡；(c) 基底软弱层的滑坡

修建护墙挡坡是用坚硬的岩石砌筑在可能发生潜在滑动面的位置上的一种工程治理措施。干砌重力块石坝，其渗透性好，施工简单，造价便宜，在排土场形成后，可成为预先埋置的抗滑挡墙。重力坝除具有预防滑坡的作用外，对泥石流也具有一定拦截作用，并且它还为水的排泄和排土场内部的疏干提供了条件。

（2）排土场泥石流。由于岩石风化、滑坡、崩塌或人工堆积在陡峻山坡上（30°～60°）的大量松散岩土物料充水饱和，形成一种溃决，称为天然泥石流。其含大量泥沙石块，砂石含量 15%～80% 的泥石流体（容重在 1.3～2.3t/m³）在重力作用下沿陡坡和沟谷快速流动，形成一股能量巨大的特殊洪流。可在很短时间内排泄几十万到几百万立方米的物料，对于道路、桥梁、房屋、农田等造成严重毁害。

形成泥石流有三个基本条件：第一，泥石流区含有丰富的松散岩土；第二，山坡地形陡峻和较大的沟床纵坡；第三，泥石流区的上中游有较大的汇水面积和充足的水源。矿山泥石流多数以滑坡和坡面冲刷的形式出现，即滑坡和泥石流相伴而生，迅速转化难以截然区分，所以又可分为滑坡型泥石流和冲刷型泥石流。

排土场泥石流产生的主要原因有排土场在使用前对其底部的软弱层不清理或清理不彻底，给排土场滑坡埋下了隐患发生泥石流；在排土场工程地质勘探和排土规划设计等涉及排土场建设质量的许多重要方面常被忽视，没有严格按照设计要求组织排土作业形成泥石流；初期排土场底部排弃的疏水性块石厚度不够，或进行岩土混排，从而人为地在排土场内部形成了软弱面形成泥石流。大气降雨和地表水对排土场的浸润作用，排土场初始稳定状态发生改变，稳定性条件迅速恶化也会发生泥石流。

排土场所处的山坡地形如果上陡下缓、且现场条件许可时，应从底部先行排土，以确保排土场的稳定。排土顺序应该合理，避免形成软弱层，将坚硬的大块岩石堆置在排土场底层以增加排土场的透水性和稳固基底，以及将大块的岩石堆置在最低一个台阶反压坡脚。

在基底或软岩较薄时，则应在排土之前挖掉，提高排土场基底的摩擦力，增加排土场的稳定性。另外，排土场的选择必须建立在可靠的工程地质勘探资料的基础之上，遇有基岩弱面的地方，如断层、原生地质软弱层等应尽量避开。

（3）排土场防水。水是引发排土场三种灾害（滑坡、泥石流、污水）的一个共同的因素，在排土场灾害中起着十分重要的作用。因此需要采取一定的工程措施进行水的治理和疏排工作。

修筑和完善排土场的截水沟，应在排土场上方的山坡上选择适宜的位置修建截水沟和定期对原有的排水沟进行修缮，以便雨水和地表水集中排至排土场外围的低洼处。

打排水钻孔和修筑疏干涵洞，一般采用在适当部位打排水钻孔的办法用以降低水位或者不让静水压力造成隔水层底鼓，防止地下水穿透隔水层进入排土场。如果基底面存在较大规模的低洼积水情况，还可采用开挖涵洞以对其进行疏干。

7.5.3 闭矿露天坑及排土场的环境保护

露天开采的矿山，对生态环境的破坏、影响，并且破坏森林植被与自然景观，有的矿山位于各类自然保护区、风景名胜区、旅游度假区、地质遗址保护区、历史文化保护区、水源保护区、重要基础工程设施保护区及城镇周边等，严重影响自然景观、旅游资源、文物资源、水资源、森林资源和重要的基础工程设施的保护和城镇的发展及环境的改善。

露天采矿排弃岩土的不合理遗弃堆放，导致边坡失稳，诱发滑坡崩塌、泥石流等地质灾害；露天采矿造成的森林植被和景观破坏、良田毁坏、水土流失、侵占土地、环境污染、诱发地质灾害等，严重影响重要基础设施及其他资源的保护等，也直接威胁和破坏人居环境、加速生态环境的恶化，影响矿区及其周边地区居民环境质量的改善与提高，特别是在城镇周边、风景名胜区、交通干道（铁路、高速公路、国道、省道和主航道等）两侧可视范围内，严重破坏旅游资源、影响观瞻，制约了资源效益与环境、经济、社会效益的统一和协调发展。

露采矿山开采所致的主要问题有：耗费过量的土地资源；被破坏的土地尚难被有效利用，既破坏了原有的自然生态系统，又难以直接成为进一步服务于社会、经济目的的用地；矿山边坡失稳易造成地质灾害；矿山废弃物堆置占用土地，又造成周围环境的严重污染等。

随着我国采矿行业的发展，大批矿山已经闭坑结束，转入地下开采。露天采坑和排土场的安全及环保问题日渐显现，且越来越突出。解决露天矿山闭坑后的安全及环保方法是恢复植被、进行绿化。

绿色植物是人类和生物界赖以生存的物质基础。绿色植物通过它的生命活动对生态平衡功能的调节是任何其他物质所不能替代的。增加绿化面积，提高植被覆盖率，绿化矿山是改善人们的生存环境、提高环境质量最积极、稳定、长效和经济的手段。

采用植物绿化矿山可以发挥植物的巨大防护作用，例如防止水土流失、涵养水分、加固残坡积物、增强终边边帮的稳定性起到防止和减少滑坡、崩塌、泥石流等地质灾害的作用等。同时矿山绿化后，空气质量改善。植物有吸滞烟灰、粉尘的功能，植物能有效地吸收有害气体，释放氧气，从而净化环境。某些特殊的植物能吸收、分解或固定有毒物质，净化有害废弃物或防止有毒物质扩散污染。

7.5.3.1 改变观念，健全法律法规

从维护生态可持续发展的观点，采矿土地的治理，应服务于包括人类在内的整个自然界，而不是过去人们侧重的人类本身。矿山破坏土地的治理应该是建设一个与当地自然相和谐的人类生态系统（如农业生态系统、城市生态系统等），或建立一个自然生态系统（它可以是被破坏的生态系统的恢复，也可以是一个新的自然生态系统的创造），以弥补、充实和丰富这一地区原有的自然生态系统。

随着国民经济的发展，我国对环境保护越来越重视，制订了《中华人民共和国矿产资源法》《中华人民共和国水土保持法》《中华人民共和国环境保护法》《中华人民共和国水法》《中华人民共和国森林法》及《全国生态环境保护纲要》等法律法规。

7.5.3.2 植被恢复

植被恢复是重建生物群落的第一步。它以人工手段改良其生境条件满足某些植物的生存需要，促进植被在短时期内得以恢复，缩短自然生态系统的演替过程。

在力图恢复矿山生态系统时，由于植物生长立地条件的改变，恢复的植被结构、种类不可能与原植被一样。但这不是说一开始就不可建立最终的冠层植被，而仅是说明其他植物种类也许可在植被恢复初期处于主导地位。随着生境条件的逐步改良，通过动物、风和水流等传播媒介的作用，一些从周围地区来的亚先锋植物物种侵入形成多层次植被群落。但最初的植物恢复，必须建立自我持续的植被系统，以便其持续的过程可形成理想的植被群落。

露天开采矿山破坏了自然生态环境，出现坡面岩石裸露、地面碎石间含土量少、水分难以保持、太阳辐射强烈导致高温、干旱或水涝等极端环境条件。植被覆绿必须有与其相宜的立地条件，即需创造和解决土壤条件、营养条件、物理条件和植物物种条件等。

7.5.3.3 露天采矿环境生态治理技术

生态治理的目的是使自然—社会—经济系统的综合效益最大化。矿山开采必须遵循最小量化原则、无害化原则、资源化原则、生态系统的恢复和重建原则、立法原则，最终达到地形、植被在视觉和环境上与周围的区域生态融为一体。生态系统的恢复应本着由低级向高级阶段过渡的办法，就是模拟自然生态系统形成的演替规律，采取适量投入进行矿山

生态环境修复。根据矿区干旱、贫瘠等环境资源状况，首先种植抗性较强的先锋树种、草种和抗旱灌木等，建成人工生态系统，以后再逐渐投入恢复生态功能。

A 生态覆绿治理中土壤条件的创造

按矿区不同类型治理设计的要求，结合边坡物理治理工程的手段可对矿山进行以下一种或同时进行数种类型相结合的生态治理。

（1）喷浆型。在大坡度岩面架立起塑料网或平面铁丝、锚固，再用压力喷射混凝土机逐层喷涂混有土壤、肥料、有机质、疏松材料、保水剂、黏合剂等混合料加水成浆，喷射到岩面上网架内，待下层固化后再喷灌至要求的厚度，再在上层喷播含草籽的混合料。该法可在岩石表面黏结基质复合物，并能形成一层具有连续空隙的硬化体。一定程度的硬化物使种植基质免遭雨水冲蚀，而空隙内填有植物种子、肥料、土壤等，提供植物生长空间。但该法也具有固有缺陷，如大面积高坡使用后特别是在黏合剂不当时，或造成雨水入渗减少（黏合剂过多），地表径流增大，冲刷下坡植被，引起倒塌及失水造成岩面植被干旱，或黏合剂过少引起基质流失；植被形式单一，因喷播机易阻塞，只能使用草籽及小量灌木籽，形成坡面单一模式；造价高，一般 50 ~ 100 元/平方米，用于大面积的矿山覆绿投资过大，财力尚显不足。此外，长期养护的费用高，但见效快。

（2）营造台阶型。对矿山相对较高坡度大、坡面致密稳定，对放缓边坡覆土种植不易和投入较大的情况，可以营造台阶式，台阶一般要求为 10m 以下、不高于 20m，宽 1 ~ 2m，台阶上构造种植槽，槽高 60cm 以上，离槽底 5cm 设排水沟，槽中回填种植土。

一般用于陡高坡，常采用坡跟栽乔木遮挡及爬藤，下台阶种灌木遮挡及爬藤，上台阶种植悬吊植物及灌木，植绿效果确定、方法简单、投资适中，但施工难度大，土石方工程量大，植绿效果稍慢。也可使用挂锚网喷混播，绿化速度快，但投资大，非一般急需绿化项目尽可能不用。

（3）鱼鳞坑型。对坡度 60°以下、高度一般不大于 60m 的坡面，稳定性好，底质有一定风化性，清除浮石后交错炸坑或挖鱼鳞坑，坑大不小于 1m，坑底边设弧形水泥石块（砖块）围栏，弧口向上向边延伸 50 ~ 100cm，离坑底 5cm 设排水洞，坑内填 50cm 以上含有保水剂的有机基质（营养土）。

此方法可用于缓坡、碎裂岩性、常结合四旁绿化，植绿效果稍慢，投资适中。此法要求交错挖坑，建弧形挡墙，拦截收集雨水（筑坝拦水），减少地面径流。此法对回填基质要求高，最好添加保水剂，工程量稍大。

（4）放缓边坡覆土型。对坡度较大、高度较低的矿山，用扩大境界、放缓边坡、覆土绿化。首先向后或上边扒开泥土堆积层，暂存堆放，然后放缓边坡，再在坡面上覆盖堆积保存泥土。其优点是使坡面安全稳定，植被养护容易，能与周边环境形成衔接，形成自然生态系统。其缺点是必须扩大境界，破坏了矿区周边的植被，工程量大。还受到区域条件限制，如矿山坡顶已经开采到山顶或过山顶；坡顶土层深厚，放坡后便于覆土利用等。其投资量受坡角的大小、坡顶的高度、土壤厚薄程度等限制，只能在采矿时结合削坡才较为可行。

（5）矿渣堆场及开采后岩性地面。除开发综合利用外，需植绿的可采取适当平整，并尽可能与周围形状吻合。一般矿渣含泥量大的可以缓慢地恢复自然生态，一般情况可进行适当客土，如上覆 5 ~ 15cm 含有机质的表层土，种植植物能起到快速覆绿的效果；含土量少或无泥的则必须客土，不少于15cm，用于经济林的则不少于50cm。

(6) 覆土型，含土很少或完全没有、而又坡度偏大的坡面，一般需要削坡处理后进行，也可用水泥在坡面上先构筑框架（或用其他材料做成）或用空心水泥砖砌面，然后将土填入其中，再播种植物。也可以利用锚网在坡面上搭多级台阶，水泥固化，覆盖无纺布防止雨水冲刷，再喷播植绿。

B　无土生态有机基质（营养土）在矿山覆绿中的应用

无土生态有机基质由泥炭、腐熟有机废弃物、椰糠、蛭石、珍珠岩、保水剂、pH调节剂、大量元素及微量元素调节剂、生物活性物质等组成。它含有植物生长所需的营养元素，同时能维持良好的植物根系环境条件，满足植物长期生长的需要。无土生态有机基质具有如下特点：

(1) 营养全面。可针对不同生态环境，不同植物的养分需求特点进行专门配方。

(2) 效能长。配方中的有机肥、泥炭等具有缓慢释放营养物质、长期提供植物生长需要的特点。

(3) 重量轻。每立方米只有0.25～0.3t，适合于矿山、台阶、种植坑恢复种植，利于操作，减轻劳动强度。

(4) 透气、保水、保肥性好，护理方便。无土有机基质结构疏松，透气性好，吸水快，持水量大，可达自身重量的3倍。如添加一定量保水剂，持水量更大，可收集截流坡面冲刷的雨水，避免坡面宝贵的水资源流失，保护和提供坡面植物重要的生长因子——水、土、肥。

(5) 改良土质。在原土壤中掺入有机基质，可增加土壤团粒结构，使土质疏松，持水性增强，延长肥效，调节土壤pH值。

在绿化工程中，结合使用无土生态有机基质（营养土），能使植被正常、迅速生长，加速矿山绿化。

C　植物生长与生长环境的关系

(1) 土壤。土壤是植物赖以生存的物质基础，土壤母质、结构、pH值、肥力等与植物生长密切相关。

(2) 水分。水分是植物生长的关键因子。在光合作用、呼吸作用、有机质的合成与分解过程中都有水分子的参与，水为植物矿质营养吸收和运输的媒介。植物的供水状况会直接或间接影响植物的光合作用，如植物缺水时，根系吸收功能下降，叶子萎蔫，气孔关闭，影响二氧化碳进入，光合作用下降，严重干旱可使植被死亡。水分过多，根系缺氧，抑制根系呼吸作用，厌氧细菌会产生有毒物质，不利于根系生长导致烂根。

(3) 光照。光为植物光合作用提供能量，是植物赖以生存的必需条件之一。植物对光强的反应不同，可以分为阳性植物、阴性植物、耐阴植物。阳性植物的光补偿点高，要求生长在阳光充足的地方。若缺乏光照，则生长不良；阴性植物光补偿点低，能在较低的光照强度下生长；耐阴植物介于阳性与阴性之间。

(4) 温度。植物生长过程存在最低温度、最适温度和最高温度，即三基点温度。温度直接影响植物内各种酶的活性，从而影响植物代谢，即合成和分解的过程。温度低于最低温度或高于最高温度时，酶活性受到强烈抑制。同时高温与低温对植物的细胞产生直接的损害，如蛋白质变性，植物致死。

（5）地形。海拔、坡度、坡向、地形外貌都影响当地气候、太阳辐射、湿度等因子的变化，从而影响植物生长。对于一个给定的矿山，坡向显得尤其重要。对不同坡向，选择利用具不同光补偿点特性的不同植物进行植被护坡。

D 矿山自然环境生态治理工程中的绿化工艺

（1）喷播法。液压喷播是利用流体力学原理把草种、灌木种子混入装有一定比例的水、木纤维、泥炭、有机肥、黏合剂、保水剂、化肥、土壤等的容器内，利用离心泵把混合料通入软管输送到喷播坪床上，形成均匀的覆盖物保护下的草种层，多余水渗入土中。纤维胶体形成半透明的保湿表层，减少水分蒸发，给种子发芽提供水分、养分和遮阴条件。纤维胶体和土表黏合，使种子遇风、降雨、浇水不会冲失，具有良好的固种保苗作用。

（2）撒播法。在水土条件较好、缓坡及平地可进行人工或机械撒播，然后使浅表土覆盖种子。

（3）原生植物移植法。是将采完区段的坡面修成可以进行绿化的倾斜度（约40°以下），覆盖外运表土后，选取该地段附近的原生植物，在修筑坡面的同时进行移植。

（4）野生土种栽植法。从矿区周边采集种子和种苗进行播种与栽植。

（5）外来品种引入法。把域外成功的护坡植物，特别是观赏性花卉灌木，移植到矿山中，使其成为景观效应。

（6）植生袋法。用乙烯网袋等将预先配好的土、有机基质、种子、肥料等装入袋中，袋的大小和厚度随具体情况而定，一般为33cm×16cm×4cm，也可放大。通常在有一定碴土的坡面使用。使用时沿坡面水平方向开沟，将植生袋吸足水后摆在沟内。摆放时种子袋与地面之间不留空隙，压实后用U形钢筋式带钩竹扦将种子袋固定在坡面上。一周后种子发芽，初期应适时浇水。

（7）堆土袋法。该法是将装土的草袋子沿坡面向上堆置，草袋子间撒入草籽及灌木种子，然后覆土并依靠自然飘落的草本类种子繁殖野生植物。

（8）藤蔓植物攀爬法。矿山中常出现岩石裸露的陡坡，不便覆土植绿。我们常利用藤蔓植物攀爬、匍匐、垂吊的特性，对山坡、墙面、岩石、坡面绿化或垂直绿化，如爬山虎最初以茎卷须产生吸盘吸附岩体后又产生气生根扎入岩隙附着，向上攀爬，最后以浓密的枝叶覆盖坡面而达到绿化的目的；忍冬、蔓常春藤、云南黄素馨等使其枝叶从上披垂或悬挂而下，达到遮盖坡面的效果。

选择藤蔓植物必须注意植物性状（如阳性、阴性、耐阴性，不同坡面朝向选择不同光耐性植物）、攀爬方式及适宜的高度，如使用美国爬山虎及一些缠绕类大藤木需架网式绳子以便攀援物沿着绳子生长。

（9）高大乔木遮挡法。在矿山远处及坡脚覆土，栽植速生高大乔木或大树移栽。利用大树树体高大浓密遮挡裸露坡面，不仅具有较好的视觉效果，同时为耐阴等爬藤植物提供良好的生态环境。

另外还有许多方法，如铺草皮法、绿篱法、插穗法和埋干法等。

E 矿山植物的选取

绿化矿山植物的选取应考虑矿山地理气候特点、成土母质特性等；根据矿山环境特点选择耐旱、耐瘠、耐热、抗污染等特性的植物；尽可能选择与当地环境统一的当地资源丰富的乡土品种；在需要地段，还应尽量选取园林景观植物，使绿化源于自然，而高于自然；在短期覆绿的同时考虑选择长期有利于生物演替的植物，可采用混播、混种或分期栽植等多种形式。

选取植被恢复之用的植物种类，取决于该地区矿山未来的土地使用、土壤条件和气候。如果植被的目的是恢复自然生态，那么可事先确定植物的种类。

有些本地植物种类在采矿后、土壤条件发生巨大变化的地区不会成活，而治理的目的是再建立能达到原来植被功能的自然生态。如果是这种情况，那么就必须引进采矿之外地区的植物种类。与原植物相似，并能与绿地的土壤类型、水分状况、朝向和气候相似的地区生长的物种是最合适的。在引进外来植物时务必谨慎，以避免引进可能会导致侵袭周围地区本地植物的物种（如紫茎泽蓝）或是造成火灾，或成为当地农业杂草的植物种类。

正确选择矿山自然生态环境治理所需的植物种类和品种是治理成功与否和治理品位高低的关键。矿山自然生态环境治理常用的植物种类和品种，见表 7－1。

表 7－1　矿山自然生态环境治理常用的植物种类和品种

植物名称	分类	类型	光敏性	花期/月	特　性	用　途
爬山虎	葡萄科	落叶	耐阴	5～6	大型木质藤本，茎长可达 30m，以吸盘、气生根吸附生长，生长快。耐寒、耐旱、耐高温，对土壤、气候适应性强。喜阴、耐光，抗 SO_2 及 Cl 污染	攀附背阴岩石、墙面，阳面要有树木适当遮阴
络石（石龙藤）	夹竹桃科	常绿	耐阴	4～7	藤茎可达 10m，气生根吸附攀爬，喜温暖湿润气候，对土壤要求不严，酸性、中性土生长强健，抗风。喜光、耐阴、耐干旱、忌水淹	攀附岩石
扶芳藤	卫矛科	常绿	耐阴	4～7	藤木可达 10m，茎匍匐或附着他物，气生根吸附攀缘。喜温暖，耐寒，喜阴湿，耐干旱，瘠薄，对土壤要求不严，性强健，抗性强，生长快	攀附山石、陡坡

F　露天采坑边坡治理

由于采矿本身是一种对原岩的破坏，采剥作业打破了边坡岩体内的原始应力的平衡状态，出现了次生应力场，在次生应力场和其他因素的影响下，常使边坡岩体发生变形破坏，使岩体失稳，导致崩落、散落、倾倒坍塌和滑动等。所以边坡的稳定性是生态治理的前提，它直接关系到人身和财产的安全。

露天矿边坡一般比较高，从几十米到几百米均有，走向长从几百米到数公里，因而边坡揭露的岩层多。各部分地质条件往往差异大，变化复杂。最终边坡是由上而下逐步形成，上部边坡服务年限可达几十年，下部边坡则服务年限较短，底部边坡在采矿结束时即可废止，因此上下部边坡的稳定要求也不相同。边坡是用爆破、机械开挖等手段形成的，暴露岩体一般未加维护，因此边坡岩体较破碎，并易受风化等影响产生次生裂隙，破坏岩体的完整性，降低岩体强度。

边坡的治理方法有：

（1）对坡度不符合要求、开采面已过山顶的边坡可以进行削坡减载。对于高度不大的此类边坡，也可填方压坡脚。

（2）对富水地区边坡必须进行疏干排水，必要时可钻引水孔排水。

（3）对于地质条件易造成滑坡或小范围岩层滑动的岩体，须采用抗滑桩、挡石坝方法治理。

（4）对局部受地质构造影响的破碎带，采用锚杆、钢筋网喷射混凝土护面。

（5）对深部开裂、体积较大的危岩，宜采用深孔预应力锚索、长锚杆进行加固。

（6）对于边坡石质较软，岩石风化严重，易造成小范围塌方的边坡，削坡后低处宜用挡土墙支挡，高处可采用框格式拱墙护坡。

（7）为防止滚石伤人，坡面要进行严格的检查撬毛工作，然后可结合绿化工程在坡上铺设金属网，或塑料格栅网挡石。

（8）对于地势较高的矿山，须检查矿山废渣场（堆）有无可能形成泥石流和坍塌，若不符合安全要求须进行清理或建拦渣坝拦挡。

7.6　矿山环境保护的监督

7.6.1　编制矿山环境保护与综合治理方案的程序

（1）接受编制方案委托。

（2）全面收集资料及现场踏勘。

（3）矿山环境调查。

（4）矿山环境影响评估。

（5）编制矿山环境保护与综合治理方案。

（6）提交专家审查。

7.6.2　矿山环境调查

7.6.2.1　基础资料收集与调查

矿山环境调查应收集、调查如下资料：

（1）矿山位置和范围。

（2）自然状况：包括地形、气象、水文、植被、土壤等。

（3）矿山概况：包括矿山企业名称、性质、总投资、矿山建设规模及工程布局；设计生产能力、设计生产服务年限、实际生产能力；矿产资源及储量、矿床类型与赋存特征；开采历史、现状、生产服务年限、开采方式、采选工艺；尾矿及废弃物处置情况等。

（4）地质背景：包括地层、岩性、地质构造、水文地质、工程地质等。

7.6.2.2　矿山环境问题调查

矿山环境调查应该查明以下矿山环境问题的规模、分布及危害。

（1）矿区土地、植被资源的占用和破坏，包括土地利用现状改变、地貌景观破坏、水土流失、土地沙化、盐碱化、土壤污染等。主要有露天采场、工业广场、采矿废弃物、尾矿库、生活设施建设等占用和破坏土地、植被资源；矿山地质灾害造成的土地、植被和地貌景观破坏；废液排放、堆积物淋滤液污染土壤及水土流失。

（2）矿区地下水均衡破坏、水污染问题，包括地下水水位下降、水资源枯竭、地下水及地表水污染等。包括矿井突水、矿井排水形成的地下水降落漏斗以及采动后上覆岩层破碎、断裂、沉降导致各含水层贯通，造成地下水均衡改变；废液废渣排放、堆积物淋滤液造成地下水、地表水污染，破坏水环境。

（3）矿山地质灾害，包括井工开采、露天开采、矿坑疏干排水引发的崩塌、滑坡、地面塌陷（开采沉陷、岩溶塌陷）、地裂缝等；固体废弃物堆积引起的崩塌、泥（渣）石流、不稳定边坡等；尾矿库溃坝、尾矿坝开裂等。

除以上环境问题，还应调查不同矿山涉及的其他环境问题。表 7－2 为常用矿山环境调查表。

表 7－2　矿山环境现状调查表

矿山基本概况	矿山企业名称			通信地址	市（州）县镇（乡）村	邮政编码		法人代表	
	电话		传真	坐标	经度：　纬度：	矿类		矿种	
	企业规模		设计生产能力 /$10^4 t \cdot a^{-1}$		采空区面积 /m^2				
	经济类型								
	矿山面积/m^2		实际生产能力		开采层位		开采深度		
	建矿时间		生产现状		选矿方法				
			采矿方式		服务年限				

矿业开发占用破坏土地情况	露采场		固体废料场		尾矿库		地面塌陷		总计	已治理
	数量/个	面积/m^2	数量/个	面积/m^2	数量/个	面积/m^2	数量/个	面积/m^2	面积/m^2	面积/m^2
	占用土地情况/m^2		占用土地情况/m^2		占用土地情况/m^2		破坏土地情况/m^2			
	耕地　基本农田		耕地　基本农田		耕地　基本农田		耕地　基本农田			
	耕地　其他耕地		耕地　其他耕地		耕地　其他耕地		耕地　其他耕地			
	耕地　小计		耕地　小计		耕地　小计		耕地　小计			
	林地		林地		林地		林地			
	其他土地		其他土地		其他土地		其他土地			
	合计/m^2		合计/m^2		合计/m^2		合计/m^2			

矿山固体废弃物排放	类型	年排放量/$10^4 m^3$	年综合利用量/$10^4 m^3$	累计积存量/$10^4 m^3$	主要有害物质
	尾矿（砂）				
	废石（砂）				
	煤矸石				
	粉煤灰				
	合计				

续表 7－2

矿业开发造成的水土污染及水土流失情况	污染土壤					水土流失
	污染土地类型	主要污染物	污染程度	污染面积/m²	水土流失面积/m²	土壤流失量/t·a⁻¹

矿业开发对水环境影响情况	地表水漏失情况		
	地表水漏失影响范围/m²	地表水漏失的程度及主要影响对象	
	地表水污染情况		
	主要污染物	污染对象	污染面积/m²
	地下水资源的影响		
	地下水位最大下降程度/m	主要影响对象	

矿业开发引起的崩塌、滑坡、泥石流等发生情况	种类	发生时间	发生地点	规模	影响范围/m²	体积/m³	危害：死亡人数/人	危害：受伤人数/人	危害：破坏房屋/间	危害：毁坏土地/m²	危害：直接经济损失/万元	发生原因	防治工作情况	治理面积/m²

矿业活动引起的地面塌陷发生情况	发生时间	发生地点	规模	塌陷坑/个	影响范围/m²	最大长度/m	最大深度/m	危害：死亡人数/人	危害：受伤人数/人	危害：破坏房屋/间	危害：毁坏土地/m²	危害：直接经济损失/万元	发生原因	防治工作情况	治理面积/m²

矿业活动引起的地裂缝发生情况	发生时间	发生地点	数量/个	最大长度/m	最大宽度/m	最大深度/m	走向	危害：死亡人数/人	危害：受伤人数/人	危害：破坏房屋/间	危害：毁坏土地/m²	危害：直接经济损失/万元	发生原因	防治工作情况	治理面积/m²

矿山企业（盖章）：　　填表单位（盖章）：　　填表人：　　填表日期：　年　月　日

7.6.3　矿山环境影响评估

7.6.3.1　评估工作的任务

（1）分析评估区的地质环境背景。

（2）对评估区矿业活动引发的环境问题及其影响作出现状评估。

（3）对矿业活动可能引发或加剧的环境问题及其影响作出预测评估。

（4）对矿山建设和矿业活动的环境影响作出综合评估。

7.6.3.2　评估内容

（1）矿业活动引发的地表水漏失、区域地下水均衡破坏、水质污染等水资源、水环境的变化及其影响程度。

（2）矿业活动引起的土地沙化、岩土污染、水土流失等对土地、植被资源的影响与破坏。

（3）矿业活动引发的地面塌陷、地裂缝、崩塌、滑坡、泥石（渣）流等地质灾害及其危害程度。

（4）矿业活动对重要工程设施、房屋、厂矿、各类保护区和自然景观等造成的危害和影响程度。

7.6.3.3　评估工作级别确定

评价矿山建设及生产活动可能引发的环境问题、地质灾害对矿山环境的影响破坏程度；进行地质灾害危险性评估，论证矿山环境对矿山建设及生产活动的适宜程度。矿山环境影响评估的地域范围，不仅限于矿山开采区，还应包括受采矿活动影响的地区。生产矿山、改（扩）建矿山以矿山环境现状和预测评估为主，新建矿山以矿山环境预测评估为主。

（1）矿山环境影响评估精度应根据评估区重要程度、矿山地质环境条件复杂程度、矿山生产建设规模等综合确定，评估级别分为三级，表7－3为矿山环境影响评估精度分级。

表7－3　矿山环境影响评估精度分级表

评估区重要程度	矿山建设规模	地质环境条件复杂程度		
		复杂	中等	简单
重要区	大型	一级	一级	一级
	中型	一级	一级	二级
	小型	一级	一级	二级
较重要区	大型	一级	一级	二级
	中型	一级	二级	二级
	小型	二级	二级	三级
一般区	大型	一级	二级	二级
	中型	二级	二级	三级
	小型	二级	三级	三级

（2）评估区重要程度应根据区内居民集中居住情况、重要工程设施和自然保护区分布情况、耕地面积等确定，划分为重要区、较重要区和一般区三级。表7－4为评估区重要程度分级。

表7－4　评估区重要程度分级表

重要区	较重要区	一般区
（1）评估区内分布有集镇或大于500人以上的居民集中居住区； （2）分布有国道、高速公路、铁路、中型以上水利、电力工程或其他重要建筑设施； （3）矿区紧邻（300米以内）国家级自然保护区（含地质公园、风景名胜区等）或重要旅游景区（点）； （4）有重要水源地； （5）耕地面积占矿山面积的比例大于50%	（1）评估区内分布有200～500人的居民集中居住区； （2）分布有省道、高等级公路、小型水利、电力工程或其他较重要建筑设施； （3）紧邻（300米以内）省级、县级自然保护区或较重要旅游景区（点）； （4）有较重要水源地； （5）耕地面积占矿山面积的比例为30%～50%	（1）评估区内居民居住分散，居民集中居住区人口在200人以下； （2）无重要交通要道或建筑设施； （3）远离（300米以外）各级自然保护区及旅游景区（点）； （4）无重要、较重要水源地； （5）耕地面积占矿山面积的比例小于30%

注：评估区重要程度分级采取按上一级别优先的原则确定，只要有一条符合者即为该级别。

（3）矿山地质环境条件复杂程度应分别按井工开采和露天开采归类，应根据区内水文地质、工程地质、环境地质和矿山地形地貌、开采情况等划分为复杂、中等、简单三级，矿山地质环境复杂程度分级见表7－5，露天开采矿山地质环境条件复杂程度分级见表7－6。

表7－5　井下开采矿山地质环境条件复杂程度分级表

复　杂	中　等	简　单
（1）水文地质条件复杂。矿坑进水边界复杂，充水岩层岩溶发育强烈，为岩溶充水矿床，最大涌水量不小于800m^3/h，地下疏干排水导致地面塌陷的可能性大，老窿（窑）水威胁大，地表水体多，地表水与地下水联系密切，对矿坑充水影响大。 （2）废石、废渣、废水有害成分多，含量高，易分解，排放不稳定，极易污染水土环境。 （3）采空区面积和空间大。 （4）现状条件下矿山地质环境问题多，危害大。	（1）水文地质条件复杂。矿坑进水边界较复杂，充水岩层岩溶发育较强，为岩溶裂隙充水或含水丰富的裂隙充水矿床，最大涌水量200～800m^3/h，地下疏干排水导致地面塌陷等，老窿水威胁较大，地表水体较多，地表水与地下水有一定联系，对矿坑充水有影响。 （2）废石、废渣、废水有害成分较多，含量较高，废石、废渣堆较稳定，较易污染水土环境。 （3）采空区面积和空间较大。 （4）现状条件下矿山地质环境问题较多，危害较大。	（1）水文地质条件简单。矿坑进水边界条件简单，充水岩层岩溶不发育，为弱裂隙充水矿床，最大涌水量小于200m^3/h，地下疏干排水导致地面塌陷的可能性小，老窿水威胁小，地表水体较少，地表水与地下水联系不密切，对矿坑充水影响小。 （2）废石、废渣、废水有害成分少，含量低，废石、废渣堆稳定，不易污染水土环境。 （3）采空区面积和空间小。 （4）现状条件下矿山地质环境问题少，危害小。

续表7－5

复 杂	中 等	简 单
(5) 地质构造复杂。断裂构造发育强烈，断裂带切割矿层（体）严重，导水性强。 (6) 工程地质条件复杂。岩土体工程地质条件不良，可溶岩类发育，地表残坡积层不小于10m，矿层（体）顶板、底板工程地质条件差。 (7) 地形复杂，地貌单元类型多，地形坡度一般大于35°，地面倾向与岩层倾向基本一致	(5) 地质构造较复杂。断裂构造较发育，断裂带对矿坑充水和采矿有影响。 (6) 工程地质条件较复杂。岩土体工程地质条件一般，可溶岩类较少，地表残坡积层5～10m，矿层顶板、底板工程地质条件较差。 (7) 地形较复杂。地貌单元类型较少，地形坡度一般为20°～35°，地面倾向与岩层倾向多为斜交	(5) 地质构造简单，断裂构造不发育，断裂带对矿坑充水和采矿基本无影响。 (6) 工程地质条件简单，岩土体工程地质条件好，可溶岩类不发育，地表残坡积层小于5m，矿层顶板、底板条件好。 (7) 地形简单，地貌单元类型单一，地形坡度一般小于20°，地面倾向与岩层倾向多为反向

表7－6 露天开采矿山地质环境条件复杂程度分级表

复 杂	中 等	简 单
(1) 水文地质条件复杂。采场位于当地侵蚀基准面以下，不能自然排水，采场最大涌水量大于800m³/h；采场汇水面积大，地表水对采场充水影响大。 (2) 废（矸）石、废渣、废水有毒有害组分含量高，对水土污染影响严重，对人体健康危害大。 (3) 开采面积及采坑深度大，废渣、废石多，形成废渣、废石流可能性大。 (4) 现状条件下矿山地质环境问题多．对人居环境、自然景观影响大。 (5) 地质构造复杂。断裂构造及破碎带对采场充水及矿床开采影响大。 (6) 工程地质条件复杂。残坡积层、岩石风化破碎带厚度大于10m；采场边坡岩石风化破碎严重或土层松软，易产生边坡失稳。 (7) 地形条件复杂。起伏变化大，地形坡度一般大于35°；地貌单元类型多，高坡方向岩层倾向与采坑斜坡多为同向	(1) 水文地质条件较复杂。采场位于当地侵蚀基准面以下，采场涌水量200～800m³/h；采场汇水面积较大，地表水对采场充水影响较大。 (2) 废（矸）石、废渣、废水含有毒有害组分，对水土污染影响较大，对人体健康有一定危害。 (3) 开采面积及采坑深度较大，形成废渣、废石流可能性较大。 (4) 现状条件下矿山地质环境问题较多，对人居环境、自然景观有一定影响。 (5) 地质构造较复杂。断裂构造及破碎带对采场充水及对矿床开采影响较大。 (6) 工程地质条件较复杂。残坡积层、岩石风化破碎带厚度5～10m；采场边坡岩石风化破碎较严重，仅局部边坡不稳定。 (7) 地形条件较复杂。起伏变化较大，地形坡度20°～35°；地貌单元类型较多，高坡方向岩层倾向与采坑斜坡多为斜交	(1) 水文地质条件简单。采场位于当地侵蚀基准面以上，能自然排水。采场涌水量小于200m³/h，采场汇水面积小，地表水对采场充水影响小。 (2) 废（矸）石、废渣、废水有毒有害组分含量低，对水土污染影响小，对人体健康危害小。 (3) 采坑面积及采坑深度小，废渣、废石较少，形成废渣、废石流可能性小。 (4) 现状条件下矿山地质环境问题少，对人居环境、自然景观影响小。 (5) 地质构造简单。断裂构造及破碎带对采场充水及对矿床开采影响小或无影响。 (6) 工程地质条件简单。残坡积层、岩石风化破碎带厚度小于5m；采场边坡岩石风化弱，土层薄，边坡较稳定。 (7) 地形条件较简单，起伏变化不大，地形坡度小于20°；地貌单元类型简单、高坡方向岩层倾向与采坑斜坡多为反向

注：分级采取按上一级别优先的原则确定。前4条中只要有一条满足某一级别、或者后3条同时满足某一级别，应定为该级别。

（4）矿山生产建设规模按矿种和年生产量分大型、中型、小型三类，表 7－7 为矿山生产建设规模的分类。

表 7－7　矿山生产建设规模分类一览表

矿种类别	计量单位	年生产量			备注
		大型	中型	小型	
煤（地下开采）	万吨	≥120	120～45	<45	原煤
煤（露天开采）	万吨	≥400	400～100	<100	原煤
石油	万吨	≥50	50～10	<10	原油
油页岩	万吨	≥200	200～50	<50	矿石
烃类天然气	亿立方米	≥5	5～1	<1	
二氧化碳气	亿立方米	≥5	5～1	<1	
煤成（层）气	亿立方米	≥5	5～1	<1	
地热（热水）	万立方米	≥20	20～10	<10	
地热（热气）	万立方米	≥10	10～5	<5	
放射性矿产	万吨	≥10	10～5	<5	
金（岩金）	万吨	≥15	15～6	<6	矿石
金（砂金船采）	万立方米	≥210	210～60	<60	矿石
金（砂金机采）	万立方米	≥80	80～20	<20	矿石
银	万吨	≥30	30～20	<20	矿石
其他贵金属	万吨	≥10	10～5	<5	矿石
铁（地下开采）	万吨	≥100	100～30	<30	矿石
铁（露天开采）	万吨	≥200	200～50	<60	矿石
锰	万吨	≥10	10～5	<5	矿石
铬、钛、钒	万吨	≥10	10～5	<5	矿石
铜	万吨	≥100	100～30	<30	矿石
铅	万吨	≥100	100～30	<30	矿石
锌	万吨	≥100	100～30	<30	矿石
钨	万吨	≥100	100～30	<30	矿石
锡	万吨	≥100	100～30	<30	矿石
锑	万吨	≥100	100～30	<30	矿石
铝土矿	万吨	≥100	100～30	<30	矿石
钼	万吨	≥100	100～30	<30	矿石
镍	万吨	≥100	100～30	<30	矿石
钴	万吨	≥100	100～30	<30	矿石
镁	万吨	≥100	100～30	<30	矿石
铋	万吨	≥100	100～30	<30	矿石

续表 7－7

矿种类别	计量单位	年生产量			备注
		大型	中型	小型	
汞	万吨	≥100	100～30	<30	矿石
稀土、稀有金属	万吨	≥100	100～30	<30	矿石
石灰岩	万吨	≥100	100～50	<20	矿石
硅石	万吨	≥20	20～10	<10	矿石
白云石	万吨	≥50	50～30	<30	矿石
耐火黏土	万吨	≥20	20～10	<10	矿石
萤石	万吨	≥10	10～5	<5	矿石
硫铁矿	万吨	≥50	50～20	<20	矿石
自然硫	万吨	≥30	30～10	<10	矿石
磷矿	万吨	≥100	100～30	<30	矿石
岩盐、井盐	万吨	≥20	20～10	<10	矿石
湖岩	万吨	≥20	20～10	<10	矿石
钾盐	万吨	≥30	30～5	<5	矿石
芒硝	万吨	≥50	50～10	<10	矿石
碘		按小型矿山归类			
砷、雌黄、雄黄、毒砂		按小型矿山归类			
金刚石	万吨	≥2		<0.6	1 克≈5 克拉
宝石		按小型矿山归类			
云母		按小型矿山归类			工业云母
石棉	万吨	≥2		<1	石棉
重晶石	万吨	≥10		<5	矿石
石膏	万吨	≥30		<10	矿石
滑石	万吨	≥10		<5	矿石
长石	万吨	≥20		<10	矿石
高岭土、瓷土等	万吨	≥10	10～5	<5	矿石
膨润土	万吨	≥10	10～5	<5	矿石
叶腊石	万吨	≥10	10～5	<5	矿石
沸石	万吨	≥30	30～10	<10	矿石
石墨	万吨	≥1	1～0.3	<0.3	石墨
玻璃用砂、砂岩	万吨	≥30	30～10	<10	矿石
水泥用砂岩	万吨	≥60	60～20	<20	矿石
建筑石料	万立方米	≥10	10～5	<5	
建筑用砂、砖瓦黏土	万吨	≥30	30～5	<5	矿石
页岩	万吨	≥30	30～5	<5	矿石
矿泉水	万吨	≥10	10～5	<5	

（5）评估精度要求。一级评估应定量—半定量地作出矿山环境影响程度现状评估、预测评估和综合评估。二级评估应半定量—定性地作出矿山环境影响程度现状评估、预测评估和综合评估。三级评估应定性地作出矿山环境影响程度现状评估、预测评估和综合评估。

7.6.3.4 评估工作程序与方法

A 评估工作程序

（1）在矿山环境调查的基础上划分评估级别、确定评估范围。

（2）分析评估区矿山环境问题的影响因素、产生原因、演化趋势等。

（3）进行矿山环境影响评估。

B 评估工作方法

（1）矿山环境影响评估方法可采用层次分析法、模糊综合评判法、相关分析法和类比法等方法。

（2）新建矿山以环境影响预测评估为主；已投产生产和改（扩）建矿山应现状评估与预测评估并重。

7.6.3.5 评估技术要求

矿山环境影响评估范围应包括矿山用地范围、矿业活动影响范围和可能影响矿业活动的不良地质因素存在的范围。矿山环境影响评估应在查明矿山地质环境条件的基础上，根据矿山开采现状和开发利用方案，对矿山环境问题进行现状评估、预测评估和综合评估。

A 现状评估

（1）分析评估存在的矿山环境问题的发育程度、表现特征和成因；分析相邻矿山矿业活动的相互影响特征与程度。

（2）评估各种环境问题对人员、财产、环境、资源及重要建设工程、设施的危害与影响程度，表7－8为矿业活动对矿山环境影响程度的分级。

表7－8 矿山地质灾害程度分级依据表

影响程度分级	确定要素					
	地质灾害影响对象	地质灾害危害程度	影响的土地资源类型	水资源的影响	水环境的影响	防治难度
严重	各类保护区、城镇、大村庄、重要交通干线，重要工程设施	严重	灌溉水田、基本农田	大面积地表漏水，使水田变成旱地，地下水枯竭，影响水源地供水	污染河流，水库或者大面积地表、地下水体	难度大
较严重	村庄、一般交通线和工程设施	较严重	灌溉水田、基本农田以外的耕地	小范围地表水漏失，地下水位超长下降，但影响限于局部	污染小溪，水塘，局部地表地下水体	难度较大
较轻	分散性居民区或无居民区	较轻	耕地以外的农用地、未利用地	无地表水漏失、泉水干涸等现象，不影响当地生产生活	基本无污染或者仅限于极小范围内的轻微污染	难度小

注：1. 分级采取按上一级别优先的原则确定，只要有一项要素符合某一级别，应定为该级别。

2. 地质灾害危害程度的确定按表7－9执行。

表 7–9 矿山地质危害程度分级表

危害程度分级	受威胁人数/人	受威胁财产/万元
严重	大于 100	大于 500
较严重	10 ~ 100	100 ~ 500
较轻	小于 10	小于 100

注：分级采取按上一级别优先的原则确定，只要有一项指标达到某分级标准，应定为该级别。

（3）评估矿山环境保护、治理及地质灾害防治工作状况及效果。

（4）评述评估区的环境质量状况和矿山环境问题的防治难度。

B 预测评估

在现状评估的基础上，根据矿山类型和矿山开发利用方案确定开采范围、深度、规模和采、选、冶方法、废弃物（包括废石、矿渣、尾矿、废水）的处置方式等，结合评估区地质环境条件，预测矿业活动可能产生、加剧的环境问题和矿山建设遭受地质灾害的危险性，并对其发展趋势、危害对象、影响程度和防治难度进行分析论证和评估。

（1）预测矿业活动可能引发和加剧的环境问题的种类、规模和原因。

（2）预测评估各种环境问题对人员、财产、环境、资源及重要建设工程设施的危害与影响程度。

（3）预测矿山建设遭受地质灾害的危险性，按表 7–10 执行。

表 7–10 地质灾害危险性分级表

隐患体稳定状态	地质灾害危害程度		
	严重	较严重	较轻
不稳定	危险性大	危险性大	危险性中等
较不稳定	危险性大	危险性中等	危险性小
基本稳定	危险性中等	危险性小	危险性小

注：地质灾害危害程度的确定按表 7–9 执行。

（4）预测在矿业活动结束时评估区的总体地质环境质量状况。

（5）分析矿业活动引发的各种环境问题的防治难度。

C 综合评估

在现状评估、预测评估的基础上对评估区环境总体影响程度作出综合评估结论。矿山环境总体影响程度依据对生态环境、资源和重要建设工程及设施的破坏与影响程度、地质灾害危险性大小、危害对象和矿山环境问题的防治难度等划分为影响严重、影响较重和影响较轻三个等级。

7.6.4 矿山环境保护与综合治理方案的编制

为了实现矿产资源开发与生态环境保护协调发展，提高矿产资源开发利用效率，避免和减少矿区生态环境破坏和污染，做好矿山生态环境保护与综合治理方案，并且全面实施，使矿山企业的生产环境和矿区人民的生活环境得到明显改善。新建和已投产的矿山企业必须编制矿山环境保护与综合治理方案，经专家评审后，报国土资源行政主管部门批准。矿山环境保护与综合治理方案是各级国土资源行政主管部门颁发采矿许可证的依据，是矿业权人转让、变更、延续采矿权的依据，是实行保证金制度的依据，是各级国土资源行政主管部门监督、管理矿山环境保护与综合治理实施情况的依据。根据矿山环境影响评估结合人居环境和经济社会发展的需求，明确矿山环境保护与综合治理目标、任务。结合矿山服务年限和开采计划，确定矿山环境保护与综合治理方案的适用年限。

7.6.4.1 矿山环境保护与综合治理工程方案内容

(1) 编制表层土的剥离、堆放、存储、再利用方案。
(2) 采矿废弃的矿渣、煤矸石、围岩杂石等固体废弃物的存放、处理、再利用方案。
(3) 选矿中产生的尾矿渣、矿泥等尾矿及废弃物的排放、存储方案。
(4) 采矿场及梯级开采边坡的保护和边坡整治方案。
(5) 采矿已诱发的地质灾害的治理和矿区潜在地质灾害的防治方案。
(6) 地下水均衡恢复、水污染防治方案。
(7) 废水的存储、处理、再利用方案。
(8) 矿区土地复垦和植被恢复或重建方案。
(9) 其他矿山环境问题防治方案。

7.6.4.2 生产矿山环境保护与综合治理方案文字报告

A 已投产矿山环境保护与综合治理方案文字报告

生产矿山环境保护与综合治理方案应参照以下提纲编写：
(1) 前言部分内容应该包括方案编制的依据、方案编制的目的、治理方案适用年限。
(2) 矿山基本情况应该阐述：
1) 矿区自然地理。
2) 矿区地质条件包含地层、构造、岩浆岩、水文地质条件、工程地质条件等内容。
3) 矿山企业概况：矿山所处行政区位置、分布范围、地理坐标、区位条件、矿区及周围经济社会环境；矿产资源及储量、矿床类型与地质特征；矿山设计生产服务年限、矿山开采年限、年生产能力及产量变化；开采历史、现状、矿山尚有生产服务年限。
4) 矿山开发方案概述：矿山建设规模及工程布局，矿山开采方式、方法及开采影响范围；废弃物处置情况；选（冶）位置及生产工艺流程；尾矿库位置、规模等。
(3) 矿山环境现状及发展趋势应包括以下内容：
1) 矿山环境现状：土地、植被资源占用和破坏问题；水资源、水环境变化问题；矿山地质灾害等。
2) 矿山环境发展趋势分析。
(4) 矿山环境影响评估应包括以下内容：
1) 评估级别确定。
2) 矿山环境影响现状评估。
3) 矿山环境影响预测评估。
4) 矿山环境影响综合评估。
(5) 矿山环境保护与综合治理的原则、目标和任务。

（6）矿山环境保护与综合治理总体布局应包括以下内容：

1）矿山环境保护与综合治理分区。

2）矿山环境保护与综合治理工作部署。

3）矿山环境保护与综合治理技术方法。

（7）矿山环境保护与综合治理工程应包括以下内容：

1）保护方案包含保护目标、保护措施、资金来源等内容。

2）治理工程方案包含分述治理工程名称、治理对象、主要工作量、投资概算、资金筹措方式、工期与进度、组织管理、保障措施、社会、经济、环境效益分析。

3）矿山环境监测方案：提出开采过程中为切实加强矿山环境保护，应重点监测的内容、监测点的布设、监测方法以及资金投入等。

（8）保护与治理方案的可行性分析及建议。

（9）主要附图有：

1）矿山环境现状图。

2）矿山环境影响评估图。

3）矿山环境保护与综合治理方案图。

B　新建矿山环境保护与综合治理方案文字报告

新建矿山环境保护与综合治理方案应参照以下提纲编写：

（1）前言主要内容应包括方案编制的依据、方案编制的目的、方案的适用年限。

（2）矿山基本情况应阐述：

1）矿区自然地理。

2）矿区地质条件包含地层、构造、岩浆岩、水文地质条件、工程地质条件等内容。

3）矿山企业概况：矿山所处行政区位置、分布范围、地理坐标、区位条件、矿区及周围经济社会环境；矿产资源及储量、矿床类型与地质特征；矿山设计生产服务年限、年生产能力。

4）矿山开发方案概述：包括矿山建设规模及工程布局，矿山开采方式、方法及开采影响范围；废弃物处置情况；选（冶）位置及生产工艺流程；尾矿库位置、规模等。

（3）矿山环境影响评估应包括以下内容：

1）评估级别确定。

2）可能引发的矿山环境问题分析。

3）矿山环境影响预测评估。

（4）矿山环境保护与综合治理原则、目标和任务。

（5）矿山环境保护与综合治理总体布局应包括以下内容：

1）矿山环境保护与综合治理分区。

2）矿山环境保护与综合治理工作部署。

3）矿山环境保护与综合治理技术方法。

（6）矿山环境保护与综合治理工程应包括以下内容：

1）保护方案包含保护目标、保护措施、资金来源等。

2）治理工程方案：按治理对象分述治理工程名称、主要工作量、投资概算、资金筹措方式、工期与进度、组织管理、保障措施、社会、经济、环境效益分析等。

3）矿山环境监测方案：提出开采过程中为切实加强矿山环境保护，应重点监测的内容、监测点的布设、监测方法以及资金投入等。

（7）保护与治理方案的可行性分析及建议。

（8）主要附图有：

1）矿山环境现状图。

2）矿山环境影响预测评估图。

3）矿山环境保护与综合治理方案图。

7.6.4.3　附图编制要求

矿山环境保护与综合治理方案成果图件的编制要求有：

（1）一般要求。

1）成果图件应在深入分析已有资料和最新调查成果及综合研究的基础上编制。

2）成果图件应符合有关要求，表示方法合理，层次清楚，清晰直观，图式、图例、注记齐全，读图方便。

3）工作底图采用最新地理底图或地形地质图。

4）利用地理信息系统等新技术数字化成图，图形数据文件命名清晰并与工程文件一起存储。

5）成图比例尺原则上不小于矿山精查报告比例尺。当矿区范围较大，成图比例尺最小为1:10000。

（2）×××矿山环境现状图。

1）图面主要反映矿区的地质环境条件、矿山环境问题以及矿山开采程度等，主要包括以下内容：

①地理要素包括：主要地形等高线、控制点；地表水系、水库、湖泊的分布；重要城镇、村庄、工矿企业；干线公路、铁路、重要管线；人文景观、地质遗迹、供水水源地等各类保护设施。涉及的地理要素编绘方法可以参照《1:50000地质图地理底图编绘规范》（DZ/T 0157—1995）。

②地质环境条件要素包括矿区地貌分区与主要地质构造、土地利用现状、水文地质要素（如井、泉分布）等。

③矿山开采要素包括矿区范围、现有开采井筒、主要巷道的布置、采空区的分布等。

④主要矿山环境问题（包括地质灾害）有：已发生的滑坡、崩塌、泥石流、地面塌陷（开采沉陷、岩溶塌陷）、地裂缝等地质灾害的分布和规模，潜在的地质灾害的类型和分布；土地沙化与水土流失分布范围；固体废弃物堆放位置与规模；地下水均衡破坏范围；水土污染范围等。

2）镶图。可根据需要在平面图上附专门性镶图，如区域地质灾害分布现状图、降水等值线图、活动断裂与地震震中分布图、地下水等水位线图、地质剖面图等。

3）镶表。用表的形式说明矿山环境问题（含地质灾害）编号、地理位置、类型、规模、形成条件与成因、危险性与危害程度、发展趋势等。

（3）×××矿山环境影响评估图。

1）图面主要反映矿业活动对矿山环境的影响。主要包括以下内容：

①地理要素包括：主要地形等高线、控制点；地表水系、水库、湖泊；重要城镇、村庄、工矿企业；干线公路、铁路、重要管线；人文景观、地质遗迹、供水水源地等各类保护设施。地理要素的编绘方法可以参照 DZ/T 0157—1995。

②地质环境条件要素包括矿区地貌分区与主要地质构造、土地利用现状、水文地质要素（如井、泉分布）等。

③矿山开采要素包括矿区范围、现有开采井筒、主要巷道的布置、采空区的分布等。

④矿山环境影响评估分区：根据评估结果在图面上表示，可分为严重区、较严重区和一般区。

2）镶图。对重点区域，可以在图面上以大比例尺的镶图作进一步说明，如完整的泥石流沟谷、地下水疏干范围等。

3）镶表。用镶表对矿山地质环境影响评估分区加以说明，如矿山环境影响分区编号、地理位置、主要矿山环境问题（含地质灾害）类型、成因、危害、综合影响评估结果等。

（4）采矿环境保护与综合治理方案图。

1）图画上主要反映矿山环境保护与综合治理的规划分区等。主要包括以下内容：

①地理要素包括：主要地形等高线、控制点；地表水系、水库、湖泊；重要城镇、村庄、工矿企业；干线公路、铁路、重要管线；人文景观、地质遗迹、供水资源地等各类保护设施。地理要素编绘方法参照 DZ/T 0157—1995。

②地质环境条件要素包括矿区地貌分区与主要地质构造、土地利用现状、水文地质要素（如井、泉分布）等。

③矿山开采要素包括矿区范围、现有开采井筒、主要巷道的布置、采空区的分布等。

④矿山环境保护规划分区：根据矿山环境影响评估结果结合本地区环境保护规划划分出重点保护区、次重点保护区、一般保护区。

⑤矿山环境综合治理规划分区：根据矿山环境影响评估结果，按照轻重缓急、分阶段实施的原则，划分出近期、中期、远期综合治理区，并分别表示出主要治理工程措施。

2）镶图。根据需要应对矿山环境保护分区内的重要人文景观、地质遗迹、工程设施等，插入大比例尺镶图作进一步说明。此外，对于综合治理规划区内的主要工程部署、治理工程措施与手段等附以专门性镶图。

3）镶表。用镶表对矿山环境保护分区和矿山环境综合合理规划分区加以说明，如分区（段）名称、位置、面积；主要矿山环境问题类型、特点和危害；保护区的主要保护措施、方法、手段；综合治理规划区的治理方法、措施、手段。

习　题

7－1　我国的矿业活动主要指哪些？

7－2　矿山环境保护的措施有哪些？

7－3　我国环境保护的基本方针是什么？

7－4　可持续发展的含义是什么？

7－5　可持续发展的基本原则是什么？

7－6　我国矿产可持续发展的措施有哪些？

7-7　《中华人民共和国大气污染防治法》是哪一天开始施行的？

7-8　我国制定《中华人民共和国土地管理法》的目的是什么？

7-9　《大气环境质量标准》制定的目的是什么？

7-10　矿山环境保护的方针政策是什么？

7-11　防治矿区泥石流灾害的方法有哪些？

7-12　矿区山体滑坡的治理措施有哪些？

7-13　露天采矿对环境的影响有哪些？

7-14　生态覆绿治理中土壤条件的创造方法有哪些？

7-15　编制矿山环境保护与综合治理方案的程序有哪些？

参考文献

[1] 陈国山．金属矿地下开采（第2版）[M]．北京：冶金工业出版社，2012.

[2] 陈国山．露天采矿技术 [M]．北京：冶金工业出版社，2008.

[3] 陈国山．矿山通风与环保 [M]．北京：冶金工业出版社，2008.

[4] 蒋家超，等．矿山固体废物处理与资源化 [M]．北京：冶金工业出版社，2007.

[5] 余经海．工业水处理技术 [M]．北京：化学工业出版社，2010.

[6] 徐晓军，等．矿业环境工程与土地复垦 [M]．北京：化学工业出版社，2010.

[7] 竹涛，等．矿山固体废物综合利用技术 [M]．北京：化学工业出版社，2012.

[8] 蒋仲安．矿山环境工程（第2版）[M]．北京：冶金工业出版社，2011.

[9] 韦冠俊．矿山环境工程 [M]．北京：冶金工业出版社，2001.

冶金工业出版社部分图书推荐

书　名	作　者	定价（元）
现代企业管理（第2版）（高职高专教材）	李　鹰	42.00
Pro/Engineer Wildfire 4.0（中文版）钣金设计与焊接设计教程（高职高专教材）	王新江	40.00
Pro/Engineer Wildfire 4.0（中文版）钣金设计与焊接设计教程实训指导（高职高专教材）	王新江	25.00
应用心理学基础（高职高专教材）	许丽遐	40.00
建筑力学（高职高专教材）	王　铁	38.00
建筑 CAD（高职高专教材）	田春德	28.00
冶金生产计算机控制（高职高专教材）	郭爱民	30.00
冶金过程检测与控制（第3版）（高职高国规教材）	郭爱民	48.00
天车工培训教程（高职高专教材）	时彦林	33.00
工程图样识读与绘制（高职高专教材）	梁国高	42.00
工程图样识读与绘制习题集（高职高专教材）	梁国高	35.00
电机拖动与继电器控制技术（高职高专教材）	程龙泉	45.00
金属矿地下开采（第2版）（高职高专教材）	陈国山	48.00
磁电选矿技术（培训教材）	陈　斌	30.00
自动检测及过程控制实验实训指导（高职高专教材）	张国勤	28.00
轧钢机械设备维护（高职高专教材）	袁建路	45.00
矿山地质（第2版）（高职高专教材）	包丽娜	39.00
地下采矿设计项目化教程（高职高专教材）	陈国山	45.00
矿井通风与防尘（第2版）（高职高专教材）	陈国山	36.00
单片机应用技术（高职高专教材）	程龙泉	45.00
焊接技能实训（高职高专教材）	任晓光	39.00
冶炼基础知识（高职高专教材）	王火清	40.00
高等数学简明教程（高职高专教材）	张永涛	36.00
管理学原理与实务（高职高专教材）	段学红	39.00
PLC 编程与应用技术（高职高专教材）	程龙泉	48.00
变频器安装、调试与维护（高职高专教材）	满海波	36.00
连铸生产操作与控制（高职高专教材）	于万松	42.00
小棒材连轧生产实训（高职高专教材）	陈　涛	38.00
自动检测与仪表（本科教材）	刘玉长	38.00
电工与电子技术（第2版）（本科教材）	荣西林	49.00
计算机应用技术项目教程（本科教材）	时　魏	43.00
FORGE 塑性成型有限元模拟教程（本科教材）	黄东男	32.00
自动检测和过程控制（第4版）（本科国规教材）	刘玉长	50.00